全国高等院校计算机基础教育研究会

"计算机系统能力培养教学研究与改革课题"立项项目

大学计算机应用基础教程

主　编◎熊　婷　梅　毅
副主编◎吴赟婷　邹　璇
主　审◎张　炘

北京邮电大学出版社
www.buptpress.com

内 容 简 介

"大学计算机应用基础"是一门实践性很强的课程。本书是根据"全国计算机等级考试一级 MS Office 最新考试大纲(Windows 7＋Office 2010)""全国高等学校计算机等级考试"相关内容的考试大纲编写而成。

本书内容分为 8 章:第 1 章计算机应用基础知识;第 2 章 Windows 7 操作系统;第 3 章 Word 2010 文字处理软件;第 4 章 Excel 2010 电子表格处理软件;第 5 章 PowerPoint 2010 演示文稿软件;第 6 章计算机网络基础与 Internet 应用;第 7 章多媒体技术;第 8 章信息安全与病毒防范。

教材内容翔实、图文并茂、浅显易懂,便于自学。本书既可作为独立学院非计算机专业的计算机应用基础的专用教材,也可作为其他非计算机专业公共课和等级考试培训班的教材,还可作为办公自动化人员的自学需求用书。

图书在版编目(CIP)数据

大学计算机应用基础教程 / 熊婷,梅毅主编 . -- 北京:北京邮电大学出版社,2015.12 (2019.8 重印)
ISBN 978-7-5635-4561-2

Ⅰ.①大… Ⅱ.①熊… ②梅… Ⅲ.①电子计算机—高等学校—教材 Ⅳ.①TP3

中国版本图书馆 CIP 数据核字 (2015) 第 258499 号

书　　名:大学计算机应用基础教程
主　　编:熊　婷　梅　毅
责任编辑:王丹丹
出版发行:北京邮电大学出版社
社　　址:北京市海淀区西土城路 10 号 (邮编:100876)
发 行 部:电话:010-62282185　传真:010-62283578
E-mail:publish@bupt.edu.cn
经　　销:各地新华书店
印　　刷:北京玺诚印务有限公司
开　　本:787 mm×1 092 mm　1/16
印　　张:16.25
字　　数:406 千字
版　　次:2015 年 12 月第 1 版　2019 年 8 月第 6 次印刷

ISBN 978-7-5635-4561-2　　　　　　　　　　　　　　　　定　价:38.00 元
· 如有印装质量问题,请与北京邮电大学出版社发行部联系 ·

前　　言

计算机技术日新月异，其应用以各种形式出现在生产、生活和工作的各个领域，成为人们生活中不可缺少的工具。学会应用计算机获取、表示、存储、传输、处理、控制和应用信息，协同工作，解决实际问题等，已成为现代从业者必备的基本条件。

"大学计算机应用基础"是一门实践性很强的课程，通过这门课程的学习，既能学到计算机的基本知识，又能掌握计算机基本操作技能，解决实际工作中的具体问题。在进行这门课的教学过程中，应配合"大学计算机应用基础实验上机指导"一书，教学效果将会更好，在规定的教学课时内，尽量多增加学生的上机时间。

本教材教学内容的编写是根据"全国计算机等级考试一级 MS Office 最新考试大纲（Windows 7＋Office 2010）""全国高等学校计算机等级考试"相关内容的考试大纲编写而成。本书从计算机的基础知识出发，系统地讲述了有关计算机的基本操作和一些常用的办公软件，教材内容翔实、图文并茂、浅显易懂，在介绍理论的同时也注重实际操作，使学生能够在实践中轻松掌握计算机操作技巧和各种软件的使用方法。本书内容分为 8 章：第 1 章计算机应用基础知识；第 2 章 Windows 7 操作系统；第 3 章 Word 2010 文字处理软件；第 4 章 Excel 2010 电子表格处理软件；第 5 章 PowerPoint 2010 演示文稿软件；第 6 章计算机网络基础与 Internet 应用；第 7 章多媒体技术；第 8 章信息安全与病毒防范。

本教材结合与之配套的实验上机指导，突出实验教学。本课程教学建议在机房进行。实行机房教学时，在机房中教师机连接投影仪或安装局域电子教室软件。教师讲课时，学生机不开或由局域电子教室软件监控。教师讲课的时间一般不超过 40 分钟（除第 1 章、第 6 章、第 7 章和第 8 章讲课时间需约 1 小时外），在做操作题和练习题时教师不讲课，故平均每次上课时间不超过 30 分钟。对于讲课时理论讲解不足的问题，通过学生在计算机上做大量的操作题和练习题解决。这种增强与突出实践教学的教学模式，通过多年的教学实践证明，其实际效果比原来课堂教学（讲课与上机 1∶1）模式要好得多。

本教材由南昌大学科学技术学院计算机系组织，由多年从事"大学计算机应用基础"一线教学、具有丰富教学经验和实践经验的教师编写。熊婷副教授、梅毅副教授任主编，吴赟婷副教授、邹璇副教授任副主编。熊婷编写了第 6 章和第 7 章，梅毅编写了第 1 章和第 8 章，吴赟婷编写了第 2 章和第 3 章，邹璇编写了第 4 章和第 5 章。张炘、王钟庄、邓伦丹、罗少彬、兰长明、周权来、罗丹、汪伟、赵金萍、刘敏、李昆仑、汪滢、张剑、罗婷等老师对本书编写提出了许多宝贵意见。尽管大家在编写这本教材时花费了大量的时间和精力，但缺点和不当之处在所难免，谨请各位读者批评指出，以便再版时改正。

1

　　本书既可作为非计算机专业的计算机应用基础编写的专用教材，也可作为其他非计算机专业公共课和等级考试培训班的教材，还可满足办公自动化人员的自学需求用书。

　　本书在编写过程中，受到南昌大学科学技术学院各部门领导和北邮出版社的大力支持，在此我们全体编写人员对这些单位的领导和有关同志表示衷心感谢！

主编

2015 年 10 月

目　录

第1章 计算机应用基础知识

今天,人类已经进入信息社会,计算机也广泛应用于现代化科学技术、国防、工业、农业以及日常生活的各个领域。本章主要介绍计算机应用的基础知识,通过本章的学习,可以了解计算机的发展过程、发展趋势以及计算机的特点,并且可以掌握计算机系统的基本组成;同时也介绍了计算机中常用的几种计数制以及信息编码等概念。

1.1 计算机发展概述

1.1.1 计算机的产生和发展

1. 从手脑计算到计算工具

远古时期,人类就懂得了手指计数,随后发明了结绳记事和刻计等计算和记录的办法。再后来,中国人发明了算盘,这种简单而又巧妙的专门用于计算的工具,是由人脑和手工结合完成计算的。直到今天,算盘还被人们使用。随着人类生产和交往活动的发展,人们对计算工具不断研究,继而发明了各种各样的计算工具。

2. 计算机理论发展

17世纪,法国出现了靠齿轮系统工作的计算机器。计算机器能完成一些简单的加减运算,至此计算工具发展到能按固定规则"自动"计算的机器。

19世纪,人们发明和制造出能够接受和解析计算指令及预设程序,并能进行任何运算的机器"分析机(Translate Machine)"。这种能进行任何计算的机器的理论设想是由英国剑桥大学教授查尔斯·巴贝奇(Charles Babbage)提出的,因此,人们尊称巴贝奇为"计算机之父"。

1936年,英国人艾兰·图灵(Alan Turing)(如图1-1所示)提出了"图灵机〔Turing Machine〕"的设想。"图灵机"不是一种具体的机器,而是一种思想模型,可制造一种十分简单但运算能力极强的计算装置,用来计算所有能想象得到的可计算函数。被称为"图灵机"的数学思想模型是计算机科学理论的基础之一。1950年图灵发表论文《计算机能思考吗》,提出了定义机器智能的图灵测试,奠定了人工智能的基础。

20世纪40年代中期,数学家约翰·冯·诺依曼(John Von Neumann)(如图1-2所示)提出寄存程序的概念,提出了具有存储器的电子计算机的结构模型。我们现在所说的电子计算机就是指符合冯·诺依

图1-1 艾兰·图灵

曼结构模型的计算机。

3．现代计算机的产生与发展

19世纪末，电子学的发展和电子教学技术的兴起，特别是20世纪以来半导体技术 v1 鄂脉冲和自动控制技术的迅速发展，打开了人类通向电子计算机的大门。

（1）计算机的诞生

1943年，在宾夕法尼亚大学的约翰·莫克利（John Mauchly）教授和他的学生普雷斯·埃克特的领导下，与陆军阿伯丁弹道研究实验室共同研制了世界上第一台电子计算机（如图1-3所示），取名ENIAC（Electronic Numerical Integrator And Computer），于1946年2月15日运行成功。ENIAC使用电子管作为主要元器件，有18 000多个电子管，每秒运算5 000次加减法，重约30吨。

图1-2　冯·诺依曼　　　　　图1-3　世界上第一台电子计算机

与此同时，由冯·诺依曼（John Von Neumann）提出的"存储程序和程序控制"的概念和计算机设计思想被今后的所有计算机所采用，其主要思想：

① 采用二进制形式表示数据和指令，即计算机接受的信息只有0和1两个信号。

② 计算机实现程序存储自动运行，即将程序和数据事先存在存储器中，使计算机在工作时能够从存储器中取出指令加以执行。

（2）计算机发展的几个阶段

电子计算机的发展阶段通常以构成计算机的电子元器件来划分，至今已经历了四代，目前正在向第五代过渡。随着电子元器件的飞速发展，在计算机发展过程中进行了几个重大的技术革命，计算机的性能也得到了极大的提高，体积大大缩小，应用越来越普及。根据计算机所采用的电子元器件及它的功能，我们可以将计算机发展大致分为四个阶段。

第一代（1946—1957年），电子管计算机

它是一台电子数字积分计算机，取名为ENIAC。这台计算机是个庞然大物，共用了18 000多个电子管、1 500个继电器，重达30吨，占地170平方米，每小时耗电140千瓦，计算速度为每秒5 000次加法运算。尽管它的功能远不如今天的计算机，但ENIAC作为计算机大家族的鼻祖，开辟了人类科学技术领域的先河，使信息处理技术进入了一个崭新的时代。其主要特征如下：

① 电子管元件体积庞大、耗电量高、可靠性差、维护困难。

② 运算速度慢,一般为每秒一千次到一万次。

③ 使用机器语言,没有系统软件。

④ 采用磁鼓、小磁芯作为存储器,存储空间有限。

⑤ 输入/输出设备简单,采用穿孔纸带或卡片。

⑥ 主要用于科学计算。

第二代(1958—1964年),晶体管计算机

晶体管的发明给计算机技术带来了革命性的变化。第二代计算机采用的主要元件是晶体管,称为晶体管计算机。计算机软件有了较大发展,采用了监控程序,这是操作系统的雏形。第二代计算机有如下特征:

① 采用晶体管元件作为计算机的器件,体积大大缩小,可靠性增强,寿命延长。

② 运算速度加快,达到每秒几万次到几十万次。

③ 提出了操作系统的概念,开始出现了汇编语言,产生了如FORTRAN和COBOL等高级程序设计语言和批处理系统。

④ 普遍采用磁芯作为内存储器,磁盘、磁带作为外存储器,容量大大提高。

⑤ 计算机应用领域扩大,从军事研究、科学计算扩大到数据处理和实时过程控制等领域,并开始进入商业市场。

第三代(1965—1969年),中小规模集成电路计算机

20世纪60年代中期,随着半导体工艺的发展,已制造出了集成电路元件。集成电路可在几平方毫米的单晶硅片上集成十几个甚至上百个电子元件。计算机开始采用中小规模的集成电路元件,这一代计算机比晶体管计算机体积更小,耗电更少,功能更强,寿命更长,综合性能也得到了进一步提高。具有如下主要特征:

① 采用中小规模集成电路元件,体积进一步缩小,寿命更长。

② 内存储器使用半导体存储器,性能优越,运算速度加快,每秒可达几百万次。

③ 外围设备开始出现多样化。

④ 高级语言进一步发展。操作系统的出现,使计算机功能更强,提出了结构化程序的设计思想。

⑤ 计算机应用范围扩大到企业管理和辅助设计等领域。

第四代(1970年至今),大规模集成电路计算机

随着20世纪70年代初集成电路制造技术的飞速发展,产生了大规模集成电路元件,使计算机进入了一个新的时代,即大规模和超大规模集成电路计算机时代。这一时期的计算机的体积、重量、功耗进一步减少,运算速度、存储容量、可靠性有了大幅度的提高。其主要特征如下:

① 用大规模和超大规模集成电路逻辑元件,体积与第三代相比进一步缩小,可靠性更高,寿命更长。

② 运算速度加快,每秒可达几千万次到几十亿次。

③ 系统软件和应用软件获得了巨大的发展,软件配置丰富,程序设计部分自动化。

④ 计算机网络技术、多媒体技术、分布式处理技术有了很大的发展,微型计算机大量进入家庭,产品更新速度加快。

⑤ 计算机在办公自动化、数据库管理、图像处理、语言识别和专家系统等各个领域得到应用,电子商务已开始进入到了家庭,计算机的发展进入到了一个新的历史时期。

1.1.2 我国计算机的发展

在商朝时期,我国就创造了十进制计数法,领先于世界千余年。到了周朝,我国发明了当时最先进的计算工具——算筹,古代数学家祖冲之就是用算筹计算出圆周率,这一结果也比西方早一千年。接着,我国又在算筹的基础上发明了算盘,至今仍有使用。后来还有自动计数装置——记里鼓车。

我国电子计算机的研制工作起步较晚,但发展很快。从 1953 年 1 月我国成立第一个电子计算机科研小组到今天,我国计算机科研人员已走过了五十多年艰苦奋斗、开拓进取的历程。从国外封锁条件下的仿制、跟踪、自主研制到改革开放形势下的与“狼”共舞,同台竞争,从面向国防建设、为两弹一星作贡献到面向市场为产业化提供技术源泉,科研工作者为国家作出了不可磨灭的贡献,树立一个又一个永载史册的里程碑。

华罗庚教授(如图 1-4 所示)是我国计算技术的奠基人和最主要的开拓者之一。华罗庚教授在全国大学院系调整时,从清华大学电机系物色了闵乃大、夏培肃和王传英三位科研人员,在他任所长的中国科学院数学所内建立了中国第一个电子计算机科研小组,任务就是要设计和研制中国自己的电子计算机。

图 1-4 华罗庚教授

我国的计算机制造工业起步于 50 年代中期。1957 年下半年,在消化吸收的基础上正式开始了计算机的研制工作,由中国科学院计算所和北京有线电厂(原 738 厂)共同承担。

在那个独特的历史年代里,闵大可教授率队赴苏考察。根据苏联提供的 M-3 机设计图纸经局部修改,在苏联专家的指导下,中科院计算所等单位完成了我国第一台小型计算机。1958 年 6 月,该电子计算机安装调试,8 月 1 日该机可以表演短程序运行,标志着我国第一台电子计算机诞生(103机)。该机字长 31 位,内存容量为 1 024 字节,当时运算速度只有每秒几十次,后来安装了自行研制的磁心存储器,运算速度提高到每秒 3 000 次。

我国在研制第一代电子管计算机的同时,已开始研制晶体管计算机。60 年代到 70 年代末在我国是一个特定的历史时期,西方大国对我国实行封锁,中苏关系恶化,迫使我国的主要科研活动多以国防和军工产品的研制开发为主,于 1964 年年末用国产半导体元器件研制成功我国第一台晶体管通用电子计算机:441B/I。1970 年年初,441B/III 型计算机问世,这是我国第一台具有分时操作系统和汇编语言、FORTRAN 语言及标准程序库的计算机。

1965 年,中国开始了第三代计算机的研制工作。1969 年为了支持石油勘探事业,北京大学承接了研制百万次集成电路数字电子计算机的任务,称为 150 机。

1977 年 4 月,安徽无线电厂、清华大学和四机部六所联合研制成功我国第一台微型计算机 DJS-050 机,从此揭开了中国微型计算机的发展历史。

1984 年,国家计算机工业总局副局长王之,委派卢明等一批青年技术专家在原电子工业部六所、738 厂、中国计算机服务公司的共同支持下开发出与 IBM PC 兼容的“长城

0520CH"微型计算机。并由 13 家工厂生产,首次产量突破万台,标志着中国微型计算机事业从科研迈入了产业化的进程,是中国计算机产业跨入市场的第一步。这台计算机不仅是我国第一台商品化个人计算机,而且还催生了一个新兴的计算机产业,中国微机产业的高速发展从此开始。1984 年,中国计算机的发源地,也组建了一家"中科院计算所公司",这就是后来更名为"联想"的企业集团。

1993 年研制成功曙光一号全对称共享存储多处理机,这是国内首次以基于超大规模集成电路的通用微处理器芯片和标准 UNIX 操作系统设计开发的并行计算机并推向了市场。曙光一号并行机的创新实践探索了一条在改革开放条件下研制高性能计算机的路子。

综观 40 多年来我国高性能通用计算机的研制历程,从 103 机到曙光机,走过了一段不平凡的历程。总的来讲,除了"文革"时期外,我们的研制水平与国外的差距在逐步缩小。

在计算机研制方面,我国与发达国家的差距主要不是推出同类型机器比国外晚几年,而是在于以下两点:(1)原始创新少。我们推出的计算机绝大多数都是参照国外机器做一些改进,几乎还没有一种被用户广泛接受的体系结构由我们自己创新发展出来。(2)研制成果的商品化、产业化落后于发达国家。除了微机取得了令人自豪的产业化业绩外(但自主知识产权不多),工作站以上的高性能计算机的产业化道路还在摸索之中。

表 1-1　中国超级计算机谱系表

计算机名称	研制成功时间	运行速度	计算机名称	研制成功时间	运行速度
银河-Ⅰ	1983 年	每秒 1 亿次	曙光-4000L	2003 年	每秒 4.2 万亿次
银河-Ⅱ	1994 年	每秒 10 亿次	曙光-4000A	2004 年	每秒 11 万亿次
银河-Ⅲ	1997 年	每秒 130 亿次	曙光-5000A	2008 年	每秒 230 万亿次
银河-Ⅳ	2000 年	每秒 1 万亿次	曙光-星云	2010 年	每秒 1 271 万亿次
天河一号	2009 年	每秒 1 206 万亿次	神威-Ⅰ	1999 年	每秒 3 840 亿次
曙光一号	1992 年	每秒 6.4 亿次	神威 3000A	2007 年	每秒 18 万亿次
曙光-1000	1995 年	每秒 25 亿次	深腾 1800	2002 年	每秒 1 万亿次
曙光-1000A	1996 年	每秒 40 亿次	深腾 6800	2003 年	每秒 5.3 万亿次
曙光-2000Ⅰ	1998 年	每秒 200 亿次	深腾 7000	2008 年	每秒 106.5 万亿次
曙光-2000Ⅱ	1999 年	每秒 1 117 亿次	天河二号	2014 年	每秒 5.49 亿亿次
曙光-3000	2000 年	每秒 4 032 亿次			

1.1.3　计算机的发展趋势

基于集成电路的计算机短期内还不会退出历史舞台。但一些新的计算机正在跃跃欲试地加紧研究,这些计算机是:超导计算机、纳米计算机、光计算机、DNA 计算机和量子计算机等,如图 1-5 所示。

激光计算机　　分子计算机　　量子计算机　　DNA 计算机　　生物计算机

图 1-5　新型计算机

1. 未来计算机主要有以下几个方面的突破

(1) 主要元件。IBM 公司宣布,他们的科学家已经制造出世界上最小的计算机逻辑电路,也就是一个由单分子碳组成的双晶体管元件,这一成果将使未来的计算机芯片变得更小、传输速度更快、耗电量更少。构成这个双晶体管的材料是碳纳米管,一个比头发还细 10 万倍的中空管体。碳纳米管是自然界中最坚韧的物质,比钢还要坚韧十倍,而且它还具有超强的半导体能力,IBM 的科学家认为将来它最有可能取代硅,成为制造计算机芯片的主要材料。

(2) 运算速度。根据美国专家表示,新一代的超级计算机每秒浮点运算次数可高达 1 000 万亿次,大约是位于美国加州劳伦斯利佛摩国家实验室中的"蓝基因/L"计算机的两倍快。这种千兆级超级计算机的超强运算能力很可能加速各种科学研究的方法,促成科学重大新发现。千兆级计算机的运算能力相当于逾一万台桌上型计算机的总和,在普通个人计算机上得穷毕生时间才能完成的运算,在现今的超级计算机上大概得花 5 小时完成,若使用千兆级计算机则仅需 2 小时。

(3) 体积大小。名为鳍式场效晶体管(FinField-effect transistor)是一种新的互补金属氧化物半导体(CMOS)晶体管,其长度小于 25 纳米,未来可以进一步缩小到 9 纳米。这大约是人类头发宽度的万分之一。未来的晶片设计师可望将超级计算机设计成只有指甲大小。

(4) 能源消耗。随着计算机技术的飞速发展,多核芯片的迅速普及,计算机的功耗成倍增长,而在有限的能源下如何大降低功耗这也成了目前越来越多的用户关注的问题,所以目前,新标准要想获得更多用户的认可必须要向低功耗方面发展。全球的 PC 数量每年都在飞速增长。每年 PC 的耗电量也是相当惊人的,即使是每台 PC 减低 1 瓦的幅度,其省电量都是非常可观的。

2. 未来计算机展望

第五代计算机指具有人工智能的新一代计算机,它具有推理、联想、判断、决策、学习等功能。第六代计算机将以仿生学为基础研制神经元计算机和生物计算机。同时未来计算机主要朝着巨型化、微型化、网络化、智能化、多媒体化以及移动化的方向发展。

1.1.4 计算机的分类

一般情况下,计算机有多种分类方法,但在通常情况下采用 3 种分类标准。

1. 按处理对象分类

电子计算机按处理对象分可分为电子模拟计算机、电子数字计算机和混合计算机。电子模拟计算机所处理的电信号在时间上是连续的(称为模拟量),采用的是模拟技术。电子数字计算机所处理的电信号在时间上是离散的(称为数字量),采用的是数字技术。计算机将信息数字化之后具有易保存、易表示、易计算、方便硬件实现等优点,所以数字计算机已成为信息处理的主流。通常所说的计算机都是指电子数字计算机。混合计算机是将数字技术和模拟技术相结合的计算机。

2. 按性能规模分类

按性能规模可分为巨型机、大型机、中型机、小型机、微型机和工作站。

(1) 巨型机。20 世纪 80 年代,巨型机的标准为运算速度每秒 1 亿次以上、字长达 64

位、主存储容量达 4~16 兆字节的计算机。研究巨型机是现代科学技术,尤其是国防尖端技术发展的需要。巨型机的特点是运算速度快、存储容量大。目前世界上只有少数几个国家能生产巨型机。我国自主研发的银河Ⅰ型亿次机、银河Ⅱ型、银河Ⅲ型、银河Ⅳ型、曙光 1000、曙光 2000、曙光 3000、曙光 4000、曙光 5000 等都是巨型机,主要用于核武器、空间技术、大范围天气预报、石油勘探等领域。

(2) 大型机。20 世纪 80 年代,巨型机的标准为运算速度每秒 100~1000 万次、字长为 32~64 位、主存储容量达 0.5~8 兆字节的计算机。大型机的特点表现在通用性强、具有很强的综合处理能力、性能覆盖面广等,主要应用在公司、银行、政府部门、社会管理机构和制造厂家等,通常人们称大型机为企业计算机。大型机在未来将被赋予更多的使命,如大型事务处理、企业内部的信息管理与安全保护、科学计算等。

(3) 中型机。中型机是介于大型机和小型机之间的一种机型。

(4) 小型机。小型机规模小,结构简单,设计周期短,便于及时采用先进工艺。这类机器由于可靠性高,对运行环境要求低,易于操作且便于维护。小型机符合部门性的要求,为中小型企事业单位所常用。具有规模较小、成本低、维护方便等优点。

(5) 微型计算机。微型机又称个人计算机(Personal Computer,PC),它是日常生活中使用最多、最普遍的计算机,具有价格低廉、性能强、体积小、功耗低等特点。现在微型计算机已进入到了千家万户,成为人们工作、生活的重要工具。我们学校和家庭使用的计算机都是微型计算机,简称微机,又称个人计算机,或简称 PC。

(6) 工作站。工作站是一种高档微机系统。它具有较高的运算速度,具有大小型机的多任务、多用户功能,且兼具微型机的操作便利和良好的人机界面。它可以连接到多种输入/输出设备,具有易于联网、处理功能强等特点。其应用领域也已从最初的计算机辅助设计扩展到商业、金融、办公领域,并充当网络服务器的角色。

3. 按功能和用途分类

按功能和用途可分为通用计算机和专用计算机。

通用计算机具有功能强、兼容性强、应用面广、操作方便等优点,通常使用的计算机都是通用计算机。

专用计算机一般功能单一,操作复杂,用于完成特定的工作任务。

1.2 计算机的特点及应用

1.2.1 计算机的特点

计算机作为一种信息处理工具,具有运算速度快,存储能力强,计算精确度高和逻辑判断能力强,其主要特点如下:

1. 运算速度快

运算速度是标志计算机性能的重要指标之一,衡量计算机处理速度的尺度一般是看计算机 1 秒钟时间内所能执行加法运算的次数。当今计算机系统的运算速度已达到每秒万亿次,使大量复杂的科学计算问题得以解决。例如花了 15 年的时间计算出的圆周率的值计算到小数点后 707 位,用现代计算机算不到 1 小时就完成了。随着新技术的不断更新,计算机的运算速度还在不断地提高。

2．计算精确度高

由于计算机采用二进制数字表示数据，精度主要取决于表示数据的位数。

3．具有记忆和逻辑判断能力

计算机具有存储"信息"的存储装置，既可以存储大量的数据，当需要时又能准确无误地取出来。计算机这种存储信息的"记忆"能力，使它能成为信息处理的工具。

4．有自动控制能力

计算机具有存储程序的功能。当用户实际工作需要时，只要按照事先设计好的程序步骤操作，无须人工干预。

5．可靠性高

随着微电子技术和计算机技术的发展，现代电子计算机连续无故障运行时间可达到几十万小时以上，具有极高的可靠性。例如，安装在宇宙飞船上的计算机可以连续几年时间可靠地运行。计算机应用在管理中也具有很高的可靠性，而人却很容易因疲劳而出错。另外，计算机对于不同的问题，只是执行的程序不同，因而具有很强的稳定性和通用性。用同一台计算机能解决各种问题，应用于不同的领域。

1.2.2　计算机的应用领域

计算机的应用已渗透到社会发展的各个领域，正在多角度帮助人们改变工作、学习和生活方式，积极推动着社会的发展。计算机的应用可以分为以下几个方面。

1．数值计算与分析

亦称数值计算，是指用计算机完成科学研究和工程技术中所提出的数学问题。科学计算机是计算机产生的最原始的动力。用于完成科学研究和工程设计中大量复杂的数值计算，如卫星轨道、天气预报、地质勘探等大的计算工作。因此，计算机是发展现代尖端科学技术必不可少的重要工具。

2．数据处理（信息处理）

信息处理是对原始数据进行收集、整理、合并、选择、存储、输出等加工过程。所谓信息是指可被人类感受的声音、图像、文字、符号、语言等。数据处理还可以在计算机上加工那些非科技工程方面的计算，管理和操纵任何形式的数据资料。其特点是要处理的原始数据量大，而运算比较简单，有大量的逻辑与判断运算。

据统计，目前在计算机应用中，数据处理所占的比重最大。其应用领域十分广泛，如人口统计、办公自动化、企业管理、邮政业务、机票订购、情报检索、图书管理、医疗诊断等。

3．计算机辅助系统

计算机辅助系统帮助人们完成各种任务，主要有以下三个方面：

（1）计算机辅助设计（Computer Aided Design，CAD）是指借助计算机的帮助，人们可以自动或半自动地完成各类工程设计工作。目前 CAD 技术已应用于飞机设计、船舶设计、建筑设计等方面。

（2）计算机辅助制造（Computer Aided Manufacturing，CAM）。利用计算机直接控制零件加工，实现图纸加工。

（3）计算机辅助教学（Computer Aided Instruction，CAI）。利用计算机辅助完成教学计划或模拟某个实验过程。计算机可按不同要求,分别提供所需教材内容,还可以个别教学,及时指出该学生在学习中出现的错误,根据计算机对该学生的测试成绩决定该学生的学习从一个阶段进入另一个阶段。

4. 自动控制

自动控制是指通过计算机对操作数据进行实时采集、检测和处理,不需要人工干预,能按人预定的目标和预定的状态进行过程控制。使用计算机进行自动控制可大大提高控制的实时性和准确性,提高劳动效率、产品质量、降低成本、缩短生产周期。

5. 人工智能(AI)

人工智能(Artificial Intelligence,AI)。人工智能是指计算机模拟人类某些智力行为的理论、技术和应用。

(1)模式识别。例如,使计算机能根据上下文和人们已有知识,分析判断某一句话的确切含义,理解人类用的自然语言。

(2)机器人。机器人是人工智能最前沿的领域,可分为"工业机器人"和"智能机器人"两种。前者可以代人进行危险作业(如高空作业,井下作业等),后者具有某些智能,能根据不同情况进行不同的动作(如给病人送药、门卫值班等)。目前,人工智能前景十分诱人。

6. 多媒体技术应用及计算机网络

随着电子技术特别是通信和计算机技术的发展,人们已经有能力把文本、音频、动画、图形和图像等各种媒体综合起来,构成一种全新的概念——"多媒体"(Multimedia)。在医疗、教育、银行、保险、行政管理、军事、工业等领域中,多媒体的应用发展很快。

随着网络技术的发展,网络应用已经成为重要的新技术领域。计算机的应用进一步深入到社会的各行各业,通过高速信息网络实现数据与信息的查询、高速通信服务(电子邮件、电视电话会议等)、电子教育、电子购物、远程医疗、交通信息管理等。网络正在改变着人类的生产和生活方式。

1.3 计算机系统的组成及工作原理

计算机系统由硬件系统和软件系统两部分组成。硬件系统是指计算机的硬件,包括CPU、主板、内存、显示器、硬盘、鼠标和键盘;软件系统是指运行于硬件系统之上的计算机程序和数据,通过对硬件设备进行控制和操作来实现一定的功能。软件系统的运行需要建立在硬件系统都正常工作的情况下。

1.3.1 计算机硬件系统的组成

1. 计算机硬件基本结构

自从第一台计算机诞生,计算机的基本结构没有发生任何改变,都基于同一个原理:存储和程序控制的原理,这种设计思想是来源于冯·诺依曼思想。计算机的硬件基本结构是由运算器、控制器、存储器、输入设备和输出设备五大部分组成,如图1-6所示。

在计算机内部,基本上有两种信息在流动:一种是数据信息;另一种是控制信息。人们把表示计算步骤的程序和计算中需要的原始数据,在控制器输入命令的作用下,通过输入设备送入计算机的内存储器;当计算开始时,在取指命令的作用下把程序指令逐条送入控制

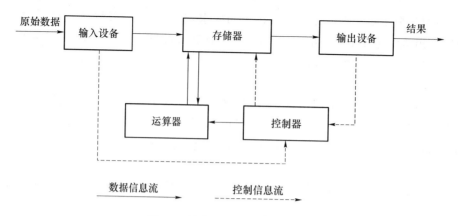

图 1-6　计算机硬件系统的组成

器;控制器向内存储器和运算器发出存数、取数命令和运算命令,经过运算器运算并把计算结果存放在存储器中;在控制器和输出命令的作用下,通过输出设备输出计算结果。

2. 微型计算机硬件系统

(1) 中央处理器(CPU)

中央处理器(Central Processing Unit,CPU),它是把计算机的运算器和控制器集中在一块芯片上。目前市面上 CPU 主要由 Intel 和 AMD 两家公司生产。

下面介绍 CPU 各部分的基本功能:

① 运算器。运算器又称算术逻辑单元(Arithmetic Login Unit,ALU),是计算机组成中的一个重要部分,是对数据进行加工处理的部件,它的主要功能是对二进制数据进行加、减、乘、除等算术运算和与、或、非等基本逻辑运算,实现逻辑判断。

② 控制器。控制器是整个计算机的指挥中心,主要由指令、寄存器、译码器、程序计数器和操作控制器等组成,它是用来控制计算机各部件协调工作,并使整个处理过程有条不紊地进行。

(2) 存储器。存储器作用是用于存储程序和数据。根据工作特性,通常把存储器分为内存储器(简称内存)和外存储器(简称外存)两大类。

① 内存储器。内存储器可以分为两大类,随机存储器(Random Access Memory,RAM)和只读存储器(Read Only Memory,ROM)。

RAM 可随时进行读写操作。RAM 中主要用来存放用户程序和数据等,当计算机断电后,RAM 中的信息就会丢失。

ROM 中的信息只能读而不能写,ROM 中主要用来存放一些固定的程序和数据,当计算机断电后 ROM 中的信息不会丢失。

内存的特点是工作速度快,但由于价格因素,一般计算机中配置的容量较小。目前计算机内存一般有 256MB、512MB、1 024MB,甚至更多。

随着 CPU 工作频率的不断提高,RAM 的读写速度相对较慢,为解决内存速度与 CPU 不匹配,从而影响系统运行速度的问题,在 CPU 与内存之间设计了一个容量较小(相对主存)但速度较快的高速缓冲存储器(Cache)。CPU 访问指令和数据时,先访问 Cache,如果目标内容已在 Cache 中,则 CPU 直接从 Cache 中读取,否则 CPU 就从主存中读取,同时将读取的内容存于 Cache 中。Cache 可看成是主存与 CPU 间的一组高速暂存存储器,可以使微机的性能大幅度提高。随着 CPU 的速度越来越快,系统主存越来越大,Cache 的存储容量也由 128KB、256KB 扩大到现在的 512KB 或 2MB。Cache 的容量并不是越大越好,过大的 Cache 会降低 CPU 在 Cache 中查找的效率。

② 外存储器。外存储器作为计算机中的一种辅助存储器是不可缺少的。它是一种可读写的永久存储器,可以长期保存数据。内存中的数据在关机前需要存入外存储器,在下次开机时需从外存中将数据再读入到内存中,这样就不会因停电或关机而造成数据丢失。

外存的特点是容量大,现在大部分都在 100G 以上,但是其缺点是工作速度较慢。

③ 存储器的容量。表示存储容量的基本单位有:位(bit)、字节(byte)。把存储一个二进制(0 或 1)的空间称为位。位是最基本的存储单位。把 8 个位称为一个字节,即一个字节等于 8 位。字节是存储的基本单位。

存储器的容量是用字节数来表示的。为表示较大的存储器容量,又可以用千字节(KB)、吉字节(GB)来表示存储器的容量,它们与字节之间的关系如下:

$$1KB = 1\,024B$$
$$1MB = 1\,024KB$$
$$1GB = 1\,024MB$$

④ 字长。指参与运算数据的基本位数,它决定了运算器和数据传输的位数,标志着计算机的精度。在计算机进行存储、传送和运算等基本操作时,作为一个整体被操作的二进制数称为一个字(word),一个字所包含的二进制位数称为字长。

通常所讲的 16 位、32 位计算机代表该计算机的字长分别为 16 位、32 位。

(3) 输入设备。输入设备是用来将计算机所需的数据,如文字、图形、声音等转变成计算机能识别和接受的信息形式。常用的输入设备有键盘、鼠标、数码相机、扫描仪等。

(4) 输出设备。输出设备是把计算机处理的结果按一定的形式输出出来。常用的输出设备有显示器、打印机、绘图仪等。

(5) 总线与设备。计算机硬件由上述五大部分组成,而这几部分之间采用总线相连。总线是计算机内的公共信息通道,各部分共同使用它传送数据、指令及控制信息等。

1.3.2　计算机软件系统

软件是计算机除了硬件外的重要组成部分,如果没有软件的计算机是无法正常工作的。通常把刚买回来的计算机称为裸机或硬件计算机。计算机的软件按其功能分,可分为两类:系统软件和应用软件。

1. 系统软件

系统软件是指管理、控制和维护计算机及外部设备,提供用户与计算机之间界面等方面的软件。它一般包括操作系统、语言编译程序和数据管理系统等。

(1) 操作系统

操作系统是系统软件的重要组成,它负责管理计算机系统的软硬件资源,调度用户作业程序和处理各种中断,从而保证计算机各部分协调有效工作的软件。

(2) 语言编译程序

人和计算机交流信息使用的语言称为计算机语言或称程序设计语言。计算机语言通常分为机器语言、汇编语言和高级语言三类。

① 机器语言。机器语言是一种用二进制代码"0"和"1"形式表示的,能被 CPU 直接识别和执行的语言。用机器语言编写的程序,称为计算机机器语言程序。它是一种低级语言,用机器语言编写的程序不方便于记忆、阅读和书写。通常不用机器语言直接编写程序。

② 汇编语言。汇编语言是第二代程序设计语言,又称符号语言,是由一组与机器语言指令一一对应的符号和简单语法组成的。汇编语言就是用助记符代替操作码,用地址符号代替地址码。如 ADD A,B 表示 A 与 B 相加后存入 A 中,与机器语言指令 01001001 对应。

用汇编语言编写的程序称为汇编语言程序,又称为汇编语言源程序,简称为源程序。与机器语言相比较,汇编语言容易记忆、程序易读、易检查和修改。但计算机却不能识别和直接运行汇编语言程序,必须由一种翻译程序将它翻译成为机器语言程序后才能识别并运行,这种翻译程序称为汇编程序。

任何一种计算机都配有只适用于自己的"汇编程序",即为汇编语言程序仍然依赖于具体的机器,因而汇编语言仍属于低级语言。

③ 高级语言。机器语言和汇编语言都是面向机器的,虽然执行效率较高,但编程效率却很低。1954 年,FORTRAN 语言的出现标志着计算机编程向高级语言的方向发展。

高级语言是一种比较接近自然语言和数学表达式的一种计算机程序设计语言。一般用高级语言编写的程序称为"源程序",该程序计算机不能识别和执行,要把用高级语言编写的源程序翻译成机器指令,通常有编译和解释两种方式。

编译方式是将源程序整个编译成目标程序,然后通过链接程序将目标程序链接成可执行程序。

解释方式是将源程序逐句翻译,翻译一句执行一句,边翻译边执行,不产生目标程序。

常用的高级语言程序有 BASIC、FORTRAN、PASCAL、C 语言等。

2. 应用软件

应用软件是为解决实际应用问题而编辑的软件。它包括广泛使用的各类应用程序和面向实际问题的各种程序,如文字处理软件、辅助设计软件、信息管理软件等。

① 文字处理软件,文字处理软件主要用于用户对输入到计算机的文字进行编辑并能将输入的文字以多种字形、字体及格式打印输入。目前常用的文字处理软件有 Microsoft Word 2000、WPS2000 等。

② 辅助设计软件。辅助设计软件用于高效地绘制、修改工程纸,进行设计中的常规计算。目前常用的有 AutoCAD 等。

1.3.3 计算机系统的工作原理

计算机的基本原理是存储程序和程序控制。预先要把指挥计算机如何进行操作的指令序列(称为程序)和原始数据通过输入设备输送到计算机内存储器中。每一条指令中明确规定了计算机从哪个地址取数,进行什么操作,然后送到什么地址去等步骤。

1. 基本原理

计算机在运行时,先从内存中取出第一条指令,通过控制器的译码,按指令的要求,从存储器中取出数据进行指定的运算和逻辑操作等加工,然后再按地址把结果送到内存中去。接下来,再取出第二条指令,在控制器的指挥下完成规定操作。依此进行下去,直至遇到停止指令。

程序与数据一样存储,按程序编排的顺序,一步一步地取出指令,自动地完成指令规定的操作是计算机最基本的工作原理。这一原理最初是由美籍匈牙利数学家冯·诺依曼于1945年提出来的,故称为冯·诺依曼原理。

2. 系统架构

计算机系统由硬件系统和软件系统两大部分组成。美籍匈牙利科学家冯·诺依曼(John Von Neumann)奠定了现代计算机的基本结构,这一结构又称冯·诺依曼结构,其特点是:

(1) 使用单一的处理部件来完成计算、存储以及通信的工作。

(2) 存储单元是定长的线性组织。

(3) 存储空间的单元是直接寻址的。

(4) 使用低级机器语言,指令通过操作码来完成简单的操作。

(5) 对计算进行集中的顺序控制。

(6) 计算机硬件系统由运算器、存储器、控制器、输入设备、输出设备五大部件组成,并规定了它们的基本功能。

(7) 采用二进制形式表示数据和指令。

(8) 在执行程序和处理数据时必须将程序和数据从外存储器装入主存储器中,然后才能使计算机在工作时能够自动调整地从存储器中取出指令并加以执行。

3. 指令

计算机根据人们预定的安排,自动地进行数据的快速计算和加工处理。人们预定的安排是通过一连串指令(操作者的命令)来表达的,这个指令序列就称为程序。一个指令规定计算机执行一个基本操作。一个程序规定计算机完成一个完整的任务。一种计算机所能识别的一组不同指令的集合,称为该种计算机的指令集合或指令系统。在微机的指令系统中,主要使用了单地址和二地址指令,其中,第1个字节是操作码,规定计算机要执行的基本操作,第2个字节是操作数。计算机指令包括以下类型:数据处理指令(加、减、乘、除等)、数据传送指令、程序控制指令、状态管理指令,整个内存被分成若干个存储单元,每个存储单元一般可存放8位二进制数(字节编址)。每个单元可以存放数据或程序代码,为了能有效地存取该单元内存储的内容,每个单元都给出了一个唯一的编号来标识,即地址。

按照冯·诺依曼存储程序的原理,计算机在执行程序时须先将要执行的相关程序和数据放入内存储器中,在执行程序时 CPU 根据当前程序指针寄存器的内容取出指令并执行指令,然后再取出下一条指令并执行,如此循环下去直到程序结束指令时才停止执行。其工作过程就是不断地取指令和执行指令的过程,最后将计算的结果放入指令指定的存储器地址中。

1.4 计算机中数制的表示

1.4.1 数制

用户在用计算机解决实际问题时输入和输出使用的是十进制数,而计算机内部采用二进制数。但是在计算机应用中又常常需要使用到十六进制或者是八进制的数,因为二进制数与十六进制数和八进制数正好有倍数关系,如 $2^3=8,2^4=16$,所以便于在计算机应用中对值较大的数据进行表示。在计算机中,二进制并不符合人们的日常习惯,其主要原因有如下四点:(1) 电路简单。用二进制 0、1 表示逻辑电路的通、断,通过这两个状态对应电平的高与低,电路实现起来简单。(2) 工作可靠。在计算机中,用两个状态代表两个数据,数字传输和处理方便、简单、不容易出错,因而电路更加可靠。(3) 简化运算。(4) 逻辑性强。两个数值正好代表逻辑代数中的"真"与"假"。

1. 十进制数

日常生活中,人们习惯用十进制数来计数。十进制数,按"逢十进一"的原则进行计数,即每高位满 10 时向高位进 1。对于任意一个十进制数,可用小数点把数分成整数部分和小数部分。

十进制数的特点是:有 10 个数字字符 0、1、2、3、4、5、6、7、8、9;在数的表示中,每个数字都要乘以基数 10 的幂次。例如,十进制的数"124.58"可以表示为:

$$(124.58)_{10}=1\times10^2+2\times10^1+4\times10^0+5\times10^{-1}+8\times10^{-2}$$

2. 二进制数

按照"逢二进一"的原则计数,就是二进制数。二进制数基数为 2,只有 0 和 1 两个数字符号。在数值的表示中,都要乘以基数 2 的幂次。例如二进制数"1011.11"可以表示为:

$$(1011.11)_2=1\times2^3+0\times2^2+1\times2^1+1\times2^0+1\times2^{-1}+1\times2^{-2}$$

3. 十六进制数

十六进制数有 16 个符号,基数是 16,分别用符号 0、1、2、3、4、5、6、7、8、9、A、B、C、D、E、F 表示,其中 A、B、C、D、E、F 这 6 个字符表示的是 10、11、12、13、14、15 这 6 个数。计数时"逢十六进一"。十六进制的数"5A3F"表示为:

$$(5A3F)_{16}=5\times16^3+10\times16^2+3\times16^1+15\times16^0$$

4. 八进制数

八进制数有 8 个符号,基数是 8,分别用 8 个符号来计数,即 0、1、2、3、4、5、6、7,计数时"逢八进一"。八进制数"457"可以表示为:

$$(457)_8=4\times8^2+5\times8^1+7\times8^0$$

1.4.2 不同数制之间的转换

1. 二进制与十进制之间的转换

用计算机处理十进制数,必须先把它转化成二进制数才能被计算机接受;同样,要把计算结果显示出来的话,也应该将二进制转化成人们习惯的十进制数。

(1) 十进制转换成二进制

在计算十进制与二进制之前的转换时,常常把整数部分和小数部分分别进行转换,然后将两部分连接起来就可以了。

① 整数部分采用"除 2 取余法",将被转换的十进制数连除 2,直到商为 0,每次相除所得的余数按相反的次序排列起来就是对应的二进制数。即第一次除 2 所得的余数在整数的最低位,最后一次相除的所得余数是最高位。

［**例 1-1**］ 将十进制 $(46)_{10}$ 转化成二进制数。

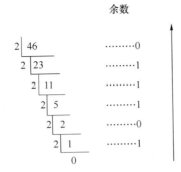

所以 $(46)_{10} = (101110)_2$。

② 小数部分采用"乘 2 取整法"。将被转换的十进制数连乘以 2，每次相乘后所得的乘积的整数部分就是对应的二进制数。第一次乘积所得整数部分是二进制小数的最高位，以下依次类推，直到剩下的纯小数为零或达到所要求的精度为止。

［**例 1-2**］ 将十进制 $(0.25)_{10}$ 转化成二进制数。

$$
\begin{array}{r}
0.25 \\
\times \quad 2 \\
\hline
0.50 \qquad \cdots\cdots\cdots 0 \\
\times \quad 2 \\
\hline
1.00 \qquad \cdots\cdots\cdots 1
\end{array}
$$

整数

所以 $(0.25)_{10} = (0.01)_2$。

（2）二进制转换成十进制

二进制数转换成十进制数，只要分别将个位乘以 2^0，十位乘以 2^1，依此类推，乘到最后一位，小数点后第一位乘以 2^{-1}，依此类推，将各项相加，得到十进制数。

［**例 1-3**］ 将 $(10111.101)_2$ 转化成十进制数。

$$(10111.101)_2 = 1 \times 2^4 + 0 \times 2^3 + 1 \times 2^2 + 1 \times 2^1 + 1 \times 2^0 + 1 \times 2^{-1} + 0 \times 2^{-2} + 1 \times 2^{-3}$$
$$= (23.625)_{10}$$

所以 $(10111.101)_2 = (23.625)_{10}$。

2. 二进制与八进制、十六进制之间的转换

因为二进制数与八进制数、十六进制数存在特定的关系，三位二进制数正好相当于一位八进制数，四位二进制数正好相当于一位十六进制数，所以它们之间的转换很容易实现。它们之间的转换关系如表 1-2 和表 1-3 所示。

表 1-2 二进制与八进制之间转换表

二进制	000	001	010	011	100	101	110	111
八进制	0	1	2	3	4	5	6	7

表 1-3　二进制与十六进制之间转换表

二进制	0000	0001	0010	0011	0100	0101	0110	0111
十六进制	0	1	2	3	4	5	6	7
二进制	1000	1001	1010	1011	1100	1101	1110	1111
十六进制	8	9	A	B	C	D	E	F

① 二进制数转换为八进制数。将二进制数从小数点起,向左和向右每三位分为一组(不足三位的补 0),然后分别写出每组对应的八进制数,即可得到所求的结果。

[例 1-4]　将 $(1101.01)_2$ 转化为八进制数。

$$001 \quad 101 \quad . \quad 010$$
$$1 \quad \quad 5 \quad . \quad 1$$

于是,$(1101.01)_2 = (15.1)_8$

② 二进制数转换为十六进制数。将二进制数从小数点起,向左和向右每四位分为一组(不足四位的补 0),然后分别写出每组对应的十六进制数,即可得到所求的结果。

[例 1-5]　

$$1101 \quad 0011 \quad 1010 \quad . \quad 0111 \quad 1100$$
$$D \quad 3 \quad A \quad . \quad 7 \quad C$$

于是,$(110100111010.011111)_2 = (D3A.7C)_{16}$。

③ 八进制、十六进制数转换为二进制数。只需将每位八进制数或十六进制数写成三位二进制数或四位二进制数连接在一起就是对应的二进制数。整数最前面的 0 和小数最后面的 0 可以去掉。

[例 1-6]　将 $(3C5.16)_{16}$ 转化为二进制数。

$$3 \quad C \quad 5 \quad . \quad 1 \quad 6$$
$$0011 \quad 1100 \quad 0101 \quad . \quad 0001 \quad 0110$$

于是,$(3C5.16)_{16} = (001111000101.0001\ 0110)_2$。

[例 1-7]　将 $(27.3)_8$ 转化为二进制数。

$$2 \quad 7 \quad . \quad 3$$
$$010 \quad 111 \quad 011$$

于是,$(27.3)_8 = (10111.011)_2$。

1.4.3　计算机中数据的表示及运算

经过收集、整理和组织起来的数据,就能成为有用的信息。数据是指能够输入计算机并被计算机处理的数字、字母和符号的集合。平常所看到的景象和听到的事实,都可以用数据来描述。可以说,只要计算机能够接受的信息都可称作数据。

1. 数据表示

计算机数据的表示经常用到以下几个概念。在计算机内部,数据都是以二进制的形式存储和运算的。其常用单位如下。

（1）位。二进制数据中的一个位（bit）简写为 b，音译为比特，是计算机存储数据的最小单位。一个二进制位只能表示 0 或 1 两种状态，要表示更多的信息，就要把多个位组合成一个整体，一般以 8 位二进制组成一个基本单位。

（2）字节。字节是计算机数据处理的最基本单位，并主要以字节为单位解释信息。字节（Byte）简记为 B，规定一个字节为 8 位，即 1B＝8bit。每个字节由 8 个二进制位组成。一般情况下，一个 ASCII 码占用一个字节，一个汉字国际码占用两个字节。

（3）字。一个字通常由一个或若干个字节组成。字（Word）是计算机进行数据处理时，一次存取、加工和传送的数据长度。由于字长是计算机一次所能处理信息的实际位数，所以它决定了计算机数据处理的速度，是衡量计算机性能的一个重要指标，字长越长，性能越好。

（4）数据单位之间的换算关系。

1B＝8bit，1KB＝1 024B，1MB＝1 024KB，1GB＝1 024MB。

计算机型号不同，其字长是不同的，常用的字长有 8、16、32 和 64 位。一般情况下，IBM PC/XT 的字长为 8 位，80286 微机字长为 16 位，80386/80486 微机字长为 32 位，Pentium 系列微机字长为 64 位。

例如，一台微机，内存为 256MB，软盘容量为 1.44MB，硬盘容量为 80GB，则它能存储的字节数分别为：

$$内存容量＝256×1024×1024B＝268435456B$$
$$软盘容量＝1.44×1024×1024B＝1509949.44B$$
$$硬盘容量＝80×1024×1024×1024B＝85899345920B$$

2．二进制的运算法则

① 二进制加法的进位法则是"逢二进一"。0＋0＝0，1＋0＝1，0＋1＝1，1＋1＝0（进位）
② 二进制减法的进位法则是"借一为二"。0－0＝0，1－0＝1，1－1＝0，0－1＝1（借位）
③ 二进制乘法规则。0＊0＝0，1＊0＝0，0＊1＝0，1＊1＝1
④ 二进制除法即是乘法的逆运算，类似十进制除法。

1.5　计算机中的常用编码

人类用文字、图表、数字表达记录着世界上各种各样的信息，便于人们用来处理和交流。现在可以把这些信息都输入到计算机中，由计算机来保存和处理。计算机最主要的功能是处理信息，信息有数值、文字、声音、图形和图像等各种形式。在计算机系统中，所有信息都是用电子元件的不同状态表示的，即以电信号表示。各种信息必须经过数字化编码后才能被传送、存储和处理，因此，掌握信息的存储是非常重要的。

1.5.1　数字编码

在数字系统中，各种数据要转换为二进制代码才能进行处理，而人们习惯于使用十进制数，所以在数字系统的输入输出中仍采用十进制数，这样就产生了用 4 位二进制数表示一位十进制数的方法，这种用于表示十进制数的二进制代码称为二—十进制代码（Binary Coded Decimal），简称为 BCD 码。BCD 码具有二进制数的形式以满足数字系统的要求，又具有十进制的特点(只有 10 种有效状态)。在某些情况下,计算机也可以对这种形式的数直接进行运算。

常见的 BCD 码有以下几种表示:

(1) 8421BCD 编码

这是一种使用最广的 BCD 码,是一种有权码,其各位的权分别是(从最高有效位开始到最低有效位)8、4、2、1。

[例 1-8] 写出十进制数 563.97D 对应的 8421BCD 码。

$$563.97D=0101\ 0110\ 0011.1001\ 0111_{8421BCD}$$

[例 1-9] 写出 8421BCD 码 $1101001.01011_{8421BCD}$ 对应的十进制数。

$$1101001.01011_{8421BCD}=0110\ 1001.0101\ 1000_{8421BCD}=69.58D$$

在使用 8421BCD 码时一定要注意其有效的编码仅 10 个,即 0000～1001。4 位二进制数的其余 6 个编码 1010、1011、1100、1101、1110、1111 不是有效编码。

(2) 2421BCD 编码

2421BCD 码也是一种有权码,其从高位到低位的权分别为 2、4、2、1,它也可以用 4 位二进制数来表示 1 位十进制数。

(3) 余 3 码

余 3 码也是一种 BCD 码,但它是无权码,如表 1-4 所示,由于每一个码对应的 8421BCD 码之间相差 3,故称为余 3 码,一般使用较少,故只需作一般性了解。

表 1-4　BCD 编码表

十进制数	8421BCD 码	2421BCD 码	余 3 码
0	0000	0000	0011
1	0001	0001	0100
2	0010	0010	0101
3	0011	0011	0110
4	0100	0100	0111
5	0101	1011	1000
6	0110	1100	1001
7	0111	1101	1010
8	1000	1110	1011
9	1001	1111	1100

1.5.2　字符编码

目前国际上最流行的字符编码是"美国信息交换标准码"(American Standard Code for Information Interchange),简称 ASCII 码。

国际上通用的 ASCII 码是一种 7 位码,即每个字符的 ASCII 码由七位二进制数组成。这种 ASCII 码版本由 10 个阿拉伯数字、52 个英文大小写字母、32 个标点符号和运算符以及 34 个控制码,总共 128 个字符,如表 1-5 所示。

表 1-5 7 位 ASCII 码

低位	高位							
	000	001	010	011	100	101	110	111
0000	NUL	DLE	SP	0	@	P	`	p
0001	SOM	DC1	!	1	A	Q	a	q
0010	STX	DC2	"	2	B	R	b	r
0011	ETX	DC3	#	3	C	S	c	s
0100	EOT	DC4	$	4	D	T	d	t
0101	ENQ	NAK	%	5	E	U	e	u
0110	ACK	SYN	&	6	F	V	f	v
0111	BEL	ETB	,	7	G	W	g	w
1000	BS	CAN	(	8	H	X	h	x
1001	HT	EM	)	9	I	Y	i	y
1010	LF	SUB	*		J	Z	j	z
1011	VT	ESC	+	;	K	[	k	{
1100	FF	FS	,	<	L	\	l		
1101	CR	GS	—	=	M	]	m	}
1110	SO	RS	.	>	N	·	n	—
1111	SI	US	/	?	O		o	DEL

表中,上横栏为 ASCII 码的前三位(即高位),左竖栏为 ASCII 码的后四位(即低位)。要确定一个字符的 ASCII 码,可先在表中查出它的位置,然后确定它所在位置对应的行和列。根据行数可确定被查字符的低位的四位编码。根据列数可确定被查字符的高位的三位编码,由此组合起来可确定被查字符的 ASCII 码。例如字符 A 的 ASCII 是 1000001,十进制码值为 65。

从以上的介绍看到,在计算机内所有的信息,包括数据、程序以及汉字、图像和声音等,都是以二进制数或代码的形式来表示的。

1.5.3 汉字编码

把汉字的"字形表示"存储在计算机中,在汉字输入过程中,当用户从键盘输入汉字的编码,即可得到相应的汉字。目前已有几百种汉字输入编码方案,通过评选,发展成为统一化和标准化。目前汉字编码的研究发展趋势是:词语输入,智能取码(指上、下文联想取字,取词);适用不同类型的用户,以字为基础,词为主导,音形结合,智能处理,具体来说有音码、形码和音形结合码三种。

(1) 汉字编码

要让计算机处理汉字,与英文一样,也必须对汉字进行统一的编码,每个汉字规定输入计算机的编码,称为汉字的外部码。计算机为了识别汉字,要把汉字的外部码转换成汉字的内部码,以便进行处理和存储。为了将汉字以点阵的形式输出,还要将汉字的内部码转换为汉字的字形码。计算机和其他系统进行信息交流时,还须采用交换码。

（2）外部码

目前汉字主要是从键盘输入，每一个汉字对应一个外部码，外部码是计算机输入汉字的代码，它是代表某一个汉字的一组键盘符号，因此，外部码也叫汉字输入编码。汉字的输入码随所采用的汉字编码方案不同而不同。

（3）交换码

当计算机之间或终端之间进行信息交换时，要求它们之间传送的汉字代码信息完全一致。1981 年我国公布了汉字交换码的国家标准"信息交换用汉字编码字符集基本集"（GB2312-80），即国标码。在此标准中，用二字节（十六个二进制位）表示一个汉字，高字节第一级汉字 3 755 个，按汉语拼音字母排列，同音字的笔形顺序按横、竖、撇、点、折排列，起笔相同按第二笔，依此类推，第二级 3 008 个汉字按部首排列。本标准第一区到第九区用于表示各种常用符号和各种常用文字的字母。本标准共具有 7 445 个图形字符。在 1989 年后，国际标准化组织在中国大陆、中国台湾、日本、韩国、新加坡等国家和地区推动下，推出了国际标准化字库，我国把它确定为 GBK 字库，该字库有 21 000 多个字符，包括简体字、繁体字及世界上几乎所有的常用字符。

（4）内部码

汉字内码是计算机系统内部处理和存储汉字时使用的代码。又称为汉字内码或汉字机内码。当计算机输入外部码时，要转换成内部码，才能存储、运算、传输等处理。一个汉字的内码规定为 2 个字节。

（5）字型码与汉字字库

汉字字库是存放汉字字形（字模）和其他图形符号的数据库。提供汉字输出时的字型还原。汉字的各种输出操作（如打印、显示等）都是在图形方式下进行的，并以点阵的形式表示出来。汉字字形点阵有 16×16 点阵、24×24 点阵、40×40 点阵等。如 16×16 点阵字库，即把一个汉字分为 16 行，每行 16 列的点阵数，并把有字形的点用 1 表示，其他空的点用 0 表示，这样一个汉字由 32 个字节组成。同理，24 点阵字库，每个汉字占用 72 个字节，40×40 点阵需要 200 个字节表示。在一个汉字方块中行数列数分得越多，描绘的汉字越细微，但占用的存储空间也就越多。

本 章 小 结

1. 计算机的产生和计算机技术的迅速发展是当代科学技术最突出的成就之一。第一台电子计算机是 1946 年 2 月 15 日正式运行成功的，其名为"ENAIC"。电子计算机的发展到目前为止，经历了四个阶段的发展过程，才有了如今能使用的计算机。

2. 计算机系统是由硬件系统和软件系统组成。硬件系统是由计算器、控制器、存储器、输入设备和输出设备组成，软件系统按功能分可以分为系统软件和应用软件两部分。

3. 了解计算机中数值的表示和基本编码技术。

4. 计算机专业的同学需要熟练掌握和应用二进制、八进制、十六进制和十进制之间的相互转换关系以及二进制的基本运算。

第2章 Windows 7 操作系统

在系统软件中,最重要的是操作系统。操作系统是在计算机硬件基础上的第一层软件,其他的软件必须在操作系统的支撑下才能安装到计算机上。操作系统是用户与计算机系统之间进行通信的一个接口程序,操作系统管理并控制着计算机的所有软件和硬件资源,并为用户提供了软件开发和应用的环境。

Windows 7 是由微软公司(Microsoft)开发的操作系统(2009 年 10 月 22 日正式发布)。Windows 7 包含 6 个版本,能够满足不同用户使用时的需要。本系统围绕用户个性化设计、应用服务设计、用户易用性设计、娱乐试听设计等方面增加了很多特色功能。例如,Windows 7 中新增了家长控制功能,以规范计算机使用者合理使用计算机资源;为了让计算机充分应用到娱乐和多媒体中,Windows 7 引入了 Windows 照片库、Windows 7 媒体中心;为了最大力度地保证计算机和数据的安全,增加了 Bit Locker 加密、Windows Defender、备份和还原等功能。

本章内容包括 Windows 7 的图形界面、Windows 7 文件管理、Windows 7 的其他设置等。

2.1 Windows 7 概述

2.1.1 Windows 的发展

随着计算机技术的迅速发展,计算机的操作系统也在不断地进行更新。最早在 PC 上获得广泛应用的操作系统是 Microsoft 公司推出的 MS-DOS。到 1983 年 11 月,微软推出了一款名为"Windows"图形界面的操作系统,Windows 是一个为个人计算机和服务器用户设计的操作系统,它有时也被称为"视窗操作系统",它的第一个版本 Windows1.0 由美国微软(Microsoft)公司于 1985 年发行,Windows2.0 于 1987 年发行,由于当时硬件和 DOS 操作系统限制,这两个版本并没有取得很大的成功。

之后 Microsoft 公司对 Windows 的内存管理、图形界面做了重大改进,使图形界面更加美观并支持虚拟内存,于 1990 年 5 月推出的 Windows 3.0 在商业上取得惊人的成功,从而一举奠定了 Microsoft 在操作系统上的垄断地位。1993 年,微软首次发行了 Windows 3.1 中文版,不久又推出 Windows 3.2 中文版。1995 年 8 月,正式推出 Windows 95。1998 年微软公司又及时推出了 Windows 98,2000 年推出 Windows 2000,不久又推出 Windows XP。这些版本的操作系统以其直观简洁的操作界面、强大的功能,使众多的计算机用户能够方便快捷地使用计算机。

2009 年 10 月 22 日微软在美国正式发布的 Windows 7 是现在最流行的操作系统,核心版本号为 Windows NT6.1 。Windows 7 具有 6 个版本,可供家庭及商业工作环境、笔记本式计算机、平板电脑、多媒体中心等使用。

2.1.2 Windows 7 的功能和特点

Windows 7 包含 6 个版本,分别为 Windows 7 Starter(初级版)、Windows 7 Home Basic(家庭基础版)、Windows 7 Home Premium(家庭高级版)、Windows 7 Professional(专业版)、Windows 7 Enterprise(企业版)和 Windows 7 Ultimate(旗舰版),这 6 个版本的操作系统功能的全面性都存在差异,主要是针对不同用户需要设计提出的。Windows 7 与以前微软公司推出的操作系统相比,具有以下特色。

1. 易用

Windows 7 提供了很多方便用户的设计,比如,窗口半屏显示、快速最大化、跳转列表等。

2. 快速

Windows 7 大幅度缩减了 Windows 的启动时间,据实测,在 2008 年的中低端配置下运行,系统加载时间一般不超过 20 秒,这与 Windows Vista 的 40 余秒相比,是一个很大的进步。

3. 特效

Windows 7 效果很华丽,除了有碰撞效果、水滴效果,还有丰富的桌面小工具。与 Vista 相比,这些方面都增色很多,并且在拥有这些新特效的同时,Windows 7 的资源消耗却是最低的。

4. 简单安全

Windows 7 改进了安全和功能合法性,还把数据保护和管理扩展到外围设备。改进了基于角色的计算方案和用户账户管理,在数据保护和坚固协作的固有冲突之间搭建沟通桥梁,同时也能够开启企业级的数据保护和权限许可。

2.1.3 Windows 7 的安装

1. Windows 7 的硬件要求
- CPU:1GHz 及以上。
- 内存:1GB。
- 硬盘:20GB 以上可用空间。
- 显卡:支持 DirectX 9 或更高版本的显卡,若低于此版本 Aero 主题特效可能无法实现。
- 其他设备:DVD R/W 驱动器。

2. Windows 7 的安装

Windows 7 提供三种安装方式:升级安装、自定义安装和双系统共存安装。

(1)升级安装。这种方式可以将用户当前使用的 Windows 版本替换为 Windows 7,同时保留系统中的文件、设置和程序。如果原来的操作系统是 Windows XP 或更早的版本,建议进行卸载之后再安装 Windows 7,或者采用双系统共存安装的方式将 Windows 7 系统安装在其他硬盘分区。如果系统是 Windows Vista,则可以采用安装方式升级到 Windows 7 系统。

（2）自定义安装。此方式将用户当前使用的 Windows 版本替换为 Windows 7 后不保留系统中的文件、设置和程序，也叫清理安装。在进行安装时首先将 BIOS 设置为光盘启动方式，由于不同的主板 BIOS 设置项不同，建议大家先参看使用手册来进行设置。BIOS 设置完之后放入安装盘，根据安装盘的提示和自己的需求完成安装。

（3）双系统共存安装。即保留原有的系统，将 Windows 7 安装在一个独立的分区中，与机器中原有的系统相互独立，互不干扰。双系统共存安装完成后，会自动生成开机启动的系统选择菜单，这些都和 Windows XP 十分相像。

2.1.4　Windows 7 的启动和退出

1. 启动 Windows 7

启动 Windows 7 就是启动计算机，进入 Windows 7 操作界面。启动方法有以下几种。

（1）冷启动。冷启动是指在没有开启计算机电源的情况下，开启计算机电源启动计算机。方法是：直接按下机箱面板上或者键盘上的"power"按钮。

（2）热启动。热启动是指在计算机运行过程中，当遇到系统突然没有响应等情况时，通过在"开始"菜单中，单击"关机"右边的三角形，弹出菜单中单击"注销"命令重启计算机。

（3）复位启动。复位启动是指已经进入到操作系统界面，由于系统运行出现异常，且热启动失效所采用的一种重新启动计算机的方法。方法是：按下主机箱上"reset"按钮。

2. 退出 Windows 7

Windows 7 中提供了关机、休眠、睡眠、锁定、注销和切换用户操作来退出系统，用户可以根据自己的需求来进行使用。

（1）关机

正常关机：使用完计算机要退出系统并且关闭计算机。单击"开始"按钮，弹出"开始"菜单，然后单击"关机"按钮，即可完成关机。非正常关机：当用户使用计算机时出现"花屏""黑屏""蓝屏"等情况时，不能通过"开始"菜单关闭计算机，可以采取长按主机机箱上的电源开关关闭计算机。

（2）休眠、睡眠

Windows 7 提供了休眠和睡眠两种待机模式，它们的相同点是进入休眠或者睡眠状态的计算机电源都是打开的，当前系统的状态会保存下来，但是显示器和硬盘都停止工作。当需要使用计算机时进行唤醒后就可进入刚才的使用状态，这样可以在暂时不使用系统时起到省电的效果。这两种方式的不同点在于休眠模式系统的状态保存在硬盘里，而睡眠模式是保存在内存里。进入这两种模式的方法就是单击"开始"按钮，单击"关机"按钮旁的小三角按钮弹出菜单，根据需要选择睡眠或者休眠命令。

（3）锁定

当用户暂时不使用计算机但又不希望别人对自己的计算机进行查看时，可以使用计算机的锁定功能。实现锁定的操作是单击"开始"按钮，弹出菜单，再单击"关机"按钮右边的小三角按钮，弹出菜单，选择"锁定"命令即可完成。当用户再次需要使用计算机时只需要输入用户密码即可进入系统。

（4）注销

Windows 7 提供多个用户共同使用计算机操作系统的功能，每个用户可以拥有自己的工作环境,当用户使用完成需要退出系统时可以采用"注销"命令退出用户环境。具体操作方式:单击"开始"按钮,弹出菜单,再单击"关机"按钮右边的小三角按钮,选择"注销"命令。

（5）切换用户

这种方式使用户之间能够快速地进行切换,当前用户退出系统时会切换到用户登录界面。操作方法为单击"开始"按钮,弹出菜单,再单击"关机"按钮右边的小三角按钮,选择"切换用户"命令。

2.2 Windows 7 基本操作

2.2.1 Windows 7 桌面

正确完成 Windows 7 中文系统的安装后,默认情况下,每次开机即自动启动中文 Windows 7,进入 Windows 7 环境,如图 2-1 所示。

用户还可以在启动了 Windows 7 的情况下,设置用户名和密码。启动时就要求选择一个用户名并输入该用户名下的密码。

设置方法如下:

（1）单击屏幕左下角"开始"→"控制面板",弹出"控制面板"窗口。

（2）单击"用户账户和家庭安全",打开"用户账户和家庭安全"窗口,在"用户账户"下单击"添加或删除用户账户",在打开的窗口里选择"创建一个新账户",在弹出的"新账户名"对话框中输入账户名,并选择"标准用户"或"管理员",单击"创建账户"按钮,返回到"管理账户"窗口。

图 2-1   Windows 7 桌面

（3）单击刚创建的账户名,弹出对话框,选择"创建密码",根据提示输入相应的内容,单击"创建密码"按钮。

下面介绍 Windows 7 界面的有关知识。

1. 鼠标

鼠标(Mouse)是各种视窗软件中一种重要的输入设备。Windows 7支持两种按钮模式的鼠标,当用户握着鼠标在鼠标垫板或桌面上移动时,计算机屏幕上的鼠标指针就随之移动。在通常情况下,鼠标的形状是一小箭头。

鼠标的左右两个按钮可以组合起来使用,完成特定的操作。最基本的鼠标操作方式有以下几种。

（1）指向(Point):把鼠标移动到某一对象上。

（2）单击(Click):指鼠标按钮按下、松开。单击包括单击左键和单击右键。

（3）双击(Double-click):快速连续按两下鼠标左键。

（4）拖动(Drag):单击某对象、按住按钮移动鼠标,在另一个地方释放按钮。

2. 桌面(Desktop)

启动Windows 7后的整个屏幕称作桌面。桌面是Windows 7工作的平台。Windows 7的图标、菜单、开始按钮、任务栏等都显示在桌面上。根据计算机的不同设置,桌面上会出现不同的图标。图2-1即是桌面。

3. 图标(Icon)

图标是代表程序、文件、文件夹等各种对象的小图形,是指Windows 7的各种组成元素,包括程序、文件、文件夹和后面介绍的快捷方式等。图标旁附有对象的概况文字。Windows 7桌面上比较常见的图标有"计算机""回收站""网络"等,其他图标都是在Windows 7下安装软件时自动加到桌面上(或是以快捷方式加到桌面上)的。

4. "开始"按钮和系统菜单(Start Menu)

启动Windows 7后在桌面的左下角有一个按钮为"开始"按钮,单击该按钮可以弹出系统菜单。在Windows 7中,几乎用户所有想要做的事都可以从单击"开始"按钮开始;而"开始"菜单差不多是随时可以得到的。图2-2显示了"开始"按钮和系统菜单。

系统菜单可以随自己要求而增加和减少。通常情况下,系统菜单包括下列几项。

（1）所有程序:最常用的程序和程序项的清单。

（2）文档:最近使用过的文档清单,单击某文档,可快速启动建立该文档的应用程序并打开此文档。

（3）控制面板:用于修改桌面和系统设置。

（4）搜索框:查找文件、文件夹、共享的计算机或在Internet上查找。

（5）帮助和支持:取得问题的帮助。

图2-2 "开始"按钮和系统菜单

（6）关机：用于关闭、重新启动计算机、注销或休眠等。"关机"后有一个实心的三角形，表明单击后会弹出子菜单。

5．任务栏（Taskbar）

Windows 7 提供了多任务操作，即用户可以同时运行多个程序，并在这些程序间来回切换。用户每启动一个程序，在任务栏上就会出现一个按钮，单击某按钮就可激活相应的应用程序，该程序窗口就成为活动窗口，位于桌面的最前面，不被其他应用程序窗口所遮盖，由此完成多任务切换。在任务栏右边有输入法、时钟等一些提示器。

2.2.2　Windows 7 窗口

窗口是 Windows 操作过程中，在桌面上开设的有界区域，是 Windows 系统的重要组成部分。每启动一个程序都会对应打开一个窗口，窗口可在桌面上随意移动、改变大小和关闭。图 2-3 是一个典型的窗口，其中包括边框、标题栏、菜单栏、工具栏、工作区域及状态栏等。无论是哪一类窗口，组成元素基本相同。

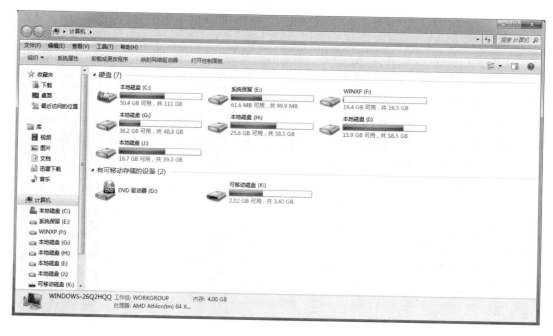

图 2-3　"计算机"窗口

1．窗口边框

定义窗口周边的四条边叫边框。把鼠标移动到窗口的边框或角上，当鼠标自动变成双箭头形状时，拖动鼠标就可以改变窗口的大小。

2．标题栏

顶边下面紧挨着的就是标题栏。单击标题栏的最左边将显示一个命令菜单，用于最小化、最大化、移动窗口和关闭程序。在标题栏的最右边是最小化、最大化（或还原）、关闭按钮。单击"最大化"按钮将使窗口充满整个桌面；单击"最小化"按钮将使窗口缩放成为任务栏上的一个按钮，以后只需单击任务栏中的相应按钮便可使之成为当前的工作窗口显示在桌面上；单击"还原"按钮（只在最大化窗口后有此按钮）将窗口恢复到最大化前窗口大小；单击"关闭"按钮将结束程序,窗口消失。

3. 菜单栏

菜单栏集合了应用程序几乎所有的命令,按类别划分为多个菜单项,单击菜单项打开下拉菜单即可使用相应的菜单命令。

4. 控制按钮区

菜单栏下面就是控制按钮区,单击每个按钮实现相应的功能。

5. 滚动条

滚动条是 Windows 7 系统为方便用户查看太长或太宽的文档列表或图画等而设置的。如果在窗口中可以完整显示所列内容,则滚动条会自动消失。

6. 状态栏

在窗口的底部,用来显示该窗口的状态,一般包括对象的个数、可用的空间及计算机的磁盘空间总容量等。

7. 工作区域

窗口的内部区域称为工作区域或工作空间。在文档或应用程序窗口中,它是一个编辑区,供用户编辑文档。在文件夹窗口中,它是一个列表区,供用户选择对象。

除了以上介绍的之外,窗口中还包括搜索栏、细节窗格以及导航窗格等。

2.2.3　Windows 7 菜单

1. 菜单的种类

使用 Windows 7,随处可见的是各种各样的菜单。一般来说,Windows 7 中有三种类型的菜单。

(1)"开始"菜单 。单击任务栏上的"开始"按钮或使用快捷键"Ctrl＋Esc",便可弹出"开始"菜单,用"开始"菜单几乎可以完成所有的任务。

(2)下拉菜单。用鼠标单击某个菜单项或者用快捷键"Alt＋菜单项中带下画线的字母"即可弹出下拉菜单,然后选择某个命令便可完成相应的任务。

图 2-4　快捷菜单

(3)快捷菜单。使用鼠标右键或快捷键"Shift＋F10"便可弹出指定对象的快捷菜单。快捷菜单一般包含用于该对象的最常用命令,如图 2-4 所示。充分利用快捷菜单可以大大提高工作效率。

2. 菜单的约定

(1)正常的菜单选项与变灰的菜单选项。正常的菜单选项是用黑色字符显示出来的,用户可以随时选取它,变灰的菜单选项是用灰色字符显示的,表示在当前情形下它是不能被选取的,是不可用的。

(2)名字后跟有省略号(…)的菜单选项。选择这种菜单选项会弹出一个相应的对话框,要求用户输入某种信息或改变某些设置。

(3)名字右侧带有三角标记的菜单选项。这种选项表示在它的下面还有一级子菜单,当鼠标指向该选项时,就会自动弹出下一级子菜单。

(4)名字后带有组合键的菜单选项。这里的组合键是一种快捷键。用户在不打开菜单的情况下,直接按下组合键,也可以执行相应的菜单命令。

(5)菜单的分组线。有的菜单选项之间会用直线直接分隔成若干个菜单选项组。一般这种分组是按照菜单选项的功能组合在一起的。

(6)名字前带"√"标记的菜单选项。多项选择菜单,在该菜单中用户可以选择多个菜单项,当用户单击某菜单项旁边有"√"标记时,表示其对应的功能已经起作用,再单击一次,则将去掉标记。

(7)名字前带"•"标记的菜单选项。单项选择菜单,在它的分组菜单中只可能有一个且必定有一个选项被选中,被选中的选项前带有"•"标记。

(8)变化的菜单选项。一般来说,一个菜单中的选项是固定不变的,不过也有些菜单根据当前环境的变化,适当会改变某些选项。例如,在"计算机"窗口中,选定对象前后"文件"菜单的选项内容就不一样。

3.菜单的操作

(1)打开菜单。用鼠标单击菜单栏上的菜单名,就会打开相应的菜单。对于窗口控制菜单,用鼠标单击窗口左上角的控制按钮就可以打开它。此外,用鼠标右击某一对象,还会打开一个带有许多可用命令的对象快捷菜单,单击菜单中的菜单选项就可以执行相应的菜单命令。

(2)撤销菜单。打开菜单之后,如果不想选取某菜单选项,则可以在菜单以外的任意空白位置处单击就可以撤销菜单。此外按 Esc 键也行。

2.2.4 Windows 7 对话框

对话框是一种特殊的窗口,它是用户与应用程序之间进行设置和信息交互的窗口,用户可以根据需要进行设置。对话框与前面提到的窗口有类似的地方,即顶部都有标题栏,但对话框没有菜单栏,而且对话框的尺寸也是固定的,典型的对话框如图2-5所示。对话框由以下几部分组成。

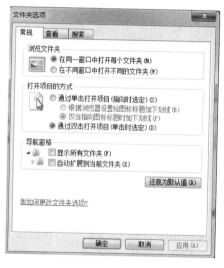

图 2-5 对话框

(1)标题栏。其左端是对话框的名称,右端一般为关闭按钮。

(2)选项卡按钮。有些对话框中有多个选项卡,各选项卡相互重叠,每个选项卡都有一个可见的标签,用户通过单击选项卡标签,可以在多个选项卡之间切换。

(3)输入框。可分为文本框和列表框。文本框用于输入文本信息,列表框让用户从列表中选取需要的对象。一般在文本框的右端还会带有一个向下箭头按钮,单击可打开下拉列表,从中选取要输入的信息。

(4)按钮。它包括命令按钮(即矩形的带有文字的按钮)、单选按钮(为圆形,在一组选项中选中其中的一项,被选中的项前面带有圆点标记)、复选按钮(为方框形,在一组选项中选中其中的若干项,被选中的项前面带有"√"标记)、数字增减按钮(包括两个紧叠在一起的三角标记按钮,单击其中一个可使数字增加或减少)。

2.3 Windows 7 的文件管理

2.3.1 Windows 7 资源管理器

"资源管理器"是 Windows 7 中一个重要的文件管理工具,它与"计算机"在功能上基本相同,但在显示方式上有所不同。"计算机"以分窗口的形式显示,不同的驱动器、不同的文件夹可以在打开后显示在不同的窗口中;而在"资源管理器"中,所有的磁盘的内容都显示在同一个窗口中,可以看到计算机中完整的文件夹结构。

相对来说,"计算机"功能更为强大和全面,所有在"资源管理器"中能够完成的工作,都可以在"计算机"中进行,而且在"计算机"中随时可以切换到"资源管理器"的显示状态。但用"资源管理器"浏览计算机资源比用"我的电脑"更方便。

1. 启动"资源管理器"

启动"资源管理器"的方式有多种,用户可以选用以下的方法之一。

(1)单击"开始"→"所有程序"→"附件"→"Windows 资源管理器"。

(2)用鼠标右击"开始"按钮,从弹出的快捷菜单中选择"打开 Windows 资源管理器";

整个资源管理器"浏览"窗口,如图 2-6 所示,由两部分组成。在窗口的左侧显示的是"收藏夹""库""计算机""网络"等资源对象。窗口右侧显示的是当前驱动器或当前目录下所有的文件或文件夹。这些文件、文件夹的显示方式或图标的排列方式可以进行改变,在"资源管理器"的"查看"菜单中,提供了多种查看方式,如"超大图标""小图标""列表"等;在"排序方式"上提供了多种排列图标方式,如"名称""修改日期""大小"等。

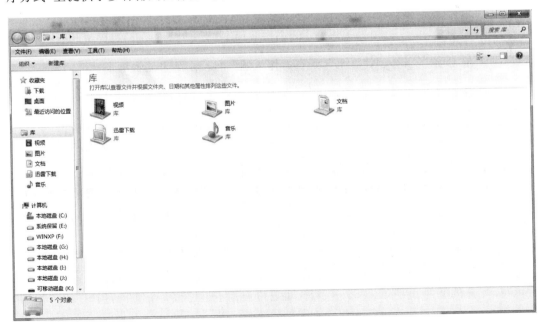

图 2-6　资源管理器

2．选择文件或文件夹

用户要想对文件或文件夹进行移动、复制、删除等项操作，首先必须选定它们。

（1）选择当前驱动器和文件夹。在窗口左侧进行。单击某个驱动器名称，使之成反白显示，该驱动器即为当前驱动器，此时在窗口的右侧显示出，当前驱动器下所有的文件夹或所有的文件。

（2）选择文件，在窗口的右边进行。

① 选择单个文件或文件夹：在文件窗口中单击所需选择的文件或文件夹，使之成反白显示。

② 选择相邻多个文件或文件夹：先单击这组相邻文件中第一个文件或文件夹，再按下 Shift 键同时单击这组相邻文件中最后文件或文件夹，这组相邻的文件或文件夹被反白显示。

③ 选择不相邻的多个文件或文件夹：先按下 Ctrl 键不放，然后用鼠标分别单击分散的文件或文件夹，它们均为被反白显示。

若先按下 Ctrl 键不放，再单击被反白显示的某个文件，则将取消对该文件的选择；若在文件窗口的任意位置单击，则可取消对多个文件的选择。

3．创建快捷图标

为了方便打开或启动某些文件或程序，可将其图标创建在桌面上，当双击该图标时，如果图标代表文件，那么 Windows 7 就启动创建该文件的应用程序来打开它。创建快捷图标的方法如下：

（1）在"资源管理器"中找到要创建快捷图标的运行文件。

（2）用鼠标选定该文件并单击右键，选取菜单中的"创建快捷方式"。

（3）把创建的快捷图标拖到桌面即可。

4．搜索文件

为了节省时间和精力，可以使用窗口顶部的"搜索"框，又称为"搜索浏览器"，如需要查找文件名中包含"计算机"的文档或者文件夹，方法如下：

（1）打开资源管理器。

（2）在"搜索"框输入"计算机"，则在工作区域会将搜索结果显示出来。

2.3.2　认识文件与文件夹

1．文件与文件名

在操作计算机时，经常要处理一些数据，为了使某些数据能长期保存下来，可以按照数据的相关性，把它们分成一个个集合，然后把它们存放到像磁盘这样的外部介质之中。通常，把以一定方式存储于磁盘上的一组相关数据的集合称为文件，文件是磁盘中最基本的存储单位。文件中包含的信息内容非常广泛，例如，一张数据表格、一篇文章、一幅（或多幅）图片、一个计算机程序等都可以构成文件。

在计算机中通常存在着包含不同内容的多个文件，它们的用途各不相同，对它们操作处理也不一样，为了区分各个不同内容的文件，需要为每个文件取一个名字，称为文件名。Windows 7 的文件名可长达 255 个字符，也可以使用不超过 127 个汉字的中文名字，文件名中可包含空格、英文字母、数字、汉字和一些特殊符号等，Windows 7 中不区分文件名中字母的大小写，但不能包含以下字符：

/ ＼ ＜ ＞ ＊ ？ " | ；：

一般情况下,文件名由两部分组成,第一部分是文件的主名,第二部分是文件的扩展名(一般是英文名),通常用来标识文件的类型。文件名和扩展名之间用一个"·"隔开。例如 logo.bmp 是一个文件名,其中 logo 是文件主名,bmp 是文件的扩展名。

2. 文件类型与扩展名

在计算机中处理的数据多种多样,不同的数据在文件中存放格式是不一样的,我们或以按照数据的存放格式把文件分为多种类型。不同类型的文件用不同的应用程序处理。文件的类型一般由文件的扩展名表示,也就是说,文件的扩展名决定了文件的类型。例如 File.txt 的扩展名是 txt,表示它是一个文本文件。对于一个无扩展名的文件,Windows 7 通常将它视为不明类型的文件。表 2-1 是 Windows 7 中常用到的一些扩展名。

表 2-1 常用的扩展名

扩展名	文件类型	扩展名	文件类型
sys	系统文件	bmp	位图文件
wav	声音文件	mov	视频剪辑文件
bat	MS-DOS 批处理文件	exe	MS-DOS 应用程序
com	MS-DOS 命令文件	bak	备份文件
txt	文本文件	tmp	临时文件

3. 文件夹

为了便于管理和使用存储在外部介质上的多个文件,总希望能够把它们分门别类地存放。在 Windows 7 中就采取了以文件夹形式组织和管理文件的方法。具体地说,可以把某个外部介质(例如磁盘)看作是一个文件框,在此文件框中可以存放多种文件。为了便于管理和使用,还可以在这个文件框中放上一些文件夹,然后把一些不同类型、不同用途的文件放到不同的文件夹中。如果需要,还可以在某个文件夹中再放入其他的文件夹。这样,通过在各个层次的文件夹中放入不同文件的方法,就可以达到把不同类型、不同用途的文件分门别类地存放的目的。

4. 路径

对每个文件和文件夹,可以用它的驱动器号、各级文件夹名以及文件名描述其位置。这种位置的表示方法称为"路径"。路径从左至右依次为:驱动器号、各级文件夹名和文件名。例如:"C:\"表示位于 C 盘驱动器的根文件夹;"E:\kemp\chpt1.doc"表示 E 盘上文件夹 kemp 中的文件 chpt1.doc。

2.3.3 文件和文件夹的基本操作

对文件和文件夹的基本操作,在"资源管理器"中或在"计算机"中都可以完成。在"资源管理器"中,操作方法如下:

1. 创建文件夹

(1) 单击要在其中创建新文件夹的驱动器或文件夹。

(2) 在"文件"菜单上,指向"新建",单击"文件夹"。这时,系统将创建一个新的文件夹,并用临时的名称显示新文件夹。

(3) 键入新文件夹的名称,然后按 Enter 键即可。

2. 移动文件或文件夹

（1）单击选择要移动的文件或文件夹。

（2）打开"编辑"菜单，单击"剪切"。

（3）单击选择要存放文件或文件夹的文件夹。

（4）从"编辑"菜单中单击"粘贴"。

另外，用拖动而不是用选择菜单方式，也可以移动文件或文件夹。先查找要移动的文件或文件夹，并确保拖动文件或文件夹的目标位置是看得见的，然后将文件或文件夹拖动到目标位置即可。

3. 复制文件或文件夹

（1）单击选择要复制的文件或文件夹。

（2）在"编辑"菜单中单击"复制"。

（3）单击选择要复制到的文件夹或驱动器。

（4）在"编辑"菜单中单击"粘贴"。

4. 删除文件或文件夹

（1）利用菜单。① 单击选择要删除的文件或文件夹。② 在"文件"菜单中单击"删除"，出现删除对话框，确认执行。

（2）利用工具栏按钮。① 单击选择要删除的文件或文件夹。② 移动鼠标至工具栏"删除"按钮，单击或用工具栏中的"剪切"按钮。

5. 更改文件或文件夹的名字

（1）单击选择要更改的文件或文件夹。

（2）从"文件"菜单中单击"重命名"，被选定的文件或文件夹名字反白且周围出现一个框。

（3）直接输入新的名称，按 Enter 键确认。

在"计算机"中对文件和文件夹的操作和以上方法类似，这里就不再赘述。

2.3.4　使用库和回收站

使用 Windows 7 的用户都会注意到，系统里有一个极具特色的功能——"库"，库是 Windows 7 系统借鉴 Ubuntu 操作系统而推出的文件管理模式。库的概念并非传统意义上的存放用户文件的文件夹，它其实是一个强大的文件管理器。库所倡导的是通过建立索引和使用搜索快速地访问文件，而不是传统的按文件路径的方式访问。建立的索引也并不是把文件真的复制到库里，而只是给文件建立了一个快捷方式而已，文件的原始路径不会改变，库中的文件也不会额外占用磁盘空间。库里的文件还会随着原始文件的变化而自动更新。这就大大提高了工作效率，管理那些散落在各个角落的文件时，我们再也不必一层一层打开它们的路径了，只需要把它添加到库中。

1. 使用库

（1）库的创建

打开资源管理器，在导航栏里会看到库，用户既可以直接点击左上角的"新建库"，也可以在右边空白处右击一下，弹出来的菜单里就有"新建"。给库取好名字，一个新的空白库就创建好了。这里我们没取名，使用了默认的名字"新建库"。

（2）添加文件到"新建库"

我们要做的就是把散落在不同磁盘的文件或文件夹添加到库中。

① 鼠标右击"新建库",弹出快捷菜单,选择"属性",弹出"新建库 属性"对话框,如图2-7所示。

② 单击"包含文件夹",找到想添加的文件夹,选中它,点击"包括文件夹"返回到"属性"窗口,单击"确定"按钮即可。

③ 打开"新建库",我们会发现刚才添加的文件夹在库里已经显示出来了。

有了库,用户就可以方便管理经常访问的文件夹了,无论它们是否在一个盘,文件路径多复杂,用户都可以第一时间找到它们,很方便快捷。在库中操作和在原文件夹操作是等效的。库必须是对应一个文件夹,无法对应单个文件。

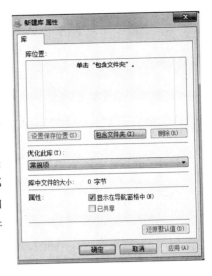

图2-7　"新建库 属性"对话框

2."回收站"的管理

Windows 7的"回收站"为文件和文件夹的删除提供了安全保障。在一般情况下,当用户删除文件和文件夹后,它们并没有真正被删除,而是被移到"回收站"中保存,所以当用户发现某些文件或文件夹被误删除后,可以把它们从"回收站"中取回。

"回收站"实质上是占用了硬盘上的部分空间,即使关闭计算机电源,"回收站"中的文件仍会被保存下来。

如果真正要删除"回收站"中的文件或文件夹,只要单击"回收站"窗口中上方的按钮"清空回收站"按钮或在"文件"菜单中选择"清空回收站"命令,此时会出现"是(Y)"和"否(N)"的对话框,选择"是",会真正删除"回收站"中的内容,选择"否","回收站"中的内容保持不变。

2.4　应用程序管理

2.4.1　任务管理器简介

Windows任务管理器提供了有关计算机性能的信息,并显示了计算机上所运行的程序和进程的详细信息;如果连接到网络,那么还可以查看网络状态并迅速了解网络是如何工作的。它的用户界面提供了文件、选项、查看、窗口、关机、帮助六大菜单项,其下还有应用程序、进程、性能、联网、用户五个标签页,窗口底部则是状态栏,从这里可以查看到当前系统的进程数、CPU使用比率、更改的内存容量等数据,默认设置下系统每隔两秒钟对数据进行一次自动更新,如图2-8所示。

在 Windows 7 中可以用以下方法启动"任务管理器"。

(1) 使用快捷键,在键盘上按下"Ctrl＋Shift＋Esc"可启动任务管理器。

(2) 在任务栏的空白处,右击鼠标,弹出快捷菜单,在菜单中选择"启动任务管理器"。

2.4.2　应用程序的安装与卸载

Windows 7 提供了运行诸如字处理、电子表格和图形处理等应用程序的基础,然而这些应用程序并没有包含在 Windows 7 操作系统中。用户可以将不需要的应用程序删除，以节省硬盘空间。

1. 应用程序的安装

从安装向导上可以看到，添加新程序分两类：

（1）从 CD 或 DVD 安装程序

将光盘插入计算机，然后按照屏幕上的说明操作。如果系统提示你输入管理员密码或进行确认，请输入密码或提供确认。

（2）从 Internet 安装程序

在 Web 浏览器中，单击指向程序的链接。执行下列操作之一：

若要立即安装程序，单击"打开"或"运行"，然后按照屏幕上的提示进行操作。如果系统提示用户输入管理员密码或进行确认，输入密码或提供确认。

图 2-8 任务管理器

2. 应用程序的卸载

（1）单击"开始"→"控制面板"。

（2）屏幕出现"控制面板"窗口，单击"程序"按钮。

（3）出现"程序"窗口，在窗口中选择"卸载程序"命令，出现"卸载或更改程序"窗口，如图 2-9 所示。

图 2-9 用 Windows 7 卸载程序

（4）选择需要删除的应用程序，单击"卸载"命令，根据提示进行操作即可。

2.4.3 应用程序的启动、切换和关闭

1. 应用程序的启动

启动应用程序有多种方法,常用的有以下几种。

(1)从"开始"按钮启动程序。下面以启动"记事本"程序为例,具体步骤如下:

① 单击"开始"→"所有程序"菜单项。

② 再指向相应的文件夹(如"附件"),然后单击其中包含的文件(如"记事本")。

③ 屏幕上出现对应的应用程序窗口,并且代表该程序的任务按钮出现在任务栏上。

(2)从程序所在的文件夹启动程序。双击桌面上的"计算机",在其中双击包含程序文件的磁盘驱动器,在打开的磁盘文件窗口中,选定包含程序文件的文件夹,直到出现程序文件,双击其图标即可。

(3)使用快捷方式启动程序。若桌面上有相应程序的快捷方式,则双击快捷方式图标,可启动相应程序。

2. 应用程序的退出

退出应用程序,也就是终止应用程序的运行,用户只要单击应用程序窗口右上角的关闭按钮即可。

3. 应用程序间的切换

Windows 7允许同时启动多个应用程序,各程序都有一个对应的按钮出现在任务栏中。用户只要单击代表该程序的按钮,就可以方便地在各程序间进行切换。刚切换的程序的窗口将出现在其他程序窗口的前面,成为当前窗口。

2.5 个性化 Windows 7 系统

美化功能是 Windows 7中又一亮点之处,一般来说,很多人在自己的私人计算机中都喜欢突出自己的特色。本章中将介绍怎么个性化 Windows 7 系统。

2.5.1 桌面外观的格式化

1. 显示、隐藏桌面图标,调整桌面图标的大小

利用桌面上的图标可以快速访问应用程序。可以选择显示所有图标,如果喜欢干净的桌面,也可以隐藏所有图标,还可以调整图标的大小。

(1)显示桌面图标。右击桌面,选择"查看→显示桌面图标"选项。

(2)隐藏桌面图标。右击桌面,选择"查看→显示桌面图标"选项,清除复选标记。

注意:隐藏桌面上的所有图标并不会删除它们,只是隐藏、直到再次选择显示它们。

(3)调整桌面图标的大小。右击桌面,选择"查看"选项,然后单击"大图标"、"中图标"或"小图标"。

2. 更换桌面背景

(1)在桌面空白处上右击鼠标,在快捷菜单中选择"个性化"选项,在"个性化"窗口中单击"桌面背景"按钮,

(2)单击"浏览"按钮,找到计算机上的图片。

（3）单击选取需要的图片，单击"保存修改"按钮。

3．设置桌面外观

设置桌面外观是对桌面上菜单的字体大小、窗口边框颜色等属性进行设置。在"个性化"对话框的"窗口颜色和外观"选项卡中还可以设置桌面的外观，操作步骤如下：

（1）在桌面空白处右击鼠标，在快捷菜单中选择"个性化"选项，弹出"个性化"窗口，在窗口中选择"Aero 主题"或"基本或高对比度主题"两种外观样子之一，"Aero 主题"中的"Windows 7"样式是系统默认的外观样式。

（2）在桌面空白处右击鼠标，在快捷菜单中选择"个性化"选项，弹出"个性化"窗口，在窗口中选择"窗口颜色"，弹出"窗口颜色"的窗口，在窗口中选择自己想要选择的颜色，并且可以拖动"颜色浓度"右边的滑动按钮，单击"保存修改"按钮完成设置。

（3）"窗口颜色"的窗口中单击"高级外观设置"按钮，弹出在"窗口颜色和外观"对话框，在对话框中对桌面元素进行设置。

2.5.2 【开始】菜单的个性化

"开始"菜单是我们使用 Windows 系统最常使用到的功能，它主要是存放系统的命令和系统里面的所有程序，我们也可以对"开始"菜单进行个性化设置，方法如下：

（1）在"任务栏"空白处，右击鼠标，弹出快捷菜单，选择"属性"。

（2）弹出"任务栏和【开始】菜单属性"，选择"【开始】菜单"选项卡，如图 2-10 所示。

（3）单击"自定义"，弹出自定义【开始】菜单对话框，如图 2-11 所示。

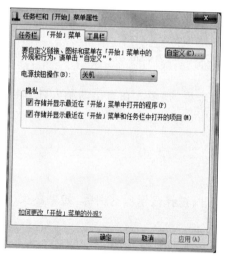

图 2-10　【开始】菜单个性化

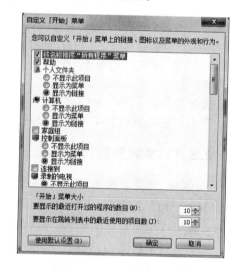

图 2-11　自定义【开始】菜单

（4）在对话框中，可以自定义"开始"菜单上的链接、图标以及菜单的外观和行为，设置完毕后，单击"确定"按钮。

2.5.3　任务栏的个性化

任务栏和开始菜单的设置可分别由图 2-12 所示的"任务栏选项"标签来完成。打开"任务栏属性"对话框的方法是：将鼠标移至"任务栏"无按钮处，右击鼠标，出现快捷菜单，单击其中"属性"命令。对"任务栏"可以进行以下操作：

（1）移动任务栏。任务栏可以安置在桌面的底部、顶部以及左右两侧。在任务栏没有锁定的情况下，在任务栏的空白处，按下鼠标左键拖动任务栏到希望的位置即可。

（2）缩放任务栏。在任务栏没有锁定的情况下，将鼠标指向任务栏，在出现双向箭头时按下左键拖动即可改变任务栏的大小。

（3）设置任务栏。打开如图2-12所示的"任务栏"对话框后，就可以方便地对任务栏进行如下设置：

① 锁定任务栏。选择这项后，就不能移动和改变任务栏大小。

② 自动隐藏任务栏。使用"开始"菜单或任务栏之后，将任务栏缩小为屏幕底部的一条线。任务栏要重新显示，只要把鼠标移到这根线上即可。注意：除了"自动隐藏"，还有一种临时隐藏任务栏的方法，即指向任务栏的顶部并在出现双向箭头时向下拖动。要重新显示任务栏，向上拖动可见的边缘即可。

③ 自定义通知区域。用户可以自己选择需要出现在任务栏通知区域的图标。

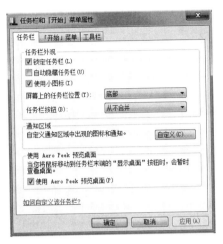

图2-12 任务栏属性对话框

2.6 控制面板与环境设置

Windows 7通过"控制面板"使用户可以按照自己的方式对计算机进行设置。"控制面板"中内容很多，如图2-13所示，操作方法相似，下面介绍其中常用的几项。

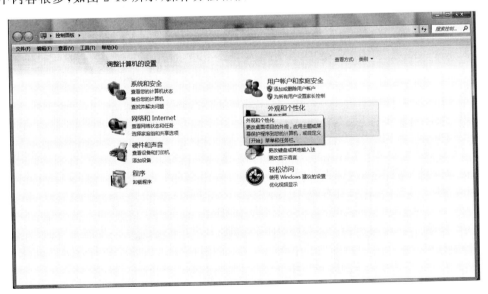

图2-13 控制面板

2.6.1 控制面板的启动

在 Windows 7 中启动控制面板的方法有很多,这里介绍常用的三种。

(1) 双击桌面上"控制面板"图标。

(2) 单击"开始"按钮,弹出"开始"菜单,在菜单中选择"控制面板"选项。

(3) 双击桌面上"计算机"图标,打开"计算机"窗口,在菜单栏上单击"打开控制面板"按钮。

2.6.2 硬件设备的添加与卸载

1. 硬件设备的添加

(1) 单击"开始"→"控制面板"。

(2) 屏幕出现"控制面板"窗口,选择"硬件和声音"下的"添加设备",弹出"添加设备"对话框,如图 2-14 所示。

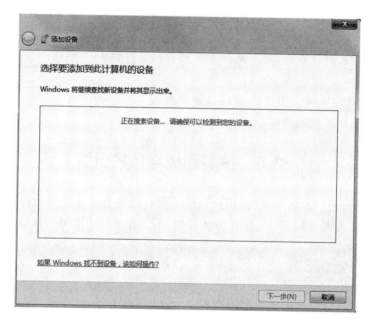

图 2-14 "添加设备"对话框

(3) 系统将自动搜索新的设备。

(4) 根据提示进行操作即可。

2. 硬件设备的卸载

新设备连接好后,进行如下操作:

(1) 单击"开始"→"控制面板"。

(2) 屏幕出现"控制面板"窗口,单击"硬件和声音",打开"硬件和声音"窗口,选择"设备管理器"。

(3) 打开"设备管理器"窗口,在需要删除的硬件名称上右击鼠标,弹出快捷菜单,如图 2-15 所示。

（4）在快捷菜单中选择"卸载"，单击"确定"即可。

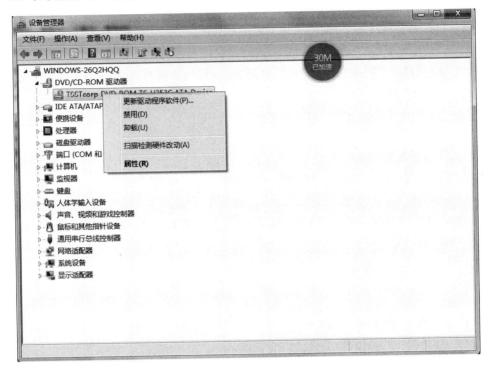

图 2-15　卸载硬件设备

2.6.3　更改系统的日期和时间

和以前的 Windows 系统一样，在 Windows 7 系统中用户可以通过【时钟、语言和区域】选项设置系统的时间和输入法等。

1. 设置系统的日期和时间

（1）启动控制面板，选择"时钟、语言和区域"，打开"时钟、语言和区域"窗口。

（2）单击"设置时间和日期"，弹出"日期和时间"对话框，选择"日期和时间"选项卡。

（3）单击"更改日期和时间"按钮，弹出"日期和时间设置"对话框，如图 2-16 所示。用户可以单击下方的"更改时区"按钮来改变所在的时区设置。

此外，在"日期和时间"对话框中 Windows 7系统还有"附加时钟"和"Internet 时间"两个选项卡。"附加时钟"功能可让用户增加多个时钟。而"Internet 时间"选项卡则能帮助用户将计算机设置为自动与 Internet 上的报时网站链接，同步时间。

图 2-16　日期和时间设置

2.6.4　显示属性设置

显示属性设置方法如下：

（1）启动控制面板，选择"外观和个性化"，打开"外观和个性化"窗口。

（2）单击"显示"，打开"显示"窗口，可以在其中进行"调整屏幕分辨率""放大或缩小文本和其他项目"等操作。

2.6.5　鼠标的设置

鼠标属性设置方法如下：

（1）启动控制面板，选择"硬件和声音"，打开"硬件和声音"窗口。

（2）单击"设备和打印机"下的"鼠标"，弹出"鼠标 属性"对话框，如图 2-17 所示。

（3）在对话框中可对鼠标键配置、双击速度、单击锁定、鼠标指针形状方案、鼠标移动踪迹等属性进行设置。

2.6.6　声音的设置

声音属性设置方法如下：

（1）启动控制面板，选择"硬件和声音"，打开"硬件和声音"窗口。

（2）单击"声音"，弹出"声音 属性"对话框，如图 2-18 所示。

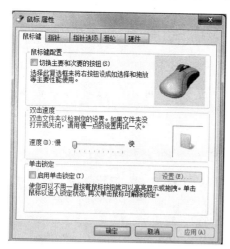 

图 2-17　"鼠标 属性"对话框　　　　　　　　图 2-18　"声音"对话框

（3）在对话框中可对调整系统音量、更改系统声音和管理音频设备等属性进行设置。

2.7　附件程序

附件是 Windows 7 系统附带的实用程序工具，在任务栏上单击"开始"→"所有程序"→"附件"，就可以看到全部的附件程序。附件程序很多，这里介绍常用的三种。

2.7.1 画图

Windows 7 的"画图"程序是一个功能丰富的绘图应用程序。用"画图"程序绘制的图形可插入到其他多种不同类型的文档中(如写字板、Word、Excel 和 PowerPoint 文档)。"画图"程序建立的文件默认状态下是以.bmp 作为扩展名。

通过单击"开始"→"所有程序"→"附件"→"画图",就可以启动"画图"程序,如图 2-19 所示。"画图"窗口主要有以下几部分所组成。

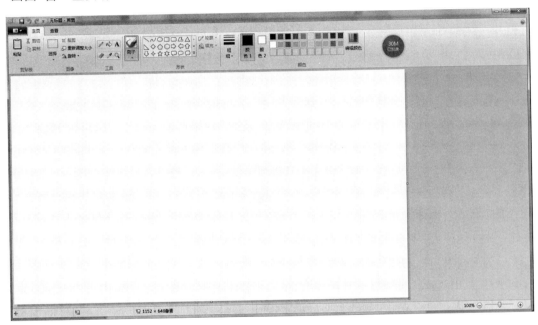

图 2-19 "画图"窗口

(1) 绘图区域。画笔窗口内可用来作画的空白区域,相当于一张画布,用于建立和修改图形。默认的画布颜色(即背景色)为白色。

(2) 工具箱。工具箱分成两部分:工具框和选择框。工具框中排列着多个绘图工具图标按钮,包括裁剪、选定、橡皮、颜色填充、取色、放大、铅笔、刷子、喷枪、文字、直线、曲线、矩形、多边形、椭圆和圆脚矩形等,可以利用这些工具在画图区中绘制各种图形并对图形进行修改,还可以在图形中写入文字,单击某个小图标,即可选择相应的工具。例如,选择"放大镜"可将图形放大绘制。

(3) 颜料盒。由二十多个涂有不同颜色的小方格构成,主要用于调配前景色和背景色。

(4) 功能区。用来对所绘图画进行各种操作,如文件存盘,图画缩放、翻转、旋转、拉伸、扭曲,设置画布的大小等。

(5) 状态栏。位于窗口的底部,用于显示与当前所进行的操作有关的提示信息,如绘图工具的作用、光标所在的位置、所绘图形的大小等。

2.7.2 写字板

Windows 7 中"写字板"是 Microsoft Word 的简化版本。它比较适合于短小文档的文本编辑,以及从不同应用程序中组合信息(如图片、图像和数字数据等),它的使用方法也与Word十分相似。

打开"写字板"的方法:"开始"→"所有程序"→"附件"→"写字板",如图2-20所示。

图2-20 "写字板"窗口

"写字板"菜单中几个主要功能介绍如下:

(1)新建文件。要创建一个新文档,可采用以下几种方式:启动"写字板",系统自动新建"文档";单击"主页"左边的向下的三角,在弹出的菜单中选择"新建"命令。写字板支持如下文档格式:Word for Windows 6.0、RTF、文本文档、文本文档-MS-DOS、Unicode几种。

(2)打开文件。单击"主页"左边的向下的三角,在弹出的菜单中选择"打开"命令。然后单击包含要打开的文档的驱动器,再双击包含要打开的文档的文件夹,最后单击文档名,再单击"打开"按钮即可。

(3)输入文本。在 Windows 7 的状态栏单击"输入法"按钮选取输入法,"Ctrl+空格"切换中英文输入,"Shift+空格"切换全角/半角,在插入点处输入文本。

(4)修改文本。"Backspace"键删除插入点左边的字符,"Del"键删除插入点右边的字符,利用鼠标在文本处拖动选取文本,或单击"编辑"中的"全部选定"来选定整个文本。对已选定的文本可进行"剪切""复制""粘贴"等操作。

"剪切":将被选定的文本从文档中删除并置于"剪贴板"中,"剪贴板"是临时存放剪切或复制的内容的内存存储空间。"粘贴":将"剪贴板"中的内容复制到当前文档的插入点处。一次"剪切"可多次"粘贴"。

"复制":将选定文本复制到"剪贴板"中,然后可通过"粘贴"将选定文本复制到当前文档的插入点处。

(5)基本格式排版。先选定文本,再选择相应的命令或菜单来完成字体、字号、粗体、斜体、下画线、颜色等设置。

(6)保存文件。单击"主页"左边的向下的三角,在弹出的菜单中选择"保存"命令,或单击"快速启动"工具栏的"保存"按钮,对文件进行存盘。

2.7.3　记事本

"记事本"是一个用来创建简单文档的基本编辑器,常用它来查看或编辑文本文件(即扩展名为.txt的文件),此外"记事本"还是创建 Web 页的简单工具。打开"记事本"的方法:"开始"→"程序"→"附件"→"记事本",如图 2-21 所示。

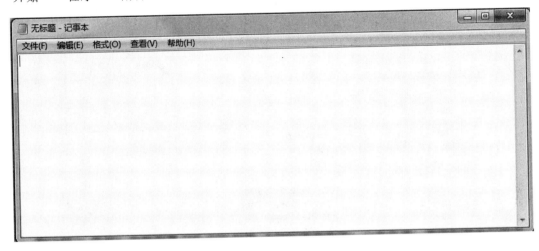

图 2-21　"记事本"窗口

由于"记事本"仅能编辑 ASCII 文本文件(即在这些文件中没有特殊的格式代码和控制代码)。因此,它在创建 Web 页的 HTML 文档时特别有用,大家知道,特殊的格式代码和控制代码是不能显示在发布的 Web 页上的。

"记事本"编辑器上有"文件""编辑""格式""查看""帮助"五个菜单。利用这五个菜单的功能,就能解决"记事本"遇到的所有问题。例如,利用"文件"菜单,可以"新建"文件、"打开"文件、"保存"或"另存为"文件。利用"编辑"菜单,可以选定文本、剪切、复制、粘贴和删除文本,还可以查找文本或插入时间/日期等。利用"格式"菜单设置文本的自动换行或字体等。

2.7.4　系统工具

Windows 7 为用户进行系统管理与维护提供了强有力的工具,常用的系统工具有"备份""磁盘清理""磁盘碎片整理程序"等。使用系统工具,可以帮助用户更好地管理和维护计算机,使系统始终处于最佳状态。

(1)"磁盘清理"程序。硬盘经过较长时间的使用后,磁盘上可能会遗留下一些垃圾文件,使用 Windows 7 提供的"磁盘清理"程序可以清除垃圾文件,以腾出更多的硬盘空间。

使用"磁盘清理"程序的方法是:"开始"→"所有程序"→"附件"→"系统工具"→"磁盘清理",会弹出"选择驱动器"对话框,选择好要清理的驱动器后,单击"确定"按钮,就会启动磁盘清理程序,如图 2-22 所示。

(2)"磁盘碎片整理程序"。计算机在使用过一段时间以后,磁盘上会出现许多碎片,使系统运行速度变慢,

图 2-22　磁盘清理对话框

磁盘空间利用率下降。使用"磁盘碎片整理程序"重新整理硬盘上的文件和未使用的空间，使每个文件都被作为一个完整的单元存放在磁盘单独的一块区域上，可以加快程序的运行速度。方法是："开始"→"所有程序"→"附件"→"系统工具"→"磁盘碎片整理程序"，然后按出现对话框的提示进行操作即可，如图 2-23 所示。

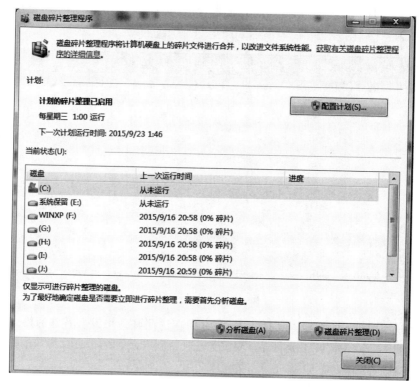

图 2-23 "磁盘碎片整理程序"对话框

2.8 打印机管理

打印机是用户常用的计算机外设，Windows 7 为打印机的设置和使用提供了多种手段。当打印文件时，Windows 7 会自动启动打印文件系统（"打印机"文件夹），并管理 Windows 7 中所有的打印任务。"打印机"文件夹除放置在"控制面板"中，还在"开始"菜单中的"设置"项中放置。在 Windows 7 中，允许用户在计算机系统中配置多台打印机。打印文件时，可从中任选一台。

2.8.1 添加打印机

（1）单击"开始"→"控制面板"→"硬件和声音"→"添加打印机"选项，弹出"添加打印机"对话框。

（2）依照向导提示逐步完成对打印机软件安装操作，并在"打印机"文件夹中自动建立此打印机图标，如图 2-24 所示。

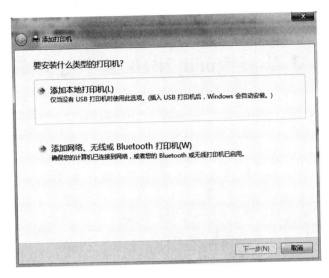

图 2-24　"添加打印机"对话框

2.8.2　管理打印作业

打印内容时,打印的内容就称为"打印作业"。

在 Windows 中,可以通过打印队列查看、暂停、取消打印作业以及执行其他管理任务。打印队列显示正在打印或等待打印的内容,同时还显示一些方便的信息,如作业状态、谁正在打印什么内容以及还有多少页尚未打印。

本 章 小 结

(1) 操作系统是一管理计算机硬件与软件资源的程序,同时也是计算机系统的内核与基石。

(2) Windows 7 是非常常用的家用和办公操作系统,所以掌握 Windows 7 的基本操作是非常重要的,要熟练掌握利用鼠标和键盘来对程序和文件进行操作等,各种不同的使用方式对应着不同的功能。"Windows"就是"窗口"的意思,因此,熟练掌握窗口的基本操作,都是我们在 Windows 7 系统下进行其他工作的基础。了解菜单和对话框的操作,可以帮助我们更好地来驾驭 Windows 7 系统。

(3) 资源管理器是 Windows 7 主要的文件浏览和管理工具,使用它可以方便地组织自己的文件系统;文件与文件夹的管理也是非常重要的操作。学会这些知识,便可以熟练地管理和组织计算机中的文件。

(4) 控制面板是 Windows 图形用户界面一部分,是管理与设置系统硬件、软件和系统信息的操作平台,是 Windows 7 的核心。用户无论是安装硬件、软件,还是更改 Windows 7 默认的环境,都可以通过控制面板提供的功能来实现。

第3章　Word 2010 文字处理软件

Microsoft Office 2010 是一套由美国微软公司开发的办公自动化软件，它为 Microsoft Windows 和 Apple Macintosh 操作系统而开发，它包含了 Word 2010、Excel 2010、Powerpoint 2010、Outlook 2010 等，每个软件既各自独立，又能相互配合。其中 Word 2010 是使用最广泛、最受欢迎的办公软件之一，集文字编辑、排版、图形、电子表格、计算功能为一体。相较于 Office Word 之前的版本，如 Word 2003、Word 2007 等，Microsoft Word 2010 提供了功能更为全面的文本和图形编辑工具，并同时采用了以结果为导向的全新用户界面，以此来帮助用户创建、共享更具专业水准的文档。本章主要介绍 Word 2010 中的一些主要应用，通过案例讲解其主要功能及使用方法。

3.1　Word 2010 概述

3.1.1　Word 2010 的新特性

相较于之前版本的 Word，Word 2010 中文版提供了很多出色的功能，其增强后的功能可创建专业水准的文档，可以更加轻松地与他人协同工作并可在任何地点访问文件。

1. 传统的菜单和工具栏已被功能区所取代

功能区是一种全新的设计，它以选项卡的方式对命令进行分组和显示。同时，功能区上的选项卡在排列方式上与用户所要完成任务的顺序相一致，并且选项卡中命令的组合方式更加直观，大大提升应用程序的可操作性。

功能区显示的内容并不是一成不变的，Office 2010 会根据应用程序窗口的宽度自动调整在功能区中显示的内容。在当功能区较窄时，一些图标会相对缩小以节省空间，如果功能区进一步变窄，则某些命令分组就会只显示图标。

在 Microsoft Word 2010 功能区中拥有"开始""插入""页面布局""引用""邮件"和"审阅"等编辑文档的选项卡，如图 3-1 所示。

图 3-1　Word 2010 开始功能区

2. 实时预览

当用户将鼠标指针移动到相关的选项后，实时预览功能就会将指针所指的选项应用到当前所编辑的文档中来。

3．增强的屏幕提示

Microsoft Office 2010 提供了比以往版本显示面积更大、容纳信息更多的屏幕提示。这些屏幕提示还可以直接从某个命令的显示位置快速访问其相关帮助信息。

4．快速访问工具栏

有些命令使用得相当频繁，例如保存、撤销等命令。此时就希望无论目前处于哪个选项卡下，用户都能够方便地执行这些命令，这就是快速访问工具栏存在的意义。

3.1.2　Word 2010 的界面

1．Word 2010 中文版的界面介绍

启动 Word 2010 中文版后，Word 的视窗界面如图 3-2 所示。一般由标题栏、快速访问工具栏、主选项卡、功能区、编辑区、滚动条、状态栏和视图切换按钮等部分组成。其主要功能如下。

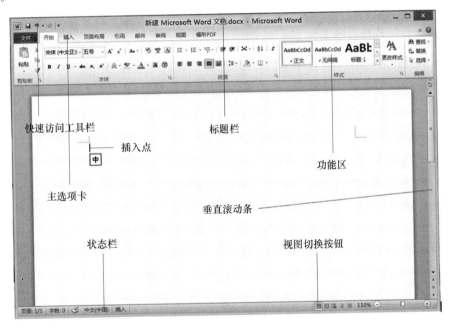

图 3-2　Word 2010 中文版的界面

（1）标题栏：位于屏幕的最上端，显示应用程序名和当前文档的名称，最右边显示最小化、最大化（或还原）和关闭按钮。

（2）主选项卡：位于标题栏下，几乎包含操作的所有命令，它具有文件、开始、插入、页面布局、引用、邮件、审阅、视图等，每个选项卡下都有一个下功能区。

（3）编辑区：用户文档输入的地方。

（4）滚动条：位于文档的右方和下方，分别称作垂直滚动条和水平滚动条，用鼠标单击滚动条上下、左右的箭头，或拖动滚动条均可使本区文本上下、左右移动。

（5）状态栏：位于屏幕底部，其中有关于当前文档的一些状态信息。如页码、当前光标在本页中的位置及某些功能是处于禁止还是允许状态等。

（6）视图切换按钮：Word 2010 提供了用不同视图窗口对文档内容的显示方式，其中包

括页面视图、阅读版式视图、大纲视图、草稿。

3.1.3 退出 Word 2010

退出 Word 2010 将关闭所有打开的文档,此时有的文档如果没有保存,系统会提示保存文档,常用的退出方法有:

(1)单击标题栏最右端的"关闭"按钮"×"。

(2)单击标题栏最左端的 Word 2010 中文版图标,打开下拉菜单,然后单击其中的"关闭"命令。

(3)单击主选项卡中"文件"→"退出"命令。

(4)在标题栏的任意处右击鼠标,然后单击菜单中的"关闭"选项。

(5)按键盘上的"Alt+F4"组合键。

3.1.4 Word 2010 自定义快速访问工具栏

快速访问工具栏位于 Office 2010 各应用程序标题栏的左侧,默认状态只包含了保存、撤销等三个基本的常用命令,用户可以根据自己的需要把一些常用命令添加到其中,以方便使用。

[例 3-1] 将"打开"命令添加到快速访问工具栏中。

(1)打开 Word 2010 文档窗口,单击"文件"→"选项",出现"Word 选项"对话框。

(2)在该对话框左边位置上的列表里,单击"快速访问工具栏",然后在"从下列位置中选择命令"列表中单击需要添加的命令"打开",如图 3-3 所示。

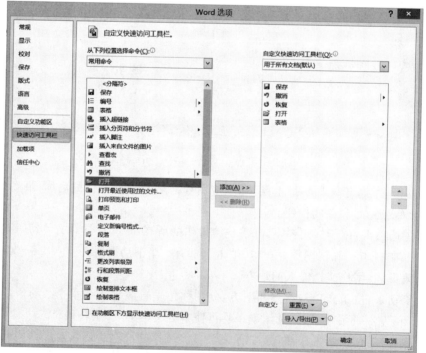

图 3-3　Word 选项对话框

（3）单击"添加"按钮，最后单击"确定"按钮即可。

3.2　文档的基本操作

3.2.1　创建空文档

Word 在启动时会自动新建一个空文档，并为其暂时命名为文档 1，用户可以在空文本中输入文本内容，当保存该文档时可为它重新命名，也可以根据需要创建一个空白文档。

常用的创建空文档的方法有以下两种。

1. 新建空白文档

单击主选项卡中"文件"→"新建"命令，在右侧"可用模板"下单击选择"空白文档"，如图 3-4 所示，单击"创建"按钮，将会创建一个空白文档。

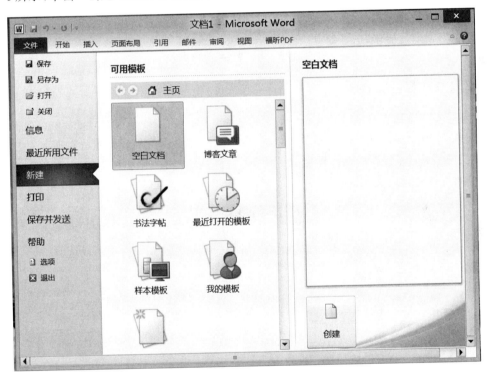

图 3-4　新建文档界面

2. 利用模板新建文档

使用模板可以快速创建出外观精美、格式专业的文档，Word 2010 提供了多种模板，用户可以根据具体的应用需要选用不同的模板。方法如下：

（1）单击主选项卡中"文件"→"新建"命令，在右侧"可用模板"下单击选择所需模板，该处选择"博客文章"。

（2）单击"创建"按钮，将会根据用户所选择的模板创建一份文档，文档中已经定义了版式与内容的样式，如图 3-5 所示。

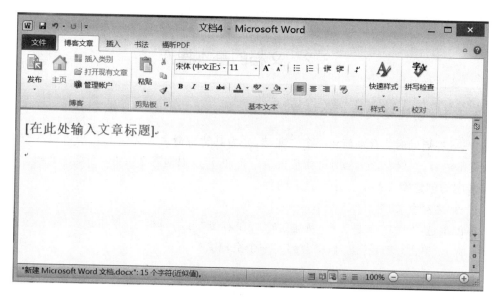

图 3-5　博客文章模板

3.2.2　打开文档

当需要浏览已有的 Word 文档时,需要先将文档打开。

(1) 启动 Word 2010 后,单击"文件"→"打开"命令,弹出如图 3-6 所示的对话框。

(2) 找到所需文档的保存路径,选择需要打开的文档后,在文档上双击或者单击"打开"按钮,即可打开对应文档。

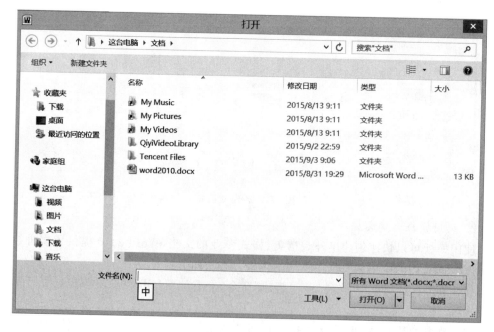

图 3-6　"打开"对话框

3.2.3　文档的保存

在新建的文档中输入一些文本或图片信息后，需要保存，保存方法如下。

1. 保存新文档

（1）单击"文件"→"保存"命令，弹出如图 3-7 所示的对话框。

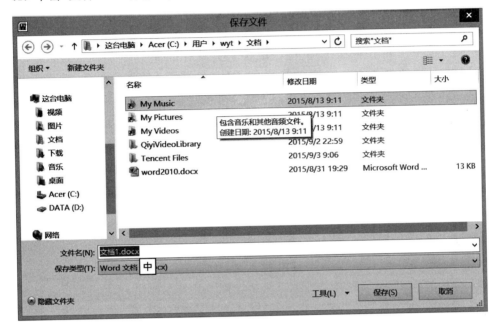

图 3-7　"保存"对话框

（2）用户可以在左侧的下拉列表框中，选择相应的保存路径。

（3）在"文件名"处输入文件名称，取代原来文件暂用名。

（4）单击"保存"按钮即可保存文件，单击"取消"按钮则取消保存操作。

保存文件以后，若以后还要将该文档保存在当前目录下，只需要单击快速访问工具栏上的"保存"按钮即可；若要重新选择路径保存或更改文件名称，则单击"文件"→"另存为"命令。

2. 设置自动保存文件时间

Word 2010 中文版提供了自动保存功能，默认时间间隔为 10 分钟，如自己来设定自动保存时间间隔，操作方法如下：

（1）单击"文件"→"选项"命令。

（2）弹出"Word 选项"对话框，单击左侧列表中的"保存"。

（3）在右侧"分钟"框中输入时间值，单击"确定"按钮。

［例 3-2］　建立一个新的 Word 文档，并保存在桌面上，保存的文件名为"夜晚的星空"，方法如下：

（1）启动 Word 2010。

（2）单击"文件"→"保存"命令，出现"文件保存"对话框。

（3）在左侧列表框中选择"桌面"，在文件名处输入"夜晚的星空"，单击"保存"按钮即可。

3.2.4　文档的输入

1. 输入普通文本

（1）启动 Word 2010，打开文档，以便进一步编辑、修改。

（2）屏幕上出现一个工作区，上面有一条闪动的竖线，这是插入点，标记输入正文在文档中出现的位置及进行编辑的位置。

在新的空白文档中，可以使用键盘输入文档（关于中英文、全角半角和输入方法切换，Windows 中已作了介绍，请参考即可）。输入时，正文在屏幕上出现，插入点向右移动。如果正文行到达屏幕右边沿时，不用回车 Word 2010 会自动开始一个新行，如果不开始新段落的话，就不要按回车键。如果输入的行数超过屏幕的大小，Word 2010 会向上滚动已输入的文本，但插入点仍可以看见。

［**例 3-3**］　打开例 3-2 建立的文档"夜晚的星空"，并输入内容，后保存到 D 盘，方法如下：

（1）启动 Word2010。单击"文件"→"打开"命令，弹出"打开"对话框，在左侧列表框中选择"桌面"，双击右侧文档"夜晚的星空"。

（2）在光标闪烁处输入内容，如图 3-8 所示。

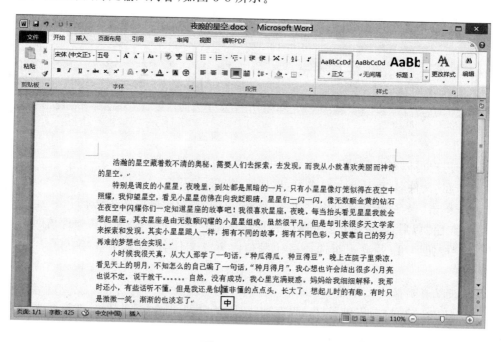

图 3-8　输入文本

（3）单击"文件"→"另存为"命令，在左侧列表中选择 D 盘，最后单击"保存"按钮。

2. 输入符号与特殊符号

在输入文档时，有时会碰到要插入一些键盘上无法找到的特殊符号，这时就需要使用 Word 2010 的符号插入功能。方法如下：

（1）单击"插入"→"符号"命令，如图 3-9 所示，可以插入"符号"和"其他符号"。

（2）选择所需的符号，然后单击"插入"按钮，就可以在文档插入点处插入该符号。再单击"关闭"按钮，该符号就被插到文档的当前光标所在位置了。

图 3-9　插入符号

一旦符号插入到文档中，Word 2010就将它与一般文本内容一样对待，即可以对它进行各种编辑操作，如复制、删除等。

3.2.5　文档的查找、替换和定位

在文档的编辑过程中，有时候需要找出重复出现的某些内容并进行修改，用 Word 提供的查找、替换功能，可以快捷、高效地完成该项工作。

[例 3-4]　打开例 3-3 中保存好的文档"夜晚的星空"，查找"星星"两个字，并替换为"月亮"。

（1）打开文档"夜晚的星空"。

（2）在"开始"选项卡的"编辑"组中单击"替换"按钮，弹出"查找和替换"对话框，选择"替换"选项卡。

（3）在"查找内容"后输入"星星"，"替换为"后面输入"月亮"，如图 3-10 所示。

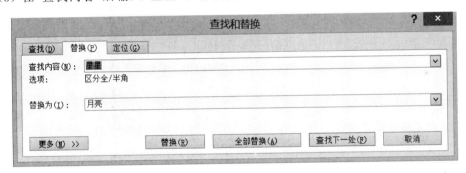

图 3-10　"查找和替换"对话框

（4）单击"全部替换"，即可将文档中的"星星"替换成"月亮"。

3.2.6　文档的编辑

1. 选择文本

在对文本进行删除、移动、复制、格式化等操作时，必须先选定要操作的文本，选定文本的方法有以下几种。

（1）使用鼠标选择文本内容

将鼠标指针移到欲选择的文本首部，按住鼠标左键拖动到欲选择的文本尾部，然后释放鼠标，此时选定的文本文字将变成白色，而背景变成黑色。常用的选择操作如下。

① 选择一句：按住键盘上的 Ctrl 键，然后单击句子中的任意位置。

② 选择一行：鼠标指针移到文本选定区，并指向该行，单击鼠标左键。

③ 选择一段:鼠标指针移到文本选定区,并指向该段任意位置,双击鼠标左键。另外,还可以将鼠标指针放置在该段中的任意位置,然后连续单击3次鼠标左键,同样也可选定该段落。

④ 选择整个文档:鼠标指针移到文本选定区,并指向该文本任意位置,三击鼠标左键。

⑤ 用户还可以选择一块垂直的文本(表格单元格中的内容除外)。首先,按住键盘上的Alt键,将鼠标指针移动到要选择文本的开始字符,按下鼠标左键,然后拖动鼠标,直到要选择文本的结尾处,松开鼠标和Alt键。此时,一块垂直文本就被选中了。

(2)使用键盘选择文本

使用键盘选择文本时,应首先把鼠标光标移到欲选文本区域的一端,然后按住Shift键,同时按向下或向左等箭头键使插入点光标移动。在移动过程中,所经过的文本呈选定状态。

2. 文本的移动、复制与粘贴

(1)常用的移动方法

① 文本移动距离较远,选取要移动的文本内容,单击"开始"中的"剪切"命令,然后将光标移到文本欲放置的新位置,单击"开始"中的"粘贴"命令即可。

② 文本移动距离较近,选取要移动的文本内容,按住鼠标左键,将选取的文本内容拖放到新位置上。

(2)常用的复制方法

① 文本复制的距离较远,选取要复制的文本内容,单击"开始"中的"复制"命令,然后将光标移到文本欲复制处,单击"开始"→"粘贴"命令。

② 文本复制的距离较近,选取要复制的文本内容,同时按住Ctrl键和鼠标左键,将选中文本内容拖放到复制处即可。

值得注意的一点是,当用户在Office程序中进行了"剪切"或"复制"操作后,"剪切"或"复制"的内容会被放入"剪贴板"中,它是内存开辟的一部分,同时,一次"剪切"或"复制",可以多次"粘贴"。

3. 删除文本

(1)选定欲删除的文本

(2)按Del键或Backspace键删除

4. 撤销与恢复操作

(1)撤销:如果误删了文本或做错别的操作,可以用"快速访问工具栏"中的"撤销"命令,可恢复误删除前的状况。单击"撤销"按钮或按快捷键"Ctrl+Z",可以多次选择撤销命令,取消最近的几个操作。

(2)恢复:单击"快速访问工具栏"上的"恢复"按钮或按快捷键"Ctrl+Y",可恢复刚执行的"撤销"操作。

[例3-5] 打开D盘下的Word文档"夜晚的星空",把第二小段("特别是……也会实现")移动到整篇文章的最后面,并删除。最后将整篇文章还原到初始状态。

(1)打开文档"夜晚的星空"。

(2)把鼠标移动到第二段的左边选择区,当鼠标指针变成空心箭头时双击,选中了第二小段。

(3)在"开始"选项卡中单击"剪切"按钮,然后将光标移到文章的最后面,单击"开始"选项卡中的"粘贴"按钮,即可完成移动操作。

（4）按住鼠标左键并拖动鼠标选中最后一段，然后按下 Del 键或 Backspace 键删除。

（5）单击"快速访问工具栏"中的"撤销"按钮右边的向下的三角形，弹出子菜单，拖动鼠标选择子菜单中所有操作，然后单击鼠标左键，即可恢复到初始状态。

3.3　文档的格式编排

当所需文本和图形已正确输入后，不同的内容应使用不同的字体和字形，这样才能使文档的层次分明，使阅读者一目了然，关于文本的排版、修饰就可通过 Word 的格式命令来完成。这一节要了解如何设置字体、字号、字形以及其他美化文档的方法.

3.3.1　字符格式化

字符格式包括字的字体、颜色、大小、字符间距、文字效果等属性，有两种方法设置：

（1）使用"字体"对话框进行设置。

（2）使用"字体"功能组进行设置。

1. 设置字体、字号、字形、字体颜色

在"字体对话框"中单击"字体"选项卡，可完成字体、字形、大小、下画线、字符颜色、效果的设定。效果中有设定选取文字为上标或下标项目。

[例 3-6]　将《夜晚的星空》文档中的文字字体设置为四号、新宋体、加粗、颜色为浅蓝色，方法如下：

（1）打开文档《夜晚的星空》，将鼠标放在左边选择区域，变成空心箭头后，三击鼠标左键，选取全文。

（2）在"开始"选项卡中单击"字体"功能组右下方的箭头，打开"字体"对话框，在"中文字体"的下拉框选择"新宋体"，在"字形"下选择"加粗"，在"字号"文本框中选择"四号"，在"字体颜色"下拉框中选择"浅蓝色"，如图 3-11 所示。

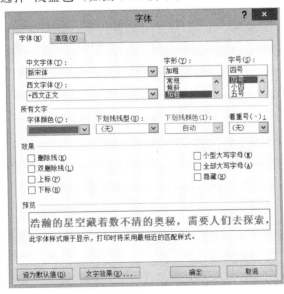

图 3-11　"字体"对话框

（3）最后单击"确定"按钮即可。

2. 设置字体的边框、底纹及字符间距

在"字体对话框"中单击"高级"选项卡，完成字符间距、字符位置的设定，"字符位置"指示文字将出现在基准线的什么位置上（基准线是一条假设的恰好在文字之下的线），若选择"标准"，则文字正好在基准线上；若选择"提升"或"降低"，则提升或降低的尺度由"位置"右边的"磅值"给定。

［例3-7］ 为《夜晚的星空》文档中的文字加边框、底纹，并把字与字之间的距离加宽2磅，方法如下：

（1）拖动鼠标，选取全文。单击"开始"中的"字符边框"按钮，则给全文添加了边框，如图3-12所示。

图3-12 设置字符边框

（2）保持全文是被选取状态，单击"开始"中的"字符底纹"按钮，则给全文添加了底纹。

（3）继续选中全文，在"开始"选项卡中单击"字体"功能组右下方的箭头，弹出"字体"对话框，选择"高级"选项卡，在"间距"下拉框中选择"加宽"，"磅值"选择"2磅"，如图3-13所示，最后单击"确定"按钮即可。

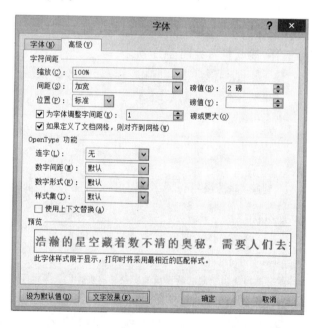

图3-13 设置字符间距

3.3.2 段落格式设置

段落是指两个回车符之间的内容。段落格式主要包括段落对齐方式、段落缩进距离、行距和段前段后间距等。进行段落排版时,只要将插入点置于所需排版的段落中就可以了。但是多段或全文一次性进行段落排版时,则需要先选定这些段落或全文。

1. 段落的缩进

缩进是指相对于文档的左边界或右边界向内缩若干距离,Word 2010 提供了四种段落缩进方式:左缩进、右缩进、首行缩进和悬挂缩进。

(1) 左缩进:光标所在段落向左缩进一段距离。

(2) 右缩进:光标所在段落向右缩进一段距离。

(3) 首行缩进:光标所在段落的第一行向右缩进一段距离,其余行不变。

(4) 悬挂缩进:光标所在段落的除了第一行外,其余行向右缩进一段距离。

设置段落的缩进效果可以采用菜单的方式,也可以采用拖动标尺的方式。

(1) 使用"段落"对话框设置缩进:在"开始"选项卡中单击"段落"功能组右下方的箭头,打开"段落"对话框,选择"缩进和间距"选项卡,在"左侧""右侧"右边的下拉框中设定左、右缩进的距离,在"特殊格式"下边的下拉框中选择"首行缩进"或悬挂缩进,并可在"磅值"下的列表框中设定缩进量的大小,如图 3-14 所示。

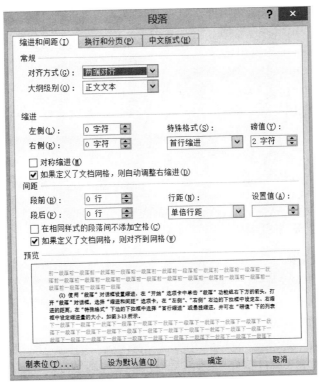

图 3-14 "段落"对话框

(2) 使用标尺:用鼠标左键按住相应缩进方式的按钮并拖动到所需位置即可。若需要精确设定缩进位置,可按住 Alt 键并拖动,如图 3-15 所示。如果在 Word 中找不到标尺,应该选择主选项卡中的"视图",勾选"标尺"命令,使"标尺"可见。

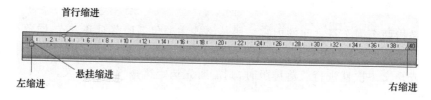

图 3-15 "标尺"工具栏

2. 段落的对齐

Word 2010 一共提供了 5 种段落对齐方式:文本左对齐、居中、文本右对齐、两端对齐和分散对齐。在"开始"选项卡中的"段落"选项组中可以看到与之相对应的按钮,在"段落"对话框中,选择"缩进和间距"选项卡,在"对齐方式"右侧可以设置段落的对齐方式。

3. 设置段落的间距和设置行的间距

段间距由"段前""段后"的磅值给定,默认为 0 行。行距分别可指定最小值、单倍行距、1.5 倍行距、2 倍行距、固定值和多倍行距,"最小值"行距的具体值由"设置值"给定,其他单倍、1.5 倍等都是相对于它的量。设置的方法都是打开"段落"对话框,选择"缩进和间距"选项卡进行设置。

[**例 3-8**] 将文档《夜晚的星空》的第二段的段前间距设置为 1 行,段后间距设置为 2 行,行与行间距设置为 2 倍行距。

(1) 将光标停在第二段中的任意位置,在"开始"选项卡中单击"段落"功能组右下方的箭头,弹出"段落"对话框,在此选择"缩进和间距"选项卡。

(2) 在"间距"下方,"段前"右侧输入"1 行","段后"输入"2 行","行距"下选择"2 倍行距",如图 3-16 所示,最后单击"确定"按钮即可。

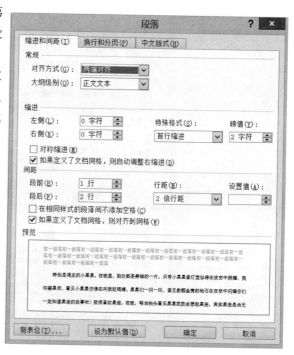

图 3-16 设置段落间距

3.3.3 项目符号和编号

在文章输入或编排时,往往要输入项目符号或编号,可以起到强调作用,使文档的层次结构更清晰,内容更醒目。

选择添加编号或项目符号的方法:选定要添加项目符号或编号所在的段落,在"段落"功能组中单击"项目符号"或"编号"按钮右边向下箭头,在其中选择所需的项目符号或者编号,如图 3-17 和图 3-18 所示。

3.3.4 分栏与分节

在编辑论文、杂志、报刊等一些带有特殊效果的文档时,通常需要使用一些特殊排版方式,如分栏排版;也可以在 Word 文档中插入分节符,把文档划分为若干节,然后根据需要设置不同的节格式。

1. 分栏排版

报刊文章中多采用分栏排版的版式,Word 2010 的分栏功能可以容易地达到效果。

[例 3-9]　将文档《夜晚的星空》的第三段分为两栏,并添加分隔线。

(1) 打开文档《夜晚的星空》,选中第三段,在"页面布局"选项卡"页面设置"功能组中单击"分栏"按钮,打开下拉菜单,在菜单中选择"两栏"。

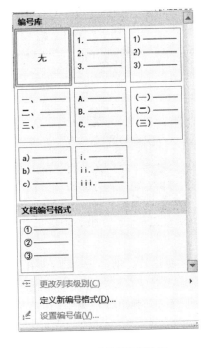

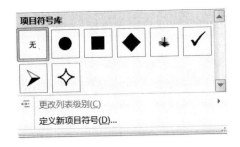

图 3-17　"项目符号"对话框

图 3-18　"编号"对话框

(2) 在下拉菜单中,选择"更多分栏",弹出"分栏"对话框,在"分割线"左边的复选框单击,如图 3-19 所示。

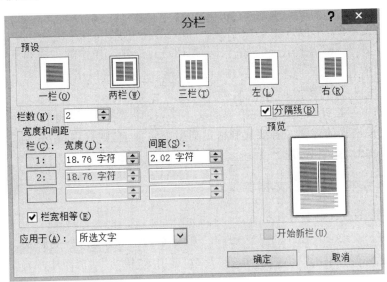

图 3-19　"分栏"对话框

（3）单击"确定"按钮，第三段设置效果如图 3-20 所示。

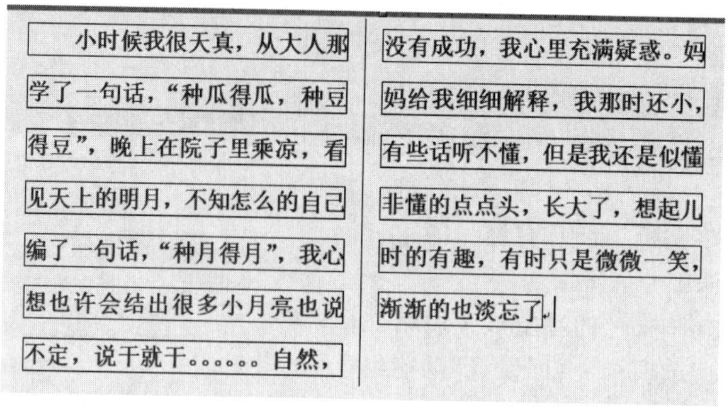

小时候我很天真，从大人那学了一句话，"种瓜得瓜，种豆得豆"，晚上在院子里乘凉，看见天上的明月，不知怎么的自己编了一句话，"种月得月"，我心想也许会结出很多小月亮也说不定，说干就干……自然，

没有成功，我心里充满疑惑。妈妈给我细细解释，我那时还小，有些话听不懂，但是我还是似懂非懂的点点头，长大了，想起儿时的有趣，有时只是微微一笑，渐渐的也淡忘了。

图 3-20 "分栏"效果

2. 分节控制

节格式包括：页边距、纸张大小或方向、打印机纸张来源、页面边框、页眉和页脚、分栏等。

（1）创建节。创建一个节，即在文档中指定位置插入一个分节符。

将插入点定位在要建立新节的位置，在"页面布局"选项卡的"页面设置"功能组中单击"分隔符"按钮，弹出下拉菜单，在菜单中根据需要进行选择"下一页""连续""偶数页""奇数页"等。

分节符是双点线，中间有"分节符"字样。在页面视图下，在"开始"选项卡的"段落"功能组中选择"显示编辑标记"，可看到分节符。

（2）删除分节符。将光标移动到节标记处，按 Del 键。

3.3.5 用格式刷复制格式

复制格式就是将文本的字体、字号、段落设置等重新应用到目标文本，可以在"开始"选项卡中，单击"剪贴板"选项组中的"格式刷"按钮进行操作。操作的方法如下：

（1）选定要复制格式的字符或段落，若是段落，注意要将段尾选定。

（2）单击"格式刷"按钮，鼠标指针的形状变为一个刷子。

（3）移动鼠标指针指向要这种格式的文本头，按住鼠标左键，拖动鼠标到文本尾，放开鼠标左键，完成格式的复制。若要复制格式到多个文本上，则双击"格式刷"按钮，完成格式复制后，再单击"格式刷"按钮。

3.3.6 边框、底纹及文档背景

1. 为段落添加边框和底纹

[例 3-10] 将文档《夜晚的星空》的第一段添加边框和蓝色 5% 的底纹。

（1）将光标移到第一段任意位置，在"开始"选项卡"段落"功能组中单击"边框"按钮右侧的向下的实心三角形，弹出下拉菜单，在菜单中单击"边框和底纹"，弹出"边框和底纹"对话框。

（2）在对话框中选择"边框"选项卡，在"设置"选择"方框"，在"线型"的列表框中选择边框线型样式，并可选择线条颜色和宽度，在"应用于"的下拉框中选择"段落"，然后单击"确

定"按钮,如图 3-21 所示。

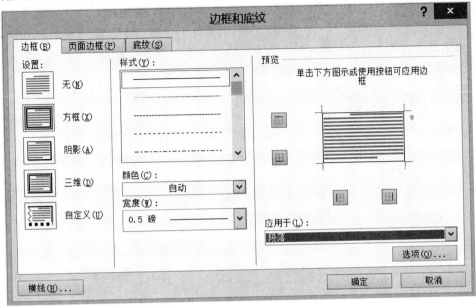

图 3-21　设置段落边框

　　(3) 打开"边框和底纹"对话框,选择"底纹"选项卡,在"填充"下的色板中选择底纹的颜色,此处选取蓝色。并可选择底纹的"样式",此处选择"5％",在"应用于"的下拉框中选择"段落",如图 3-22 所示。最后单击"确定"按钮。

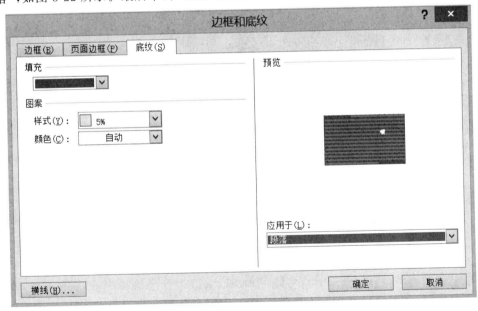

图 3-22　设置段落底纹

2. 文档背景

Word 2010 为用户提供了丰富的页面背景设置功能,用户可以非常便捷地为文档应用水印、页面颜色和页面边框的设置。

例如,用户可以通过页面颜色设置,可以为背景应用渐变、图案、图片、纯色或纹理等填充效果,其中渐变、图案、图片和纹理将以平铺或重复方式来填充页面,从而让用户可以针对不同应用场景制作专业美观的文档。为文档设置页面颜色和背景的操作步骤如下:

(1) 在 Word 2010 的功能区中,打开"页面布局"选项卡。

(2) 在"页面布局"选项卡中的"页面背景"选项组中,单击"页面颜色"按钮。

(3) 在弹出的下拉列表中,用户可以在"主题颜色"或"标准色"区域中单击所需颜色。如果没有用户所需的颜色还可以执行"其他颜色"命令,在随后打开的"颜色"对话框中进行选择。如果用户希望添加特殊的效果,可以在弹出的下拉列表中执行"填充效果"命令。这里执行"填充效果"命令。

(4) 打开如图 3-23 所示的"填充效果"对话框,在该对话框中有"渐变""纹理""图案"和"图片"4 个选项卡用于设置页面的特殊填充效果。

(5) 设置完成后,单击"确定"按钮,即可为整个文档中的所有页面应用美观的背景。

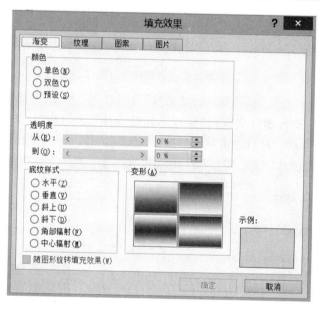

图 3-23　"填充效果"对话框

3.4　制 作 表 格

人们在日常生活中经常遇到各种各样的表格,如统计数据表格、个人简历表格、学生信息表等。表格由"行"方向和"列"方向的单元格构成,在 Word 文档中,可以很方便地创建表格,也可对表格中的数据进行排序和计算,还可以通过表格创建图表等。

3.4.1　表格的创建

在表格中,行与列所交叉组成的长方形网格称为单元格,每个单元格可以用来存放文字、图形或数字,创建表格的方法有多种。

1．使用即时预览创建表格

（1）将鼠标指针定位在要插入表格的文档位置，然后在 Word 2010 的功能区中打开"插入"选项卡。在"插入"选项卡上的"表格"选项组中，单击"表格"按钮。

（2）在"插入"选项卡上的"表格"选项组中，单击"表格"按钮。

（3）在弹出的下拉列表中的"插入表格"区域，以滑动鼠标的方式指定表格的行数和列数。与此同时，用户可以在文档中实时预览到表格的大小变化。确定行列数目后，单击即可将指定行列数目的表格插入到文档中。

（4）此时，在 Word 2010 的功能区中会自动打开"表格工具"中的"设计"上下文选项卡。用户可以在表格中输入数据，然后在"表样式"选项组中的"表格样式库"中选择一种满意的表格样式，以快速完成表格格式化操作。

2．利用"插入表格"命令创建规则表格

图 3-24　"插入表格"对话框

（1）单击要创建表格的位置，单击"插入"功能区下的"表格"按钮，在打开的下拉菜单中选择"插入表格"命令，弹出"插入表格"对话框，如图 3-24 所示。

（2）在对话框中，"列数"和"行数"框中分别输入所要插入表格的列数和行数。

（3）在"自动调整"操作区内，若选择了"固定列宽"框的"自动"，可以得到总宽度和页面宽度相等的表格，调整完后，单击"确定"按钮即可。

3．绘制自由表

[例 3-11]　绘制图 3-25 的表格。

姓名 \ 类别	期中考试				期末考试			
	语文	数学	英语	物理	语文	数学	英语	物理
王小红	90	95	90	95	90	85	90	82
张涛	62	63	55	56	60	60	56	65
张云	58	60	80	62	60	60	85	70

图 3-25　例 3-11

（1）单击要创建表格的位置，单击"插入"功能区下的"表格"按钮，在打开的下拉菜单中选择"绘制表格"命令。

（2）这时鼠标变成铅笔形状，在需要绘制表格的位置拖动鼠标，拉出一个长方形，如图 3-26 所示。

图 3-26　拉出长方形

（3）鼠标还是成铅笔形状，先在长方形内绘制出所需要的单元格框线，如图3-27所示。

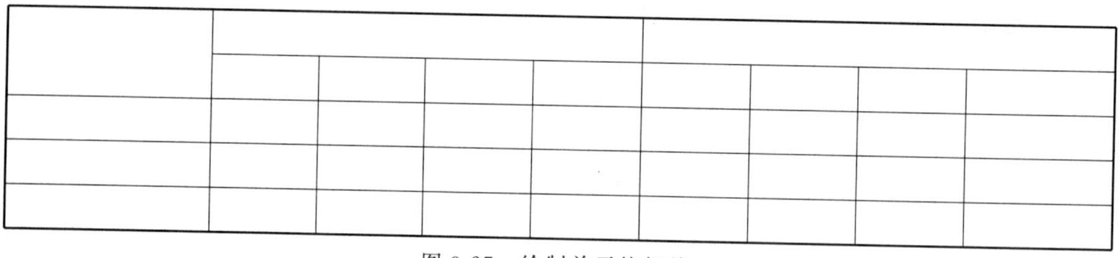

图 3-27　绘制单元格框线

（4）表格中单元格大小不一，这时选取所要平均分配的各行或者各列，单击"布局"选项卡中"单元格大小"功能组中"分布行"或"分布列"按钮，并在第一个单元格内绘制一条斜线，绘制斜线时，要从表格的左上角开始向右下方移动，待识别出线条方向后，松开鼠标左键即可，如图3-28所示。

图 3-28　平均分配好的表格

（5）在相应的单元格输入相应的内容，即可产生图3-27表格。

（6）若希望改变表格边框线的粗细与颜色，可通过"设计"功能区下"绘图边框"组中的"笔颜色"和"表格线的磅"值进行设置；若在绘制过程中不小心绘制了不必要的线条，可以使用"设计"功能区下"绘图边框"功能组中的"擦除"按钮，此时鼠标变成橡皮擦形状，将鼠标指针移到要擦除的线条上单击鼠标左键，系统识别出要擦除的线条后，松开鼠标左键，则系统会自动删除该线条。

4. 使用快速表格

快速表格是作为构建基块存储在库中的表格，可以随时被访问和重用。Word 2010提供了一个"快速表格库"，其中包含一组预先设计好格式的表格，用户可以从中选择以迅速创建表格。这样大大节省了用户创建表格的时间，同时减少了用户的工作量，使插入表格操作变得十分轻松。

（1）首先将鼠标指针定位在要插入表格的文档位置，然后在Word 2010的功能区中打开"插入"选项卡。

（2）在"插入"选项卡上的"表格"选项组中，单击"表格"按钮。

（3）在弹出的下拉列表中，执行"快速表格"命令，打开系统内置的"快速表格库"，其中以图示化的方式为用户提供了许多不同的表格样式，如图3-29所示，用户可以根据实际需要进行选择。

（4）此时所选快速表格就会插入到文档中。另外，为了符合特定需要，用户可以用所需的数据替换表格中的占位符数据。

不难发现，在文档中插入表格后，在Word 2010的功能区中会自动打开"表格工具"中

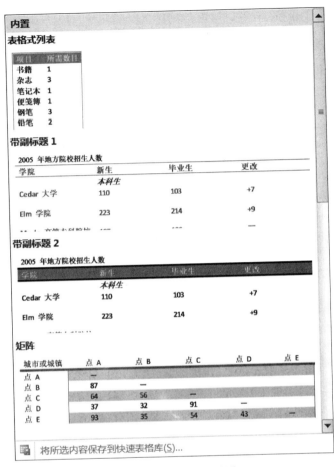

图 3-29　"快速表格"制作

的"设计"上下文选项卡,用户可以进一步对表格的样式进行设置。

在"设计"上下文选项卡的"表格样式选项"选项组中,用户可以选择为表格的某个特定部分应用特殊格式,例如选中"标题行"复选框,则将表格的首行设置为特殊格式。在"表样式"选项组中单击"表格样式库"右侧的"其他"按钮,用户可以在打开的"表格样式库"中选择合适的表格样式。当将鼠标指针停留在预定义的表格样式上时,还可以实时预览到表格外观的变化。

3.4.2　表格的编辑

1. 单元格的合并与拆分

拆分单元格是将一个单元格分成几个单元格,而合并单元格则将某行或某列中的多个单元格合并为一个单元格。

(1) 拆分单元格

① 选定要拆分的单元格,单元格可以是一个或多个连续的单元格。

② 单击"布局"功能区下的"合并"功能组中的"拆分单元格"按钮;或右击鼠标,在弹出的快捷菜单中选择"拆分单元格"命令,弹出"拆分单元格"对话框,如图 3-30 所示。

③ 在该对话框中填入想要操作后的行数和列数,单击"确定"按钮即可。

（2）合并单元格

① 选定要合并的单元格。

图 3-30　"拆分单元格"对话框

② 单击"布局"功能区下的"合并"功能组中的"合并单元格"按钮；或右击鼠标，在弹出的快捷菜单中选择"合并单元格"命令。如果合并的单元格中有数据，那么每个单元格中的数据都会出现在新单元格内部。

2．插入行、列和单元格

① 在表格中，选择待插入行（或列）的位置。所插入行行（或列）必须要在所选行（或列）的上面或下面（左边或右边）。

② 单击"布局"功能区下的"行和列"功能组中的相应按钮进行操作。

③ 若要插入单元格，则单击"布局"功能区下的"行和列"功能组中右下角的箭头，弹出"插入单元格"对话框，选择相应命令，单击"确定"按钮即可，如图 3-31 所示。

3．删除行、列和单元格

选定要删除的行、列或单元格，单击"布局"功能区下的"行和列"功能组中的"删除"按钮，弹出下拉菜单，如图 3-32 所示。根据需要单击相应的命令，最后单击"确定"按钮即可。

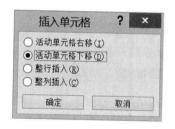

图 3-31　"插入单元格"对话框

图 3-32　"删除"菜单

4．调整表格的大小

表格的大小的调整指的是调整表格的行高和列宽，可以用鼠标和菜单两种方法进行调整。

（1）用鼠标调整

将鼠标放在想调整的垂直（水平）框线上，鼠标指针变成双向箭头形状，此时按住鼠标左键左右（上下）拖动框线，即可调整列宽（行高）。

（2）用"表格属性"对话框调整

将光标停在想调整的单元格内，右击鼠标，弹出快捷菜单，在菜单中单击"表格属性"，弹出"表格属性"对话框，如图 3-33 所示，在对话框中选择"列"选项卡，设置列的宽度，选择"行"选项卡，设置行的高度。

3.4.3　格式化表格

为了使创建后的表格达到需要的外观效果需要进一步地对边框、颜色、字体以及文本等进行一定的排版，要掌握对表格的格式设置方法。

[例3-12]　创建如图 3-34 所示表格，并将表格第一行的底纹颜色设置为茶色 10%，第一

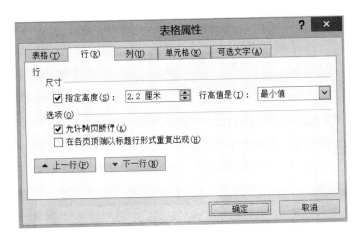

图 3-33　"表格属性"对话框

行下边框线和最后一行的上边框线设置为 1.5 磅实线,表格外边框线设置为双线,表格所有单元格中的文本为水平、垂直方向居中,最后以学生成绩表为文件名存储到 D 盘。

学号	姓名	英语	高数	计算机
08001	王平	75	78	82
08002	李丽	84	92	88
08003	袁军	96	88	79
08004	张民生	68	70	80

图 3-34　例题 3-12 表格

(1) 首先将鼠标指针定位在要插入表格的文档位置,然后在 Word 2010 的功能区中打开"插入"选项卡,在"插入"选项卡上的"表格"选项组中,单击"表格"按钮。

(2) 在弹出的下拉列表中,选择"插入表格"命令,弹出"插入表格"对话框,在"列数""行数"框中,输入 5,单击"确定"按钮。

(3) 在创建好的表格中输入相应文本内容,如图 3-34 所示。

(4) 选定整张表格,在"表格工具 布局"选项卡中,单击"对齐方式"功能组中的"水平居中"按钮,使得表格内容居中。

(5) 继续选定整张表格,在"表格工具 设计"选项卡中,单击"绘图边框"功能组右下方的箭头,弹出"边框和底纹"对话框,选择"边框"选项卡,在"样式"中选择"双线",选择"设置"下的"全部",单击"确定"按钮,即可设置好外边框线为双线,如图 3-35 所示。

(6) 选择表格中 2～6 行,按照步骤 (4) 打开"边框和底纹"对话框,选择"边框"选项卡,在"样式"中,选择"单实线",在"宽度"下选择"1.5 磅",单击"预览"区域中表格的上边框和下边框,单击"确定"按钮,即可设置好上下边框线。

(7) 选择表格中第一行,按照步骤 (4) 打开"边框和底纹"对话框,选择"底纹"选项卡,在"填充"下选择"茶色",在"样式"后选择"10％",在"应用于"下选择"单元格",单击"确定"按钮,即可设置好第一行的底纹,如图 3-36 所示。

(8) 设置完毕后保存到 D 盘,文件名为"学生成绩表"。

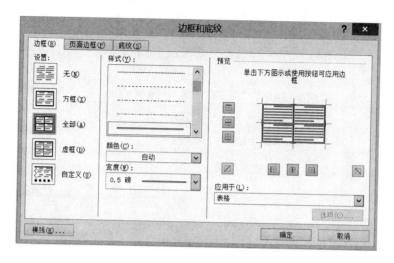

图 3-35　设置外边框线

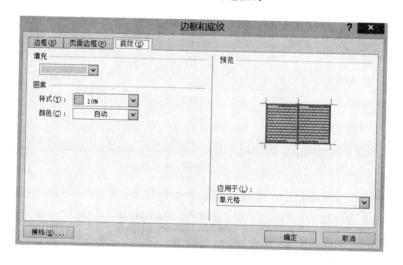

图 3-36　设置底纹

3.4.4　表格的计算与排序

Word 本身是一个功能强大的文字处理软件,同时也提供了计算功能。它可以对表中的数据进行简单的加、减、乘、除运算,实现表格数据中的排序、求和、求平均值等。

1. 计算

Word 2010 的表格提供了强大的计算功能,可以帮助用户完成常用的数学计算。在对表格中的数据进行计算时,Word 2010 对于单元格的引用有特定的表示地址的方式。对于列由左向右用 A、B、C、D 等表示,对于行用 1、2、3、4 等表示。如果要引用的单元格的位置是第 3 行、第 2 列,那么这个单元格的地址为 B3。

(1)将光标停在要存放计算结果的单元格内。

(2)单击"布局"功能区下的"数据"功能组中的"公式"按钮,弹出"公式"对话框,如图 3-37 所示。在 Word 2010 的表格中,可以对数据进行简单的加减乘除,求百分比以及求最大、最小、平均值等计算。

图 3-37　"公式"对话框

（3）在"公式"栏中输入要计算的公式，也可以从"粘贴函数"的下拉框中选择需要运用的函数。常用的函数有求和（SUM）、求平均值（AVERAGE）、求最大值（MAX）、求最小值（MIN）等。在函数后面的括号内输入要引用的单元格的地址，作为公式的参数的单元格的地址之间用逗号隔开，如"＝SUM(A1,B2)"表示将 A1 中的数据与 B2 中的数据进行求和。对于连续的区域则用冒号隔开，如"A1:B3"表示的是 A1、A2、A3、B1、B2、B3。

（4）单击"确定"按钮完成计算。

[例 3-13]　从上例题中已建立好的学生成绩表（图 3-38），计算每个学生的平均成绩和总成绩。

学号	姓名	英语	高数	计算机	总成绩	平均成绩
08001	王平	75	78	82		
08002	李丽	84	92	88		
08003	袁军	96	88	79		
08004	张民生	68	70	80		

图 3-38　例 3-13 表格

（1）在表格右侧插入两列新列，并在列的第一个单元格内输入"总成绩"和"平均成绩"，如图 3-38 所示。

（2）选定存放总成绩的数据单元格，单击"布局"功能区下的"数据"功能组中的"公式"按钮，弹出"公式"对话框。

（3）在"公式"下的文本框中输入计算函数：＝sum(C2:E2)，单击"确定"按钮，计算出第一个学生的总成绩。

（4）选定存放平均成绩的数据单元格，单击"布局"功能区下的"数据"功能组中的"公式"按钮，弹出"公式"对话框。

（5）在"公式"下的文本框中输入计算函数：＝average(C2:E2)，单击"确定"按钮，计算出第一个学生的平均成绩。用同样的方式计算其他学生的总成绩和平均成绩。

2．排序

表格中的数据可以根据拼音、字母或数字等对其进行升序或降序的排列。

排序的操作方法有：

（1）选定要排序的列，单击"布局"功能区下的"数据"功能组中的"排序"按钮，弹出"排序"对话框。

(2) 在对话框中设置"主要关键字",若有相同内容,则再设置"次要关键字",依此类推,至多可使用三重条件排序,如图 3-39 所示。

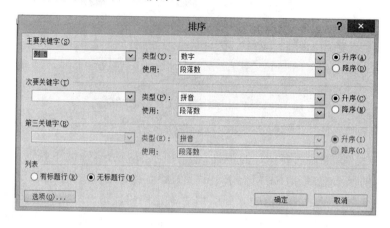

图 3-39 "排序"对话框

(3) 完成后单击"确定"按钮。

3.4.5 表格与文本的转换

Word 2010 允许文本和表格进行互相转换。当用户需要将文本转换为表格时,首先应将需要转换的文本格式化,即将文本中的每一行用段落标记隔开,每一列用分隔符(如逗号、空格、制表符等)分开,否则系统将不能正确识别表格的行、列,从而导致不能正确地进行转换。

1. 将表格转换成文本

(1) 选中需要转换为文本的表格或表格内的行。

(2) 在"布局"选项卡中,单击"数据"功能组中的"转换为文本"按钮,弹出"表格转换成文本"对话框。

(3) 在"文字分隔符"下,单击所需的选项,例如可选择"制表符"作为替代列边框的分隔符。

2. 将文本转换成表格

(1) 选取需要转换的文本。

(2) 在准备转换成表格的文本中,用逗号、制表符或其他分隔符标记新的列开始的位置。例如,在有两个字的一行中,在第一个字后插入逗号或制表符,从而创建一个两列的表格。

(3) 在"插入"选项卡中,单击"表格"功能组中的"表格"按钮,弹出下拉菜单,在菜单中单击"文本转换成表格"命令,弹出"文本转换成表格"对话框。

(4) 在"表格尺寸"选项组中的"列数"文本框中输入所需列数,如果选择列数大于原始数据的列数,后面会添加空列;在"文字分隔位置"选项组下,单击所需的分隔符选项,如可选择"制表符"。

(5) 单击"确定"按钮,关闭对话框,即可完成相应的转换。

3.4.6 基于表格中的数据创建图表

[**例 3-14**] 例题 3-12 中已建立好的学生成绩表(图 3-34),根据表格中 4 名学生 3 门课程的成绩生成相应的图表。

学号	姓名	英语	高数	计算机
08001	王平	75	78	82
08002	李丽	84	92	88
08003	袁军	96	88	79
08004	张民生	68	70	80

（1）将光标定位在要插入图表的位置，在"插入"选项卡中单击"插图"工作组中"图表"按钮，弹出"插入图表"对话框，选择一种图表类型，本例题中选择"柱形图"，如图 3-40 所示，单击"确定"按钮。

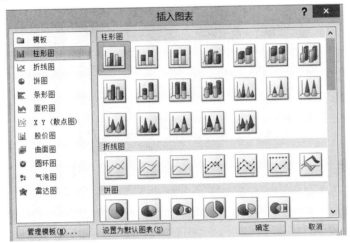

图 3-40 "插入图表"对话框

（2）自动打开一个 Excel 表格，选中 Word 中的学生成绩表里的 B1：E5 区域，复制到打开的 Excel 表格里方框内，如图 3-41 所示。

图 3-41 "Excel"数据表

（3）关闭 Excel，则在光标停留区域会出现创建好的图表，如图 3-42 所示。

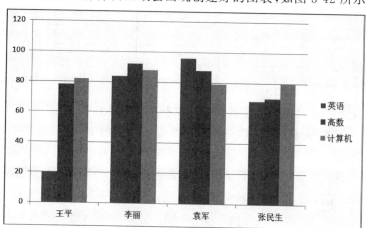

图 3-42　创建好的图表

3.5　制作图文并茂的文档

Word 2010 提供了能让用户轻松编辑出图形、艺术字的强大的编辑功能，这一节要掌握如何创建图片、编辑图片以及插入艺术字的方法，最后要掌握图文混排的操作方法。

3.5.1　插入图片

1. 插入剪贴画

Word 自带了一个内容丰富、种类齐全的剪贴画库，用户可以直接在其中选择需要的图片插入到文档中，插入的方法如下：

（1）将光标停在要插入剪贴画的位置。

（2）单击选项卡中"插入"→"剪贴画"命令，将在编辑区的右边弹出"插入剪贴画"窗口，单击"搜索"按钮，如图 3-43 所示。

（3）在下面空白处将弹出搜索到的剪贴画，将光标停在所要插入的剪贴画上，剪贴画右边将会出现一个下拉按钮，单击该按钮，弹出菜单，选择"插入"即可。

2. 插入文件中的图片

用户可以在文档中插入来自文件的图片，这样的图形文件的类型有 .bmp、.gif、.jpg 等。插入文件中的图片时要知道图片的路径。

（1）将光标停在要插入图片的位置。

（2）单击选项卡中"插入"→"图片"命令，将弹出"插入图片"对话框，找到对应路径的图片，选中，最后单击"插入"按钮即可。

图 3-43　"剪贴画"对话框

3.5.2 设置图片格式

调整图片的大小以及删除图片,方法如下。

(1) 使用鼠标。单击图片选定后,图片四周会出现八个小黑点,这些黑点称为图片句柄,将鼠标放置在句柄上,当鼠标变成双向箭头时,拖动鼠标使得图片放大或缩小。若要删除图片,在选定后,按下键盘上"Delete"键即可。

(2) 使用对话框.在图片上单击鼠标的右键,在弹出的快捷菜单中选择"大小和位置",弹出"布局"对话框,在对话框中选择"大小"选项卡,在选项卡中输入要设置的图片的高度和宽度,如图 3-44 所示,单击"确定"按钮。

3.5.3 艺术字处理

使用艺术字可以在文件中建立文字的特殊效果,并以图形的方式放置在文档中,只能在页面视图中创建和设置。操作方法如下:

(1) 将光标停在要插入艺术字的位置。

(2) 在"插入"选项卡中单击"文本"功能组中"艺术字"按钮,弹出"艺术字"库,如图3-45所示,在其中选择一种需要的艺术字样式。

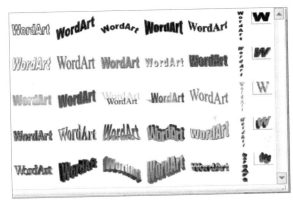

图 3-44 "大小"选项卡   图 3-45 "艺术字"库

(3) 单击"确定"按钮后,弹出"编辑艺术字文字"对话框,在对话框输入所要编辑的艺术字,单击"确定"按钮后,即可在光标停留位置出现输入的艺术字。

3.5.4 绘制自选图形

在"插入"选项卡的"插图"功能组中单击"形状"按钮,会打开下拉菜单,如图 3-46 所示。单击其中的形状按钮,拖动鼠标的左键,可绘制出相应的图形,除了线条等基本形状外,还有箭头总汇、流程图组件和标注等。

(1) 绘制自选图形。将光标停在要插入图形的位置,在"插入"选项卡的"插图"功能组中单击"形状"按钮,会打开下拉菜单,单击其中的形状按钮,再单击文档,所选图形按默认的大小插入到文档里;若要自定义图形的大小,则单击形状按钮后,当鼠标变成"十"字型时,按住鼠标左键拖动,直至图形成为所需大小时松开鼠标左键;若要保持图形的高宽比,拖动时

图 3-46 "形状"下拉菜单

应按住 Shift 键。

（2）绘制水平线、垂直线、圆等图形。若要绘制水平线、垂直线、圆以及正方形则在拖动鼠标时按住 Shift 键。

3.5.5 图形编辑与效果设置

Word 2010 提供了设置图形效果的很多方法，这些之前只能通过专业图形图像编辑工具才可以达到的效果，在 Word 2010 中仅需单击鼠标就轻松完成了。

1. 图形编辑

（1）选中要进行设置的图片，打开"图片工具 格式"选项卡，单击"图片样式"功能组的图片样式按钮，可以选择所需图片样式，如图 3-47 所示。

（2）在"图片工具 格式"选项卡中的"图片样式"功能组中，还包括"图片版式""图片边框"和"图片效果"这 3 个命令按钮。如果用户觉得"图片样式库"中内置的图片样式不能满足实际需求，可以通过单击这 3 个按钮对图片进行多方面的属性设置。

（3）在"图片工具 格式"选项卡中的"调整"功能组中，"更正""颜色"和"艺术效果"命令可以让用户自由地调节图片的亮度、对比度、清晰度以及艺术效果。

图 3-47 "图片样式"选项组

2. 设置图片与文字环绕方式

环绕决定了图形之间以及图形与文字之间的交互方式。要设置图形的环绕方式，可以按照如下操作步骤执行：

（1）选中要进行设置的图片，打开"图片工具 格式"选项卡。

（2）单击"排列"功能组中的"自动换行"命令，在展开的下拉选项菜单中选择想要采用的环绕方式，如图 3-48 所示。

（3）或者用户也可以在"自动换行"下拉选项列表中单击"其他布局选项"命令，打开如图 3-49 所示的"布局"对话框。在"文字环绕"选项卡中根据需要设置"环绕方式""自动换行"方式以及距离正文文字的距离。

图 3-48 设置环绕方式

3. 设置图片在页面上的位置

Word 2010 提供了可以便捷控制图片位置的工具，让用户可以合理地根据文档类型布局图片。设置图片在页面位置的操作步骤如下。

（1）选中要进行设置的图片，打开"图片工具 格式"选项卡。

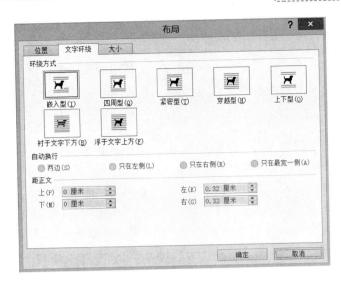

图 3-49 "布局"对话框

（2）单击"排列"功能组中的"位置"命令，在展开的下拉选项菜单中选择想要采用的位置布局方式，如图3-50所示。

（3）或者用户也可以在"位置"下拉选项列表中单击"其他布局选项"命令，打开如图3-51所示的"布局"对话框。在"位置"选项卡中根据需要设置"水平""垂直"位置以及相关的选项。其中：

① 对象随文字移动：该设置将图片与特定的段落关联起来，使段落始终保持与图片显示在同一页面上。该设置只影响页面上的垂直位置。

② 锁定标记：该设置锁定图片在页面上的当前位置。

③ 允许重叠：该设置允许图形对象相互覆盖。

④ 表格单元格中的版式：该设置允许使用表格在页面上安排图片的位置。

图 3-50 设置"位置"命令

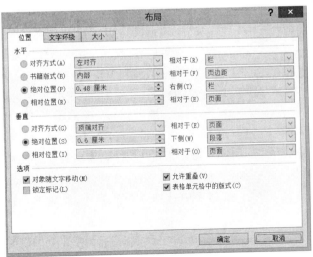

图 3-51 "布局"对话框

3.5.6 绘制 SmartArt 图形

单纯的文字总是令人难以记忆,如果能够将文档中的某些理念以图形方式展现出来,就能够大大促进阅读者对该理念的理解与记忆。在 Microsoft Office 2010 中,SmartArt 图形功能可以使单调乏味的文字以美轮美奂的效果呈现在用户面前,从而使用户在脑海里留下深刻的印象。

下面举例说明如何在 Word 2010 中添加 SmartArt 图形,其操作步骤如下:

(1)首先将鼠标指针定位在要插入 SmartArt 图形的位置,然后在 Word 2010 的功能区中打开"插入"选项卡,在"插图"功能组中单击"SmartArt"按钮。

(2)打开如图 3-52 所示的"选择 SmartArt 图形"对话框,在该对话框中列出了所有 SmartArt 图形的分类,以及每个 SmartArt 图形的外观预览效果和详细的使用说明信息。

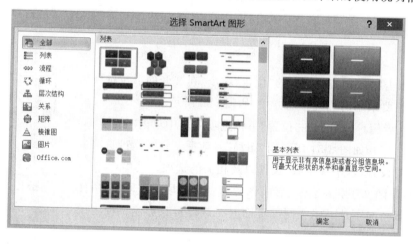

图 3-52 选择 SmartArt 图形

(3)在此选择"列表"类别中的"垂直框列表"图形,单击"确定"按钮将其插入到文档中。

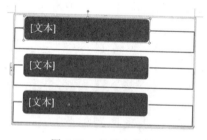

图 3-53 显示占位符

此时的 SmartArt 图形还没有具体的信息,只显示占位符文本(如"[文本]"),如图 3-53 所示。

(4)用户可以在 SmartArt 图形中各形状上的文字编辑区域内直接输入所需信息替代占位符文本,也可以在"文本"窗格中输入所需信息。在"文本"窗格中添加和编辑内容时,SmartArt 图形会自动更新,即根据"文本"窗格中的内容自动添加或删除形状。

提示: 如果用户看不到"文本"窗格,则可以在"SmartArt 工具"中的"设计"上下文选项卡上,单击"创建图形"选项组中的"文本窗格"按钮,以显示出该窗格。或者,单击 SmartArt 图形左侧的"文本"窗格控件将该窗格显示出来。

(5)在"SmartArt 工具"中的"设计"上下文选项卡上,单击"SmartArt 样式"选项组中的"更改颜色"按钮。在弹出的下拉列表中选择适当的颜色,此时 SmartArt 图形就应用了新的颜色搭配效果。

(6)在"设计"选项卡上,单击"SmartArt 样式"选项组中的"其他"按钮。在展开的"SmartArt 样式库"中,系统提供了许多 SmartArt 样式供用户选择。这样,一个能够给人带来强烈视觉冲击力的 SmartArt 图形就呈现在用户面前了。

3.5.7　插入文本框

文本框是在文档中插入的可以内含文本或图片等其他对象的方框。用户可以对文本框进行调整大小、复制、删除等操作。

插入文本框的方法如下：

（1）将光标停在插入位置，在"插入"选项卡中，单击"文本"功能组的"文本框"命令，在弹出的下拉菜单中选择所需文本框，其中"绘制文本框"是绘制横排文本框，还可选择"绘制竖排文本框"命令，如图 3-54 所示，"横排"和"竖排"是指文本在文本框中的排列方式。

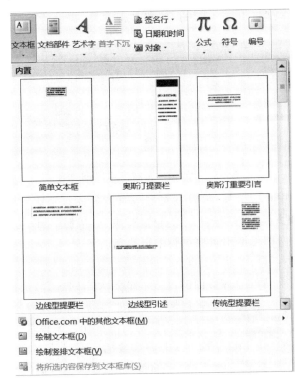

图 3-54　插入文本框

（2）若选择"绘制文本框"或"绘制竖排文本框"命令，此时鼠标变成十字状，按住鼠标左键拖动鼠标，即可将文本框插入到文档中。

（3）若选择系统提供的文本框样式，则该文本框直接插入到光标所在位置。

（4）单击文本框的内部，就可以在其中输入文字、插入图形或艺术字等对象，输入完成后单击文本框外部任意一处即可完成操作。

选取文本框后，文本框周围出现八个尺寸句柄。拖动文本框尺寸句柄可以改变文本框的大小。

3.6　页面排版和打印文档

为了让文档的整个页面看起来更加美观，有时可根据文档内容的需要自定义页面大小和页面格式。页面格式的设置主要包括纸张大小、页边距、页眉页脚以及页码等。

3.6.1 设置页眉、页脚和页码

1. 设置页眉和页脚

页眉或页脚是在文档每一页的上端(页眉)或底端(页脚)打印的文字,在编辑文档时,可以在页眉和页脚中插入文本或图形,如日期、页码或作者名等。设置页眉和页脚的方法是:

(1)打开待排版的文档,在"插入"选项卡中,单击"页眉和页脚"功能组中的"页眉"或"页脚"命令,弹出下拉菜单,可在菜单中选择页眉或页脚的样式。

(2)单击选择一种样式后,光标停到页眉或页脚的插入位置上,输入相应内容。

(3)双击页眉或页脚的位置,激活页眉和页脚工具的"设计"选项卡,如图 3-55 所示,进入页眉页脚编辑状态。

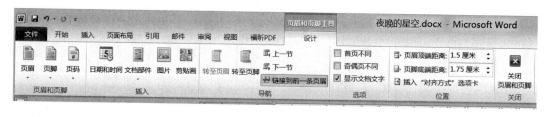

图 3-55 "页眉和页脚工具"设计选项卡

(4)单击工具栏中相应按钮,可以在页眉或页脚处插入页码、日期和时间以及图片等,也可直接输入页眉和页脚的内容,单击工具栏中"页脚"按钮,可以切换到插入页脚位置。

(5)在文档处双击即可退出页眉页脚编辑状态。

2. 插入页码

页面设置就是对文章的总体版面的设置及纸张大小的选择,页面设置的好坏与否直接影响到整个文档的布局、设置以及文档的输入、编辑等。因此,页面设置对所有的用户来说都是必须掌握的。

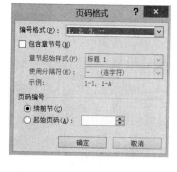

图 3-56 "页码格式"对话框

(1)打开需要插入页码的文档,在"插入"选项卡中,单击"页眉和页脚"功能组中的"页码"按钮,在弹出的下拉菜单中可选择页码插入的位置:"页面顶端"或"页面底端",即可在页眉位置或者页脚位置插入页码。

(2)在页码插入同时,激活"页眉和页脚工具 设计"功能区,在"页眉和页脚"功能组中,单击"页码"按钮,在弹出的下拉菜单中可选择"设置页码格式"。

(3)弹出"页码格式"对话框,如图 3-56 所示,在对话框中可进行页码的设置和相关页码的输入,设置完毕后,单击"确定"按钮。

3.6.2 页面设置

页面设置就是对文章的总体版面的设置及纸张大小的选择,页面设置的好坏与否直接影响到整个文档的布局、设置以及文档的输入、编辑等。因此,页面设置对所有的用户来说都是必须掌握的。

1．页边距的设置

页边距是文档正文和页面边缘之间的距离,只有在页面视图中才能看到页边距的效果。设置方法如下:

(1) 在"页面布局"选项卡中,单击"页边距"按钮,打开下拉菜单,在菜单中选择"自定义页边距",弹出"页面设置"对话框,如图 3-57 所示。

(2) 在"页面设置"对话框中,选择"页边距"选项卡,在"上""下""左""右"栏中分别选择或输入页边距的数值。

(3) 选择"纵向"或"横向"决定文档页面的方向。

(4) 单击"确定"按钮。

2．设置纸张类型

设置打印纸张的大小、来源等方法如下:

(1) 在"页面布局"选项卡中,单击"纸张大小"按钮,打开下拉菜单,在菜单中选择"其他页面大小",弹出"页面设置"对话框,如图 3-57 所示。

(2) 在"页面设置"对话框中,选择"纸张"选项卡,在默认情况下,纸张大小是标准 A4 纸张。

(3) 在"纸张大小"下拉框内选择打印纸型,这时在"高度"和"宽度"会显示纸张的大小。

(4) 在"纸张来源"下可以设置打印时纸张的进纸方式,默认为 Word 中的"默认纸盒",如图 3-58 所示。

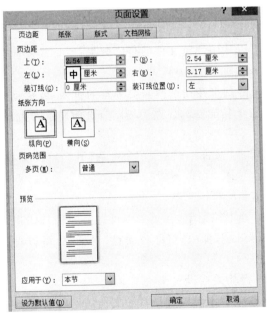

图 3-57　设置页边距

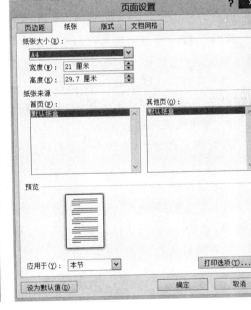

图 3-58　设置纸张类型

3.6.3　打印文档

在 Word 2010 中,用户可以用多种方式打印文档的内容,使用打印预览功能,还能在打印之前就看到打印的效果,减少不必要的损失。

1. 打印预览

单击"文件"→"打印"命令，打开"打印"窗口，如图 3-59 所示。

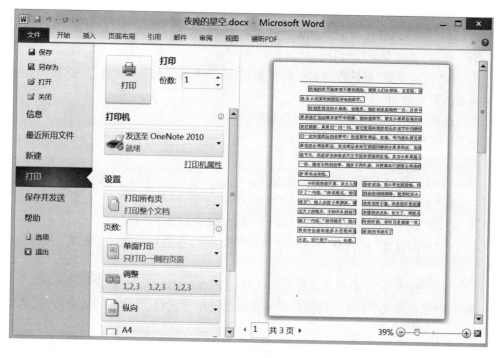

图 3-59 "打印"窗口

（1）"打印"窗口右侧是打印预览区，用户可以从中预览文件的打印效果；窗口的左侧是打印设置区，包含了一些常用的打印设置按钮及页面设置命令。

（2）在打印预览区中，可以通过窗口左下角的翻页按钮选择需要浏览的页面，或移动垂直滚动条选择需要预览的页面；可以通过窗口右下角的显示比例滑块调节页面显示的大小。

2. 打印设置与输出

在打印文档之前，通常要设置打印格式。单击"文件"→"打印"命令，打开"打印"窗口，如图 3-59 所示，在"打印"窗口左侧的"打印设置"区中，可以设置打印格式。

（1）"份数"右侧的下拉列表框中，可设置文档的打印份数。

（2）单击"打印机"下的向下三角形按钮，打开下拉菜单，在菜单中可选择一种打印机为当前 Word 2010 的默认打印机。单击"打印机属性"，弹出"打印机属性"对话框，可以设置打印机的参数。

（3）在"设置"功能组中，可以对打印格式进行相关的设置。

① "打印所有页"：单击该选项，打开菜单，在菜单中可以选择打印文档的指定范围。

② "页数"后的文本框中，可输入需要打印的页面的页码，如只需要打印第 1 页和第 3 页，则在"页数"后输入 1,3，单击"打印"按钮，便可只打印第 1 页和第 3 页。

页码表示方法为，连续页以"－"表示，如第 3 页至第 6 页打印，则在此栏填入"3－6"；不连续页以逗号表示，如第 3 页和第 10 页打印，则在此栏填入"3,10"；若要打印的页码有不连续和连续的可表示为"1,3,4－6"，即要打印第 1,3,4,5,6 页文本。

③ "单面打印"：单击该选项，打开菜单，在菜单中可选择"单面打印"或"手动双面打印"。

④"调整"：单击该选项，打开菜单，在菜单中可选择"调整"或"取消排序"。

⑤"纵向"：单击该选项，打开菜单，在菜单中可选择"纵向"或"横向"。

⑥"纸张设置"：单击该选项，打开菜单，在菜单中可选择所需纸张的样式。

⑦"页边距设置"：单击该选项，打开菜单，在菜单中可选择所需页边距设置样式。

3.7　高级应用

为了提高工作效率，常常需要对长文档进行高级处理。本节中将讲解样式和模板的使用，邮件合并以及宏定义等。

3.7.1　样式

样式是指一组已经命名的字符和段落格式。它规定了文档中标题、正文，以及要点等各个文本元素的格式。用户可以将一种样式应用于某个选定的段落或字符，以使所选定的段落或字符具有这种样式所定义的格式。

使用样式有诸多便利之处，它可以帮助用户轻松统一文档的格式；辅助构建文档大纲以使内容更有条理；简化格式的编辑和修改操作。此外，样式还可以用来生成文档目录。

1. 在文档中应用样式

在编辑文档时，使用样式可以省去一些格式设置上的重复性操作。在 Word 2010 中提供了"快速样式库"，用户可以从中进行选择以便为文本快速应用某种样式。

例如，要为文档的标题应用 Word 2010"快速样式库"中的一种样式，可以按照如下操作步骤进行设置：

（1）在 Word 文档中，选择要应用样式的文本。

（2）在"开始"选项卡上的"样式"功能组中，单击"其他"按钮。

（3）在打开的如图 3-60 所示"快速样式库"中，用户只需在各种样式之间轻松滑动鼠标，标题文本就会自动呈现出当前样式应用后的视觉效果。

图 3-60　快速样式库

（4）如果用户还没有决定哪种样式符合需求，只需将鼠标移开，标题文本就会恢复到原来的样子；如果用户找到了满意的样式，只需单击它，该样式就会被应用到当前所选文本中。这种全新的实时预览功能可以帮助用户节省宝贵时间，大大提高工作效率。

用户还可以使用"样式"任务窗格将样式应用于选中文本，操作步骤如下：

（1）在 Word 文档中，选择要应用样式的文本。

图 3-61 "样式"任务窗格

（2）在"开始"选项卡上的"样式"选项组中，单击右下角的箭头。

（3）打开"样式"任务窗格，在列表框中选择希望应用到选中文本的样式，即可将该样式应用到文档中。

提示：在"样式"任务窗格中选中下方的"显示预览"复选框方可看到样式的预览效果，否则所有样式只以文字描述的形式列举出来，如图 3-61 所示。

除了单独为选定的文本或段落设置样式外，Word 2010 内置了许多经过专业设计的样式集，而每个样式集都包含了一整套可应用于整篇文档的样式设置。只要用户选择了某个样式集，其中的样式设置就会自动应用于整篇文档，从而实现一次性完成文档中的所有样式设置。

2．创建样式

如果用户需要添加一个全新的自定义样式，则可以在已经完成格式定义的文本或段落上执行如下操作：

（1）选中已经完成格式定义的文本或段落，并右击所选内容，在弹出的快捷菜单中选择"样式"→"将所选内容保存为新快速样式"命令。

（2）此时打开"根据格式设置创建新样式"对话框，在"名称"文本框中输入新样式的名称，例如"一级标题"，如图 3-62 所示。

（3）如果在定义新样式的同时，还希望针对该样式进行进一步定义，则可以单击"修改"按钮，打开如图 3-63 所示的对话框。在该对话框中，用户可以定义该样式的样式类型是针对文本还是段落，以及样式基准和后续段落样式。除此之外，用户也可以单击"格式"按钮，分别设置该样式的字体、段落、边框、编号、文字效果、快捷键等定义。

（4）单击"确定"按钮，新定义的样式会出现在快速样式库中，并可以根据该样式快速调整文本或段落的格式。

图 3-62 创建新样式

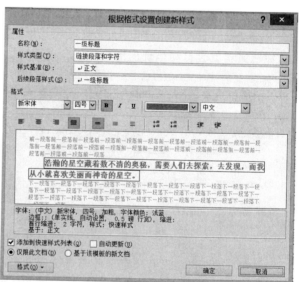

图 3-63 编辑新样式

3.7.2 目录

目录通常是长篇幅文档不可缺少的一项内容,它列出了文档中的各级标题及其所在的页码,便于文档阅读者快速查找到所需内容。Word 2010 提供了一个内置的"目录库",如图 3-64 所示,其中有多种目录样式可供选择,从而可代替用户完成大部分工作,使得插入目录的操作变得非常快捷、简便。在文档中使用"目录库"创建目录的操作步骤如下:

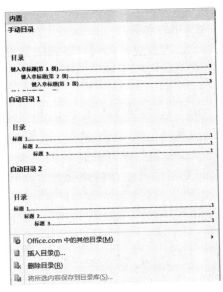

图 3-64 目录库

(1)首先将鼠标指针定位在需要建立文档目录的地方,通常是文档的最前面。

(2)在"引用"选项卡中的"目录"功能组中,单击"目录"按钮,打开如图 3-64 所示的下拉列表,系统内置的"目录库"以可视化的方式展示了许多目录的编排方式和显示效果。

(3)用户只需单击其中一个满意的目录样式,Word 2010 就会自动根据所标记的标题在指定位置创建目录。

1. 使用自定义样式创建目录

如果用户已将自定义样式应用于标题,则可以按照如下操作步骤来创建目录。用户可以选择 Word 在创建目录时使用的样式设置。

(1)将鼠标指针定位在需要建立文档目录的地方,然后在 Word 2010 的功能区中,打开"引用"选项卡。

(2)在"引用"选项卡上的"目录"功能组中,单击"目录"按钮。在弹出的下拉列表中,执行"插入目录"命令。

(3)弹出如图 3-65 所示的"目录"对话框,在"目录"选项卡中单击"选项"按钮。

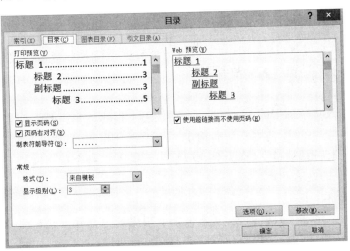

图 3-65 "目录"对话框

（4）此时弹出如图 3-66 所示的"目录选项"对话框,在"有效样式"区域中可以查找应用于文档中的标题的样式,在样式名称旁边的"目录级别"文本框中输入目录的级别(可以输入 1～9 中的一个数字),以指定希望标题样式代表的级别。如果希望仅使用自定义样式,则可删除内置样式的目录级别数字,例如删除"标题 1""标题 2"和"标题 3"样式名称旁边的代表目录级别的数字。

（5）当有效样式和目录级别设置完成后,单击"确定"按钮,关闭"目录选项"对话框。

（6）返回到"目录"对话框,用户可以在"打印预览"和"Web 预览"区域中看到 Word 在创建目录时使用的新样式设置。另外,如果用户正在创建读者将在打印页上阅读的文档,那么在创建目录时应包括标题和标题所在页面的页码,即选中"显示页码"复选框,从而便于读者快速翻到需要的页。如果用户创建的是读者将要在 Word 中联机阅

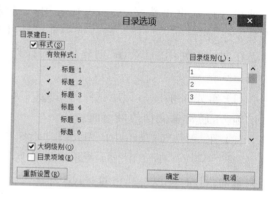

图 3-66 "目录选项"对话框

读的文档,则可以将目录中各项的格式设置为超链接,即选中"使用超链接而不使用页码"复选框,以便读者可以通过单击目录中的某项标题转到对应的内容。最后,单击"确定"按钮完成所有设置。

2. 更新目录

如果用户在创建好目录后,又添加、删除或更改了文档中的标题或其他目录项,可以按照如下操作步骤更新文档目录:

（1）在 Word 2010 的功能区中,打开"引用"选项卡。

（2）在"引用"选项卡上的"目录"功能组中,单击"更新目录"按钮。

（3）弹出"更新目录"对话框,在该对话框中选中"只更新页码"单选按钮或者"更新整个目录"单选按钮,然后单击"确定"按钮即可按照指定要求更新目录。

3.7.3 邮件合并生成批量文档

Word 的邮件合并可以将一个主文档与一个数据源结合起来,最终生成一系列输出文档。在此需要明确以下几个基本概念。

1. 创建主文档

主文档是经过特殊标记的 Word 文档,它是用于创建输出文档的"蓝图"。其中包含了基本的文本内容,这些文本内容在所有输出文档中都是相同的,比如信件的信头、主体以及落款等。另外还有一系列指令(称为合并域),用于插入在每个输出文档中都要发生变化的文本,比如收件人的姓名和地址等。

2. 选择数据源

数据源实际上是一个数据列表,其中包含了用户希望合并到输出文档的数据。通常它保存了姓名、通信地址、电子邮件地址、传真号码等数据字段。Word 的"邮件合并"功能支持很多类型的数据源,其中主要包括下列几类数据源。

（1）Microsoft Office 地址列表：在邮件合并的过程中，"邮件合并"任务窗格为用户提供了创建简单的"Office 地址列表"的机会，用户可以在新建的列表中填写收件人的姓名和地址等相关信息。此方法最适用于不经常使用的小型、简单列表。

（2）Microsoft Word 数据源：可以使用某个 Word 文档作为数据源。该文档应该只包含 1 个表格，该表格的第 1 行必须用于存放标题，其他行必须包含邮件合并所需要的数据记录。

（3）Microsoft Excel 工作表：可以从工作簿内的任意工作表或命名区域选择数据。

（4）Microsoft Outlook 联系人列表：可直接在"Outlook 联系人列表"中直接检索联系人信息。

（5）Microsoft Access 数据库：在 Access 中创建的数据库。

（6）HTML 文件：使用只包含 1 个表格的 HTML 文件。表格的第 1 行必须用于存放标题，其他行则必须包含邮件合并所需要的数据。

3．邮件合并的最终文档

邮件合并的最终文档包含了所有的输出结果，其中，有些文本内容在输出文档中都是相同的，而有些会随着收件人的不同而发生变化。

利用"邮件合并"功能可以创建信函、电子邮件、传真、信封、标签、目录（打印出来或保存在单个 Word 文档中的姓名、地址或其他信息的列表）等文档。

[例 3-15] 使用邮件合并技术制作邀请函。

如果用户要制作或发送一些信函或邀请函之类的邮件给客户或合作伙伴，这类邮件的内容通常分为固定不变的内容和变化的内容。例如，有一份如图 3-67 所示的邀请函文档，在这个文档中已经输入了邀请函的正文内容，这一部分就是固定不变的内容。邀请函中的邀请人姓名以及邀请人的称谓等信息就属于变化的内容。

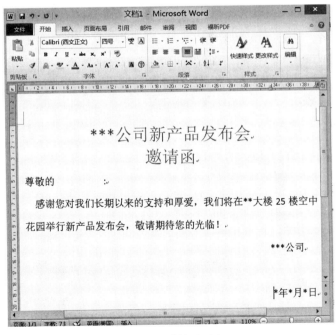

图 3-67　邀请函正文

（1）在"邮件"选项卡中，选择"开始邮件合并"功能组，单击"开始邮件合并"→"邮件合并分步向导"命令。

（2）在文档右侧打开"邮件合并"任务窗格，进入"邮件合并分步向导"的第1步（总共有6步）。在"选择文档类型"选项区域中，选择一个希望创建的输出文档的类型（本例选中"信函"单选按钮）。

（3）单击"下一步：正在启动文档"，进入"邮件合并分步向导"的第2步，在"选择开始文档"选项区域中选中"使用当前文档"单选按钮，以当前文档作为邮件合并的主文档。接着单击"下一步：选取收件人"，进入"邮件合并分步向导"的第3步，在"选择收件人"选项区域中选中"键入新列表"单选按钮，然后在"键入新列表"下单击"创建"，弹出"新建地址列表对话框"，如图3-68所示，在对话框中输入所需信息，单击"新建条目"可以增加联系人信息。

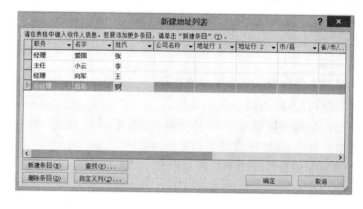

图3-68　通讯录信息

（4）回到"邮件合并分步向导"的第3步，在"选择收件人"选项区域中选中"使用现有列表"单选按钮，单击"浏览"，弹出"选取数据源"对话框，如图3-69所示，找到上一步保存在桌面上的"通讯录.mdb"文件，单击"打开"，弹出"邮件合并收件人"对话框，可以对需要合并的收件人信息进行修改，单击"确定"按钮。

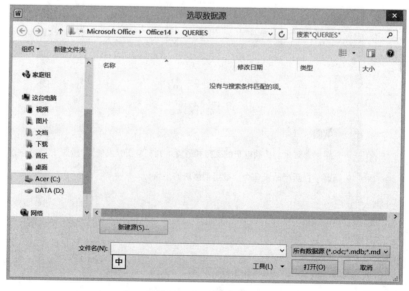

图3-69　选取数据源

（5）输入完毕后，单击"确定"按钮，弹出"保存通讯录"菜单，本例题中以"通讯录"为文件名将文件保存到桌面上，单击"保存"按钮，弹出"邮件合并"对话框，单击"确定"，桌面上将出现一个"通讯录.mdb"文件。

（6）选择了收件人的列表之后，单击"下一步：撰写信函"，进入"邮件合并分步向导"的第4步。如果用户此时还未撰写信函的正文部分，可以在活动文档窗口中输入与所有输出文档中保持一致的文本。如果需要将收件人信息添加到信函中，先将鼠标指针定位在文档中的合适位置，本例题中先将光标停在"尊敬的"后面，然后单击"地址块""问候语"等。本例单击"其他项目"。

（7）打开如图3-70所示的"插入合并域"对话框，在"域"列表框中，选择要添加到邀请函中邀请人姓名所在位置的域，本例题依次选择"姓氏""名字""职务"域，单击"插入"按钮。

图 3-70　插入合并域

（8）插入完所需的域后，单击"关闭"按钮，关闭掉"插入合并域"对话框，文档中的相应位置就会出现已插入的域标记。

（9）在"邮件合并"任务窗格中，单击"下一步：预览信函"，进入"邮件合并分步向导"的第5步。在"预览信函"选项区域中，单击"＜＜"或"＞＞"按钮，查看具有不同邀请人姓名和称谓的信函。

提示：如果用户想要更改收件人列表，可单击"做出更改"选项区域中的"编辑收件人列表"超链接，在随后打开的"邮件合并收件人"对话框中进行更改。如果用户想要从最终的输出文档中删除当前显示的输出文档，可单击"排除此收件人"按钮。

（10）预览并处理输出文档后，单击"下一步：完成合并"超链接，进入"邮件合并分步向导"的最后一步。在"合并"选项区域中，用户可以根据实际需要选择单击"打印"或"编辑单个信函"，进行合并工作。本例单击"编辑单个信函"。

（11）打开"合并到新文档"对话框，在"合并记录"选项区域中，选中"全部"单选按钮，然后单击"确定"按钮。

这样，Word会将收件人信息自动添加到邀请函正文中，并合并生成一个新文档，在该文档中，每页中的邀请函客户信息均由数据源自动创建生成。

3.7.4　超链接

可以为文档中的任何对象（包括文本、形状、表格、图形和图片）创建超级链接。

超级链接激活它最好的方法是按住 Ctrl 键并单击，代表超级链接的文本会添加下画线，并且显示成配色方案指定的颜色。单击后跳转到相应的位置，颜色就会改变。因此可以通过颜色分辨该超级链接是否被使用过。

创建超级链接的方法如下：

（1）选中需要创建超级链接的对象。

（2）在"插入"选项卡中，单击"链接"功能组中"超链接"命令，弹出"插入超链接对话框"，如图3-71所示。

（3）在对话框中做相应选择，可链接到"本文档中的位置"或"现有文件或网页"等。

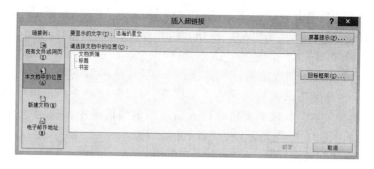

图 3-71 插入超链接

（4）选择完毕后，单击"确定"按钮。

（5）按住 Ctrl 键并在被选中作为超链接的对象上单击，则可链接所选目标。

3.7.5 宏定义

如果在 Word 中反复执行某项任务，可以使用宏自动执行该任务。宏是 Word 命令和指令，这些命令和指令在一起，形成了一个单独的命令，以实现任务的自动化。

[例 3-16] 使用宏插入一个两行三列的表格。

（1）在"视图"选项卡中，单击"宏"，在弹出的菜单中选择"录制宏"，弹出"录制宏"对话框，如图 3-72 所示。

图 3-72 "录制宏"对话框

（2）在"宏名"下可以输入宏的名称，本例题使用默认的宏名"宏 1"，在"说明"下输入对于宏的说明，本例题输入"插入两行三列的表格"，如图 3-73 所示。

图 3-73 输入宏的说明

（3）单击"键盘"，弹出"自定义键盘"对话框，将光标停在"请按新快捷键"下的输入框，这时在键盘上按下用于代替宏操作的快捷键，本例中按下的是"Ctrl＋F7"，如图 3-74 所示，单击"指定"按钮，再单击"关闭"按钮。

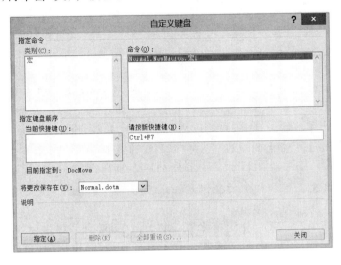

图 3-74　键入宏的运行快捷键

（4）这时光标变成空心箭头加磁带形式，表示进入录制形态。

（5）按照插入表格的方法，在本文档中插入一个两行三列的表格。

（6）在"视图"选项卡中，单击"宏"，在弹出的菜单中选择"停止录制"。

（7）将光标停在需要插入表格的位置，按下快捷键"Ctrl＋F7"或者单击"宏"，在弹出的菜单中选择"查看宏"，弹出对话框后，选择"宏 1"，再单击"运行"按钮，就可以在光标停留位置插入一个两行三列的表格。

本 章 小 结

（1）Office 2010 为家庭和小型企业提供了一些基本软件，使用户可以更加快速、轻松地完成任务。一直以来，Microsoft Word 都是最流行的字处理程序。作为 Office 套件的核心应用程序之一，Word 提供了许多易于使用的文档创建工具，同时也提供了丰富的功能供创建复杂的文档使用。哪怕只使用 Word 应用一点文本格式化操作或图片处理，也可以使简单的文档变得比只使用纯文本更具吸引力。

（2）为了使文档具有漂亮的外观，必须对文档进行必要的排版。文档的排版包括输出页面设置、字符格式设置、段落格式设置、特殊排版要求效果等操作。

（3）图文并茂的文章，使人赏心悦目，同时也能增强文章的表现效果。在 Word 2010 中，也有插入图片和艺术字的功能。

（4）表格是一种简明、直观的表达方式，一个简单的表格远比一大段文字更有说服力，更能清楚地表明问题。在 Word 2010 中，不仅可以制作表格，还可以对表格进行编辑和格式化。

第4章 Excel 2010 电子表格处理软件

Microsoft Excel 是由 Microsoft 为 Windows 和 Macintosh 操作系统的计算机而编写和运行的一款软件。它以电子表格的方式对数据进行处理、统计、分析等,具有非常友好的人机界面和强大的计算功能。目前,广泛地应用于统计、管理、金融等领域。

Microsoft Excel 从诞生到现在,经历了多次的改进和升级,本章介绍的是 Microsoft Excel 2010 中文版。由于它是 Office 2010 中的一个组件,因此它和 Word、PowerPoint 等之间具有良好的信息交互性和相似的操作方法。

4.1 Excel 2010 概述

4.1.1 Excel 2010 的启动和退出

1. 启动的常用方法

(1) 单击"开始"→"所有程序"→"Microsoft Office"→"Microsoft Excel 2010"命令。

(2) 双击桌面上 "Microsoft Excel 2010"的快捷方式图标。

(3) 在任意位置空白处,右击鼠标,然后在弹出的快捷菜单中单击"新建"→"Microsoft Excel 工作表"命令,将产生一个相关文件,最后双击其图标。

2. 退出的常用方法

(1) 单击 Excel 窗口标题栏右上角的 ✖ ("关闭")按钮。

(2) 单击功能区的"文件"标签下的"退出"命令。

(3) 按键盘上的快捷键"Alt+F4"。

当用户退出时,若当前文件还没有保存,将弹出一个对话框,提示是否保存对其的更改。

4.1.2 Excel 2010 的工作界面

当启动 Microsoft Excel 2010 时,界面显示如图 4-1 所示的窗口。该窗口一般由标题栏、功能区、编辑栏、工作表格区、工作表标签、工作簿窗口滚动条等组成。

1. 标题栏

标题栏的最左端是控制菜单图标,单击它将弹出下拉菜单,包括"还原""移动""大小""最小化""最大化""关闭"命令。控制菜单图标右边显示的是快速访问工具栏 ("保存""撤销""恢复"和"自定义")按钮,旁边是当前文件名,例如"工作簿 1"。标题栏最右端有窗口的 ("最小化""最大化/还原""关闭")按钮。

2. 功能区

Excel 2010 功能区与 Word 类似,它以选项卡的方式对命令进行分组和显示。包括"开始""插入""页面布局""公式""数据""审阅"和"视图"选项卡,这些选项卡可引导用户开展各

图 4-1　Microsoft Excel 2010 窗口

种工作,简化对应用程序中多种功能的使用方式,并会直接根据用户正在执行的任务来显示相关命令。

3. 编辑栏

编辑栏包括"名称框""编辑框"和"按钮"。"名称框"用来显示当前单元格的名称或单元格区域的起始单元格名称等信息,还可通过它给单元格区域定义一个别名,若在其中输入正确的单元格、单元格区域名称或定义的别名,按"Enter"键即可快速选定所指区域;"编辑框"用来显示当前单元格的内容或引用的公式函数,也可以进行输入、编辑操作; f_x ("函数")可以在当前单元格插入函数, ✗("取消")和 ✓("输入")按钮分别用于对当前输入或编辑的内容进行取消或确认操作。

4. 工作表格区

工作表格区是窗口中间最大的区域,用户在此可以输入数据。它是由行、列交叉排列而成的表格,最小的一格称为单元格,每个单元格由列标加行号表示,其中列标位于工作表格区的上端,由 A、B、C…Z、AA、AB、AC…依次标识。行号位于工作表格区的左端,由 1、2、3……依次标识,例如,第 3 列与第 5 行相交叉的那个单元格的名称为 C5。

5. 工作表标签

工作表标签显示的是当前工作簿中所有工作表的名称,用鼠标单击相应的标签可以在它们之间切换,当前工作表的标签呈凹状显示。在默认情况下,一个工作簿包含 3 个工作表,分别用"Sheet1""Sheet2""Sheet3"标签标识。单击左侧的标签滚动按钮,可以查看未显示的工作表标签,但当前的工作表没有改变。

6. 工作簿窗口滚动条

工作簿窗口滚动条可以上下、左右调整工作区的内容,包括"水平滚动条"和"垂直滚动条",可用键盘、鼠标轮或鼠标拖动控制。

4.1.3　Excel 2010 的基本概念

1. 工作表

工作表是工作簿窗口中由暗灰色的横竖线组成的表格,是存储和处理数据最重要的部分。使用工作表可以对数据进行组织和分析,可以同时在多张工作表上输入并编辑数据,并且可以对来自不同工作表的数据进行汇总计算。

2. 工作簿

工作簿就是报表文件,它的文件扩展名为.xlsx。工作簿中的每一张表格称为一个工作表。在默认情况下,一个工作簿包含 3 个工作表,用户可以根据需要增减。工作簿就如同活页夹,工作表如同其中的一张张活页纸。

3. 单元格

单元格是表格中行与列的交叉部分,它是组成表格的最小单位,也是最基本的存储单元。单个数据的输入和修改都是在单元格中进行的。任意时刻工作表中有且只有一个单元格是激活的,用户的所有操作都是针对它进行的,我们把它称之为"活动单元格"或"当前单元格"。

4. 单元格区域

单元格区域是单个单元格或者多个单元格组成的区域,或者整行,或者整列等。例如,E4:H9 表示以 E4 单元格和 H9 单元格为对角的一片连续矩形区域。

4.2 工作簿和工作表基本操作

4.2.1 Excel 2010 中单元格的选择

1. 选择一个单元格

单击鼠标或使用键盘上的方向键选择,还可单击功能区中的"查找和选择"→"转到"命令,在弹出的对话框中输入单元格的地址即可。

2. 选择连续的单元格区域

单击单元格区域左上角的单元格,指针保持在该单元格内,拖动鼠标至单元格区域的右下角单元格;或者单击单元格区域左上角的单元格,按住"Shift"键不放,再单击单元格区域的右下角单元格。

3. 选择不连续的单元格或单元格区域

选择第一个单元格或单元格区域,按住"Ctrl"键不放,依次选择需要的其他单元格或单元格区域。

4. 选择行或列

将鼠标移至行号格或列标格内(应呈单向箭头),单击行号或列标,可选择某行或某列。若在行号或列标上拖动鼠标可选择相邻的若干行或若干列。

5. 选择整个工作表

单击名称框左下方灰色的小方块或者按快捷键"Ctrl+A"。

6. 取消单元格的选择

单击工作表中选择单元格区域以外的任意位置。若在全选状态时,单击工作表中任意位置即可。

4.2.2 工作簿基本操作

1. 新建工作簿的常用方法

(1)单击"文件"→"新建"命令,在窗口的右侧将弹出如图 4-2 所示的界面,根据需要进行选择模板(通常选择"空白工作簿"),将建立一个工作簿。

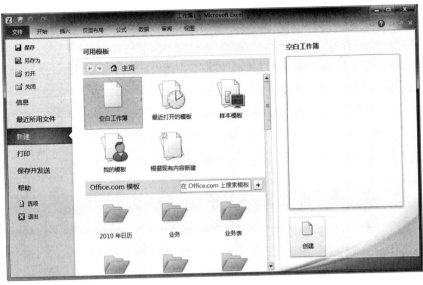

图 4-2　"新建工作簿"窗口

(2) 启动 Microsoft Excel 2010 后,会自动新建一个空白的工作簿文件。

(3) 按快捷键"Ctrl+N"。

"工作簿 1""工作簿 2""工作簿 3"……为新建工作簿的默认主文件名。

2. 保存工作簿的常用方法

(1) 对于当前没有保存过的工作簿,通过单击"文件"→"保存"命令或者单击标题栏上的"保存"按钮,都将弹出如图 4-3 所示的对话框,在该对话框中可对"保存位置""文件名"和"保存类型"进行设置,确定后单击"保存"按钮即可。

图 4-3　"另存为"对话框

（2）对于已经保存过的当前工作簿,若不改变原来的名字和位置,只需要单击"文件"→"保存"命令或者单击标题栏上的"保存"按钮。

若想改变原来的名字或位置,可以单击"文件"→"另存为"命令,将弹出如图4-3所示的对话框,在其中进行保存位置、文件名、保存类型的设置。

（3）自动定时保存工作簿。单击"文件"→"选项"命令,在弹出的对话框中选择"保存"标签进行设置。

3. 打开工作簿的常用方法

单击"文件"→"打开"命令,将弹出如图4-4所示的对话框,选择文件所在位置,最后单击"打开"按钮。若是所需文件是最近处理过的,还可通过"文件"→"最近所用文件"命令,选择要打开的文件。

图4-4 "打开"对话框

4. 关闭工作簿的常用方法

（1）单击"文件"→"关闭"命令。

（2）按快捷键"Ctrl+F4"或者"Ctrl+W"。

（3）单击右上方"关闭"按钮下面的"关闭窗口"按钮。两者的区别在于,前者是关闭应用程序,当前文件也会随之关闭;后者只是关闭文件,应用程序并没有关闭。

4.2.3 工作表基本操作

1. 工作表插入和删除的常用方法

（1）插入:选择一张工作表,单击功能区的"开始"标签,在"单元格"选项组中选择"插入"的下拉按钮,在弹出的菜单中选择"插入工作表"。或在该工作表标签上单击右键,在弹出的快捷菜单中选择"插入",在弹出的对话框中选择,都将在该工作表前插入一张空白的工作表。

（2）删除:选择欲删除的工作表,单击功能区的"开始"标签,在"单元格"选项组中选择

"删除"的下拉按钮,在弹出的菜单中选择"删除工作表"。或在该工作表标签上右击鼠标,在弹出的快捷菜单中选择"删除",该操作将永久性删除工作表,不可恢复。

2. 工作表复制和移动的常用方法

(1) 复制

① 同一个工作簿中:单击功能区的"开始"标签,在"单元格"选项组中选择"格式"的下拉按钮,在弹出的菜单中选择"移动或复制工作表…",将弹出如图 4-5 所示的对话框,在"下列选定工作表之前"框中设置它的位置即可;还可将鼠标指向该工作表的标签,在工作表标签区域上进行拖动的同时按下 Ctrl 键,当到达目标位置时,松开左键即可。

② 不同的工作簿中:方法与上述同一个工作簿中的复制工作表操作相似。"将选定工作表移至工作簿"框的下拉按钮选择目标工作簿,在"下列选定工作表之前"框中设置它的位置,然后选择"建立副本"复选项,最后单击"确定"按钮即可。

(2) 移动

① 同一个工作簿中:选择该工作表,将鼠标指向该表的标签,拖动至目标位置时,松开左键即可。

② 不同的工作簿中:方法与上述复制工作表的操作相似。需要注意的是应该同时打开目标工作簿,在如图 4-5 所示的对话框中,通过"工作簿"框的下拉按钮选择目标工作簿,并且不需选择"建立副本"复选项,最后单击"确定"按钮即可。

3. 工作表的重命名的常用方法

双击要重命名的工作表标签,或者在该工作表标签上单击右键,在弹出的快捷菜单中选择"重命名"命令,此时名字将反白显示,重新输入新的名字,按"Enter"键确定。

4. 工作表保护的常用方法

在需要进行操作的工作表标签上单击右键,在弹出的快捷菜单中选择"保护工作表…"命令,将弹出如图 4-6 所示的对话框,进行相应的设置。

图 4-5 "移动或复制工作表"对话框

图 4-6 "保护工作表"对话框

单击功能区的"开始"标签,在"单元格"选项组中选择"格式"的下拉按钮,在弹出的菜单中选择"可见性"组中的相关命令,可隐藏行、列、工作表。

[例 4-1] 新建一个工作簿,将工作簿中的 Sheet1 重命名为"销售业绩表",Sheet2 重命名为"考勤记录表",Sheet3 重命名为"工资表",在最后插入一张工作表命名为"员工情况表"并移动到最前面,最后以"SUN 公司 2015 年 8 月销售资料表"为文件名保存该工作簿在 D 盘。

操作方法如下：

（1）启动 Microsoft Excel 2010 则自动新建一个工作簿文件。

（2）在工作表 Sheet1 的标签上双击，输入"销售业绩表"，按"Enter"键确定。

（3）在工作表 Sheet2 的标签上双击，输入"考勤记录表"，按"Enter"键确定。

（4）在工作表 Sheet3 的标签上双击，输入"工资表"，按"Enter"键确定。

（5）单击工作表标签最右侧的 图标，则在最后插入了一张工作表 Sheet1，在其标签上双击，输入"员工情况表"，按"Enter"键确定。然后将鼠标指向该工作表的标签，拖动至最前面时，松开左键。

（6）单击快速访问工具栏中"保存"图标。

（7）在弹出的对话框中选择 D 盘，在"文件名"框中输入"SUN 公司 2015 年 8 月销售资料表"，然后单击"保存"按钮。

最后结果如图 4-7 所示。

图 4-7　操作后的界面

4.3　数据输入

4.3.1　Excel 数据类型

在工作表的当前单元格中可输入两种数据：常量和公式。常量包括数值类型、文本类型、日期时间类型和逻辑类型等。公式的使用将在后面的章节介绍。

1．数值类型

在 Excel 中，数值类型数据包括 0～9 中的数字以及含有正号、负号、货币符号、百分号等任一种符号的数据。数值有一个共同的特点，就是常常用于各种数学计算。例如工资、学生成绩、员工年龄、销售额等数据,都属于数值类型。

2. 文本类型

在 Excel 中,文本类型数据包括汉字、英文字母、空格等,它们就是说明性、解释性的数据。当输入的文本超出了当前单元格的宽度时,如果右边相邻单元格里没有数据,那么字符串会往右延伸;如果右边单元格里有数据,超出的那部分数据就会隐藏起来,只有把单元格的宽度变大后才能显示出来。

文本和数值有时候容易混淆,比如手机号码、学号、邮政编码、银行账号等,虽然从外表上它是由数字组成的,但实际上我们应告诉 Excel 把它们作为文本类型处理,因为它们并不是数量,而是描述性的文本。

3. 日期时间类型

在 Excel 中,日期时间类型数据包括 0～9 中的数字以及"/""—"和":"连接符号,它们表示日期和时间。日期的默认格式是"mm/dd/yyyy",其中 mm 表示月份,dd 表示日期,yyyy 表示年度;时间的默认格式是"hh:mm:ss[+空格+am/pm]",其中 hh 表示小时,mm 表示分钟,ss 表示秒数,若采用 12 小时制 am 表示上午,pm 表示下午。

4. 逻辑类型

在 Excel 中,逻辑值是判断条件或表达式的结果,常用的判别符号有"="">"">=""<""<=",条件成立或判断结果是对的,值为 True,否则为 False。逻辑值还可以参与计算,在计算式中,True 当成 1,False 当成 0 看待。

4.3.2 直接输入数据

1. 数值类型

输入数值类型的数据后,系统默认将右对齐,输入有下列几种情况。

(1) 小数:直接输入。小数点位数可通过功能区的"开始"选项卡中的"单元格"组中的"格式"按钮选择"设置单元格格式",打开相应的对话框,选择"数字"选项卡,在其中的分类列表框中选择"数值"进行设置。

若单元格数字格式设置为两位小数,此时若输入三位小数,则将第三位小数四舍五入。若数值整数部分长度大于或等于 12 时,Excel 会以科学计数法显示,但计算是以输入值而不是显示值。

(2) 负数:直接输入,即先输入"—",再输入数值。或者用"()"把正值数据括起来。例如—10,可以直接输入—10,或者输入(10)。

(3) 分数:先输入整数部分,再输入空格,最后输入分数部分。例如 2/5,先输入 0,再输入空格,最后输入 2/5。

2. 文本类型

对于文本类型的数据直接输入即可,系统默认将左对齐。若要把数值类型作为文本类型,可通过功能区的"开始"选项卡中的"单元格"组中的"格式"按钮选择"设置单元格格式",打开相应的对话框,选择"数字"选项卡,在其中的分类列表框中选择"文本",或者输入时直接在其前面加上单引号(英文符号)。

3. 日期时间类型

对于日期时间类型的数据,系统默认将右对齐。输入日期的格式:mm/dd/yy 或 dd-mm-yy;输入时间的格式:hh:mm:ss[+空格+am/pm]。输入当前日期:按快捷键"Ctrl

"＋:";输入当前时间:按快捷键"Ctrl＋:"。如果想在同一个单元格中输入日期和时间,输入时在两者之间加一个空格即可。

对于逻辑类型的数据,系统默认将居中对齐。直接输入 True 或 False,也可参与运算,也可作为公式的结果以 True 或 False 显示出来。

4.3.3 自动填充数据

当选择单元格或单元格区域时,位于单元格区域框的右下角的黑色方块称为填充柄。将鼠标指向它时,指针形状由空心粗十字变成实心细十字时,拖动鼠标左键,完成自动填充操作。根据单元格初始内容不同,自动填充将完成不同的效果。

1. 普通填充

(1)单元格初始值的内容为纯数字、纯字符或公式时,填充操作相当于复制操作。

(2)单元格初始值的内容为字符加数字时,执行填充操作时,将按字符不变、数字递增的方式填充。

(3)单元格区域内的那些单元格的内容存在等差关系,执行填充操作时,会自动按照等差序列的方式填充。

2. 特别填充

在前面的自动填充中,若想要只实现复制填充,则在拖动时按住"Ctrl"键即可。若想在自动填充时进行功能选择,则用鼠标右键进行拖动,至最后一个单元格时松开左键,在弹出的快捷菜单中进行选择。

3. 自定义序列填充

选择功能区的"文件"标签,单击"选项"→"高级"→"常规"→"编辑自定义列表"命令,将弹出如图 4-8 所示的对话框,选择"自定义序列"框中的"新序列",在"输入序列"框中输入欲自定义的序列,每输入一项按"Enter"键分隔列表条目,输入完所有项后,单击"添加"按钮。

如果在某一单元格输入初值,单击功能区的"开始"标签,在"编辑"选项组中选择"填充"的下拉按钮,选择"向下""向右""向上"和"向左"填充,还可选择"系列",则会弹出如图 4-9 所示的"序列"对话框,根据需要进行设置。

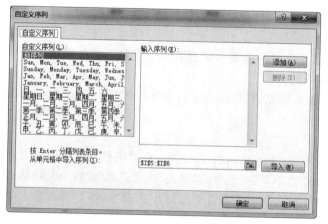

图 4-8 "选项"对话框之"自定义序列"选项卡

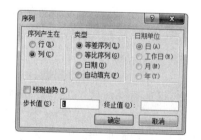

图 4-9 "序列"对话框

表4-1通过举例的方式,列出了自动填充操作将会建立的序列。

表 4-1　自动填充例表

选择的初始值	填充后的结果
1,3(等差序列,步长为2)	1,3,5,7,9,11,…
2(等比序列,步长为1)	2,8,32,128,512,2048,…
HELLO5	HELLO6,HELLO7,HELLO8,HELLO9,HELLO10,…
星期四	星期五,星期六,星期日,星期一,星期二,星期三…
HELLO5,GoodBye	HELLO6,GoodBye,HELLO7,GoodBye,HELLO8,GoodBye…
7:00	8:00,9:00,10:00,11:00,12:00,13:00,…

预先设定单元格或单元格区域允许输入的数据类型和范围,还可以设置数据的输入信息和出错警告,若不满足设置的要求,将限制输入。操作方法如下:

(1)首先,选择要设定有效性数据的单元格或单元格区域。

(2)然后单击功能区的"数据"标签,在"数据工具"选项组中选择"数据有效性"的下拉按钮,在弹出的菜单中选择"数据有效性…",将弹出如图 4-10 所示的对话框,从中进行设置。选择"圈释无效数据",将对已输入的数据进行审核,工作表中不符合设定的有效性规则的数据将会标记出来。

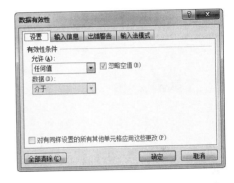

图 4-10　"数据有效性"对话框之"设置"选项卡

[例 4-2]　打开例 4-1 中建立的工作簿,其中员工编号用自动填充的方式输入数据,性别区域用设置有效性数据的方式设置为只允许"男"或"女"。

操作方法如下:

(1)选择功能区的"文件"标签,单击"打开"命令,将弹出的"打开"对话框,选择 D 盘下的"SUN 公司 2015 年 8 月销售资料表"工作簿,单击"打开"按钮。

(2)在工作表标签区域上单击"员工情况表",使之成为当前工作表,进行编辑。

(3)在 A3 单元格输入"XS0001",将鼠标指向填充柄,指针形状由空心粗十字变成实心细十字时,拖动鼠标左键至 A20 单元格,完成填充操作。

(4)在报表数据区以外的任一处,如 J5:J6 中输入"男"和"女"。

(5)选择 C3:C20 区域,然后单击功能区的"数据"的标签,在"数据工具"选项组中选择"数据有效性"的下拉按钮,在弹出的"数据有效性"对话框中选择"设置"选项卡,在"允许"下拉框中选择"序列",在"来源"下拉框中输入"=＄J＄5:＄J＄6",最后单击"确定"按钮。

(6)此时,工作表中的"性别"列中的单元格右侧出现了下拉按钮,通过此按钮可进行"性别"值的快速选择,若输入"男""女"以外的值,将限制输入。

(7)"身份证号码"列的值,应作为文本类型,先输入英文的单引号,再输入数据即可。

(8)其他内容按图 4-11 所示直接输入即可。"学历"列的值也可参照"性别"列的输入方式。

最后结果如图 4-11 所示。

图 4-11　操作后的界面

4.4　单元格编辑与格式设置

4.4.1　编辑单元格

1. 数据的修改

（1）直接在单元格中进行修改。若要替换原单元格的内容，则单击目标单元格，直接输入，按"Enter"键确认。若要修改原单元格的内容，则双击目标单元格，进行编辑，按"Enter"键确认。

（2）通过编辑栏进行修改。单击目标单元格，然后单击编辑框，进行编辑，单击 ✓ 按钮确认，单击 ✗ 按钮或"Esc"键可取消修改。

2. 数据的删除与清除

（1）删除。选择目标单元格或单元格区域，单击功能区的"开始"标签，在"单元格"选项组中选择"删除"的下拉按钮，在弹出的菜单中选择"删除单元格…"，将弹出如图 4-12 所示的对话框，根据需要进行设置。

（2）清除。选择目标单元格或单元格区域，然后在选中区域上右击鼠标，在弹出的快捷菜单中选择"清除内容"命令，或者按"Del"键。

图 4-12　"删除"对话框

单击功能区的"开始"标签,在"编辑"选项组中选择"清除"的下拉按钮,在弹出的菜单中可选择"全部"或"格式"或"内容"或"批注"等。

注意:数据删除是将单元格和里面的数据一起删除。数据清除只是清除了单元格里的数据,单元格本身并不受影响。

3．数据的复制与剪切

(1)使用鼠标。首先选择源单元格或单元格区域,然后将鼠标移到选定框的边缘,当鼠标变成空心箭头加四维箭头时,拖动鼠标同时按住"Ctrl"键,最后至目标区域时松开左键,实现复制操作。若不按住"Ctrl"键,实现剪切操作。

(2)使用功能区相关按钮。首先选择源单元格或单元格区域,然后单击功能区的"开始"标签中的"剪贴板"选项组中的"复制"按钮,再选择目标区域,最后单击"粘贴"按钮,实现复制操作。若选择"剪切"按钮,则实现剪切操作。

若单击"粘贴"的下拉按钮,可进行"选择性粘贴"。根据需要在如图 4-13 所示的对话框中进行设置。

(3)使用快捷键。复制:"Ctrl+C""Ctrl+V";剪切:"Ctrl+X""Ctrl+V"。方法与在 Word 中介绍的一样。

图 4-13 "选择性粘贴"对话框

4．单元格区域的插入与删除

(1)插入:选择目标区域,单击功能区的"开始"标签,在"单元格"选项组中选择"插入"的下拉按钮,在弹出的菜单中选择"插入单元格…",将弹出如图 4-14 所示的对话框,根据需要进行设置。

(2)删除:方法参照前面介绍的"数据的删除与清除"知识点。

图 4-14 "插入"对话框

5．行、列的插入与删除

(1)插入

① 行:选择一行或多行,单击功能区的"开始"标签,在"单元格"选项组中选择"插入"的下拉按钮,在弹出的菜单中选择"插入工作表行"。

② 列:选择一列或多列,单击功能区的"开始"标签,在"单元格"选项组中选择"插入"的下拉按钮,在弹出的菜单中选择"插入工作表列"。

(2)删除

① 行:选择一行或多行,单击功能区的"开始"标签,在"单元格"选项组中选择"删除"的下拉按钮,在弹出的菜单中选择"插入工作表行"。

② 列:选择一列或多列,单击功能区的"开始"标签,在"单元格"选项组中选择"删除"的下拉按钮,在弹出的菜单中选择"插入工作表列"。

插入的行或列位于选定行或列之前。不管选择的是空白或有内容的行或列,插入的都将是空行或空列。

[例 4-3] 继续例 4-2,在"工作时间"列前加入一列,列名为"员工等级",内容分别"2

级""2级""1级""3级""2级""2级""1级""2级""2级",往后员工的等级内容重复;将员工编号为"XS0010"的员工等级替换成"3级";清除"身份证号码"列里的内容;将单元格 A1 中的内容移动至 D1 单元格。

操作方法如下:

（1）选择 E 列,在选择区域上单击右键,在弹出的快捷菜单中选择"插入"。

（2）选择 E2 单元格,输入"员工等级"。在 E3:E11 单元格中分别输入"2级""2级""1级""3级""2级""2级""1级""2级""2级"。

（3）选择 E3:E11 单元格区域,按下"Ctrl＋C",然后选择 E12:E20 单元格区域,按下"Ctrl＋V"即可。

（4）双击 E12 单元格,进行编辑,修改成"3级",然后按"Enter"键。

（5）选择 G2:G20 区域,按"Del"键。

（6）选择 A1 单元格,然后将鼠标移到选定框的边缘,当鼠标变成空心箭头加四维箭头时,拖动鼠标至单元格 D1 时松开左键即可。

最后结果如图 4-15 所示。

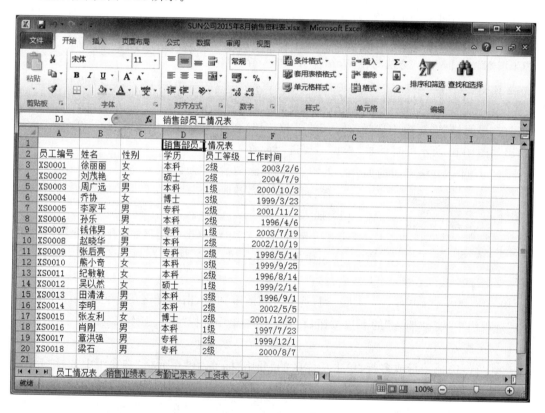

图 4-15　操作后的界面

4.4.2　单元格格式设置

1."开始"功能区选项组

在窗口中使用如图 4-16 所示的"字体""对齐方式"和"数字"选项组中的相关按钮,可快速对工作表的一些格式进行简单的设置。

图 4-16　"开始"功能区

2. "设置单元格格式"对话框

选择目标单元格或单元格区域,单击功能区的"开始"标签,在"单元格"选项组中选择"格式"的下拉按钮,在弹出的菜单中选择"设置单元格格式…",或者单击鼠标右键,在弹出的快捷菜单中选择"设置单元格格式…",都将弹出如图 4-17 所示的对话框,使用该对话框可对工作表的格式进行复杂的设置。

(1) 数字的格式

"设置单元格格式"对话框中单击"数字"选项卡,在分类列表框中可选择所需要的类型,再通过右边的相应选项进行设置。

(2) 数据的对齐方式

"设置单元格格式"对话框中单击"对齐"选项卡,将出现如图 4-18 所示的界面。在其中可对文本对齐、文本控制、文字方向和角度等进行设置。

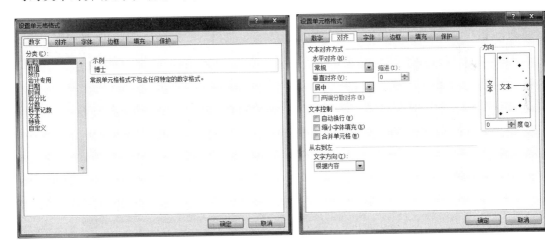

图 4-17　"单元格格式"对话框之"数字"选项卡　　图 4-18　"单元格格式"对话框之"对齐"选项卡

(3) 字体的格式

"设置单元格格式"对话框中单击"字体"选项卡,将出现如图 4-19 所示的界面。在其中可对字体、字形、字号、下画线、颜色等进行设置。

(4) 单元格的边框

"设置单元格格式"对话框中单击"边框"选项卡,将出现如图 4-20 所示的界面,在其中可对边框样式、线条样式和颜色等进行设置。

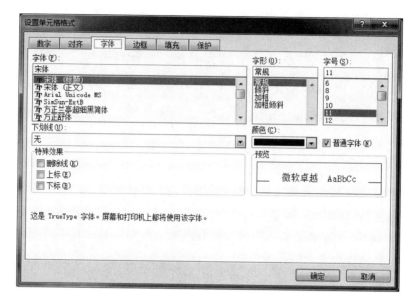

图 4-19 "单元格格式"对话框之"字体"选项卡

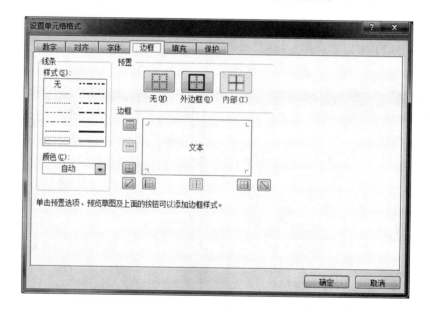

图 4-20 "单元格格式"对话框之"边框"选项卡

（5）单元格的填充

"单元格格式"对话框中单击"填充"选项卡，将出现如图 4-21 所示的界面，在其中可对单元格底纹的颜色和图案进行设置。

［**例 4-4**］ 继续例 4-3，进行如下的设置：

（1）"工作时间"列里的内容改为年月格式。（例如 2000 年 5 月）

（2）标题居中，表格内容在水平方向居中，垂直方向靠下。

（3）标题华文楷体，加粗，28 号。

（4）表格的外框线为双实线，内框线为单实线。

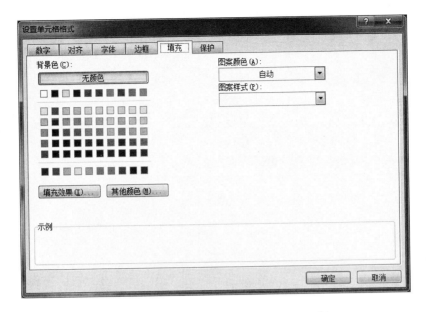

图 4-21　"单元格格式"对话框之"图案"选项卡

(5) 列标题所在行加上一种底纹。

操作方法如下：

(1) 选择 F3:F20 区域,在"设置单元格格式"对话框中单击"数字"选项卡,在分类列表框中选择"日期",再将右边的"类型"框中选择"2001 年 3 月",单击"确定"按钮即可。

(2) 选择 A1:F1 区域,单击"开始"功能区的"对齐方式"选项组中的 ![合并后居中] 按钮,实现单元格的合并及居中操作。

(3) 打开"设置单元格格式"对话框,单击"对齐"选项卡,将"水平对齐"框设置为"居中","垂直对齐"框设置为"靠下"。

(4) 单击"字体"选项卡,"字体""字形""字号"框设置为"华文楷体""加粗""28"。

(5) 选择 A2:F20 区域,打开"设置单元格格式"对话框,单击"边框"选项卡,在"样式"框中选择"双实线",单击"外边框"按钮,接着在"样式"框中选择"单实线",再单击"内部"按钮,最后单击"确定"按钮。

(6) 选择 A2:F2 区域,打开"设置单元格格式"对话框,单击"填充"选项卡,选择一种效果,单击"确定"按钮即可。

最后结果如图 4-22 所示。

4.4.3　行列设置

1. 调整行高和列宽

(1) 手动调整:把鼠标移到某两行或列的分界线上,此时光标显示为双箭头的形状,拖动鼠标左键,随之会出现一个动态显示数值大小的框,至需要的位置时,松开左键即可。

(2) 对话框调整:

① 行高。选择要改变行高的一行或多行,单击功能区的"开始"标签,在"单元格"选项

图 4-22 操作后的界面

组中选择"格式"的下拉按钮,在弹出的菜单中选择"行高",将弹出如图 4-23 所示的对话框,输入行高的值,单击"确定"按钮即可。

② 列宽。选择要改变列宽的一列或多列,单击功能区的"开始"标签,在"单元格"选项组中选择"格式"的下拉按钮,在弹出的菜单中选择"列宽",将弹出如图 4-24 所示的对话框,输入列宽的值,单击"确定"按钮即可。

图 4-23 "行高"对话框

图 4-24 "列宽"对话框

2. 行、列的隐藏

选择要隐藏的行或列。单击功能区的"开始"标签,在"单元格"选项组中选择"格式"的下拉按钮,在弹出的菜单中选择"隐藏和取消隐藏"下子菜单中的"隐藏行"或"隐藏列",或把要隐藏行的高度或列的宽度调整为"0"即可。

若已隐藏 C、D 两列,欲取消隐藏,选择 B、E 两列,在弹出的菜单中选择"隐藏和取消隐藏"下子菜单中的"取消隐藏列"。

3. 行、列的冻结(锁定)

行、列的锁定是指将用户所希望看到的某些行或列冻结起来。在滚动窗口时,被锁定的行或列不会随着滚动条的滚动而滚动。

若想锁定前三列,则选择 D 列;若想锁定前三行,则选择第四行;若想同时锁定前三列和前三行,则选择 D4 单元格,单击功能区的"视图"标签,在"窗口"选项组中选择"冻结窗格"的下拉按钮,在弹出的菜单中选择"冻结拆分窗格"。

若想取消锁定,则选择菜单中的"取消冻结窗格"。

4.4.4 样式设置

1．自动套用格式

（1）单元格样式

选择预设置样式的单元格区域,单击功能区的"开始"标签,在"样式"选项组中选择"单元格样式"的下拉按钮,在弹出的如图 4-25 的界面中选择一种方案。

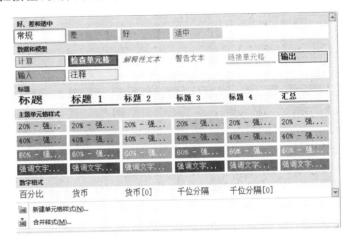

图 4-25 "单元格样式"界面

（2）表格格式

选择预套用格式的单元格区域,单击功能区的"开始"标签,在"样式"选项组中选择"套用表格格式"的下拉按钮,在弹出的如图 4-26 的界面中选择一种方案。

2．条件格式

条件格式可以根据单元格内容有选择地自动应用格式。它在很大程度上改进了电子表格的设计和可读性,允许指定多个条件(最多可设置 3 个)来确定单元格的行为,根据单元格的内容自动地应用格式。但只会应用一个条件所对应的格式,即按顺序测试条件,如果该单元格满足某条件,则应用相应的格式设置,而忽略其他条件。

（1）快速格式化

快速格式化即利用预置条件实现快速格式化。首先,选择需要设置条件格式的单元格区域,然后单击功能区的"开始"标签,在"样式"选项组中选择"条件格式"的下拉按钮,在弹出的如图 4-27 所示的下拉菜单中进行选择。

突出显示单元格规则:通过使用"大于""小于""等于"等比较运算符限定数据范围,对属于该数据范围内的单元格设定格式。

① 项目选取规则:可以将选定单元格区域中的前若干个最高值或后若干个最低值、高

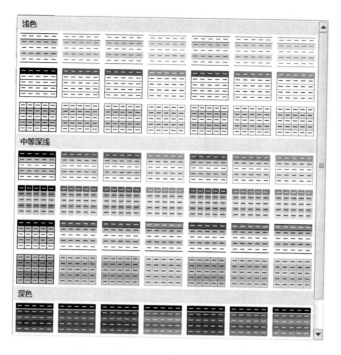

图 4-26 "套用表格格式"界面

图 4-27 "条件格式"下拉菜单

于或低于该区域平均值的单元格设定特殊格式。

② 数据条:数据条可快速直观地查看单元格间值的比较情况。

③ 色阶:通过使用多种颜色的渐变效果来直观地比较单元格区域中数据。

④ 图标集:对数据进行注释,每个图标代表一个值的范围。

(2) 高级格式化

高级格式化即利用对话框的详细设置满足用户自定义的格式化要求。在如图 4-27 所示的下拉菜单中选择管理规则,将弹出如图 4-28 所示的对话框进行设置。

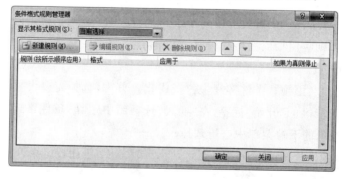

图 4-28 "条件格式规则管理器"对话框

单击"新建规则"按钮,将弹出如图 4-29 所示的对话框。首先,在"选择规则类型"列表框中选择一个规则类型,然后在"编辑规则说明"区中设定条件及格式,最后单击"确定"即可。规则建立好后,也可进行编辑和删除操作。

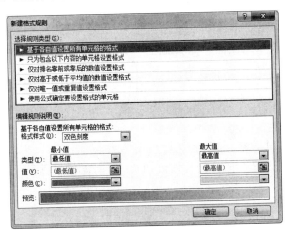

图 4-29 "新建格式规则"对话框

3. 主题

主题是一组格式集合,其中包括主题颜色、主题字体和主题效果等。通过应用文档主题,可以快速设定文档格式基调并使其看起来更加美观和专业。

选择预使用主题的单元格区域,单击功能区的"页面布局"标签,在"主题"选项组中选择"主题"的下拉按钮,在弹出的如图 4-30 所示的界面中选择一种方案。选择"主题"选项组中的颜色、字体、效果可根据需要自行设定。

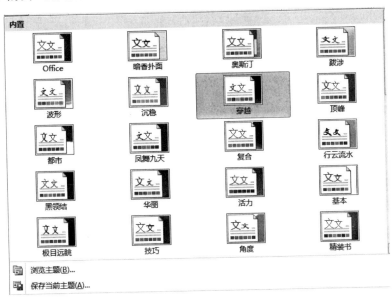

图 4-30 "主题"方案界面

[例 4-5] 继续例 4-4,在"销售业绩表"工作表中输入如表 4-2 所示的内容,并进行相关

的设置：

表 4-2　工作表—销售业绩表

员工编号	销售数量	员工编号	销售数量	员工编号	销售数量
XS0001	80	XS0007	80	XS0013	59
XS0002	75	XS0008	69	XS0014	71
XS0003	94	XS0009	92	XS0015	68
XS0004	65	XS0010	99	XS0016	76
XS0005	85	XS0011	86	XS0017	82
XS0006	76	XS0012	63	XS0018	50

（1）标题行高为 30 像素，每列的宽度均设置为 15。

（2）对销售数量低于 60 的标记为浅红色填充，销售数量排名前三名设置为绿填充色深绿色文本。

操作方法如下：

（1）鼠标移到第 1 行和第 2 行的分界线上，此时光标显示为双箭头的形状，拖动鼠标左键，随之会出现一个动态显示数值大小的框，当显示为"30 像素"时，松开左键即可。

（2）选择 A 至 B 列，在选择区域上单击右键，在弹出的快捷菜单中选择"列宽"命令，在弹出的"列宽"对话框的"列宽"框中输入"15"，单击"确定"按钮。

（3）选择 B2:B19 区域，然后单击功能区的"开始"标签，在"样式"选项组中选择"条件格式"的下拉按钮，在弹出的如图 4-27 所示的下拉菜单中进行选择"突出显示单元格规则"下的"小于"，打开如图 4-31 所示的对话框，并作如下设置。

（4）在"样式"选项组中选择"条件格式"的下拉按钮，在弹出的如图 4-27 所示的下拉菜单中进行选择"项目选取规则"下的"值最大的 10 项"，打开如图 4-32 所示的对话框，并作如下设置。

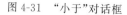

图 4-31　"小于"对话框

图 4-32　"10 个最大的项"对话框

最后结果如图 4-33 所示。

［例 4-6］　继续例 4-5，在工作表"考勤记录表"中输入如图 4-34 所示的内容并进行相关的设置：

（1）套用表格格式，设定为表样式中等深浅 6。

（2）设定主题为活力。

操作方法如下：

（1）选择 A1:G19 区域，然后单击功能区的"开始"标签，在"样式"选项组中选择"套用表格格式"的下拉按钮，在弹出的方案界面中选择"表样式中等深浅 6"方案。

（2）单击功能区的"页面布局"标签，在"主题"选项组中选择"主题"的下拉按钮，在弹出的如图 4-30 所示的界面中选择"活力"方案。

最后结果如图 4-35 所示。

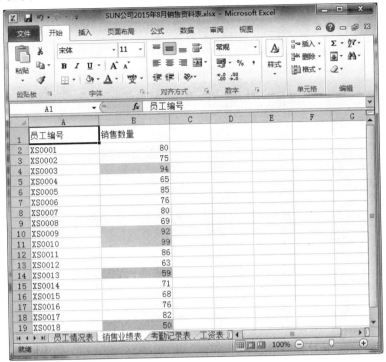

图 4-33　操作后的界面

图 4-34　工作表-考勤记录表

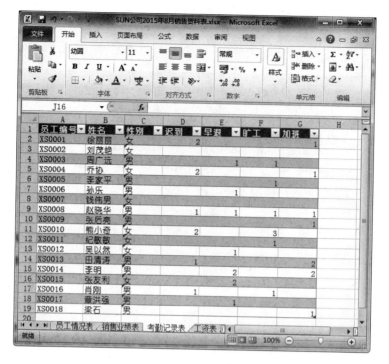

图 4-35 操作后的界面

4.5 公式与函数的使用

4.5.1 公式的基本操作

1. 公式的定义

在 Excel 中,若要在单元格中输入公式应以"＝"开头,接着可以是各种运算符、常量、单元格引用或者函数。公式有数值、逻辑、字符三种类型。在公式中所输入的运算符都必须是西文的半角字符。

单元格中显示的是公式的计算结果,编辑栏的编辑框显示的是公式。按快捷键"Ctrl＋"可在公式和计算结果间切换。

当在输入公式或函数有错误时,系统会给出一些提示信息,常见的如表 4-3 所示。

表 4-3 出错信息

# # #	公式产生的结果太大,单元格容纳不下
# NUM!	函数中使用了非法数字参数
# N/A	公式中无可用的数值、缺少函数参数
# NULL!	使用了不正确的区域运算、不正确的单元格引用
# NAME?	函数名拼写错误、引用了错误的单元格地址、单元格区域
# VALUE	公式中数据类型不匹配
# DIV/0	除数为 0
# REF!	引用了一个所在列、行已被除的单元格

2．公式的输入与编辑

输入公式时,单击要运用公式的单元格,首先以等号开头,接着可以是常量、运算符、函数或单元格的引用,最后按回车键确认。

编辑公式时,双击公式所在单元格,在单元格或编辑栏内皆可进行编辑,最后按回车键确认。

3．公式的复制与填充

输入到单元格中的公式,可以像普通数据一样,通过拖动单元格右下角的填充柄进行公式的复制填充,此时自动填充的实际上是复制公式,而不是数据本身,填充时公式中对单元格的引用采用的是相对引用。

4.5.2　运算符

1．算术运算符

算术运算符优先级按表中递减,优先级相同的,按从左向右结合,如表 4-4 所示。

表 4-4　算术运算符

优先级	符号	功能	示例
1	百分号 ％	百分比	$50\%=0.5$
2	脱字号 ^	乘方	$3^2=9$
3	星号 ＊	乘法	$2*8=16$
	正斜号 /	除法	$7/2=3.5$
4	加号 ＋	加法	$1+9=10$
	减号 －	减法	$5-2=3$

2．比较运算符

使用比较运算符可以对数字型、文字型、日期型的数据进行大小比较。当比较的结果成立时,其值为 True,否则为 False。比较运算符优先级相同,按从左向右结合,如表4-5 所示。(设 A2 内容为 3,C3 内容为 9)

表 4-5　比较运算符

优先级	符号	功能	示例	
1	等号 ＝	等于	A2＝C3	False
	大于号 ＞	大于	A2＞C3	False
	大于等于号 ＞＝	大于等于	A2＞＝C3	False
	小于号 ＜	小于	A2＜C3	True
	小于等于号 ＜＝	小于等于	A2＜＝C3	True
	不等号 ＜＞	不等于	A2＜＞C3	True

3．文本连接运算符

＆,用它可以将不同的文本连接成新的文本。例如:在 C5 单元格输入"大",在 D8 单元格输入"学",在 A3 单元格输入"＝C5＆D8",回车后 A3 单元格中的内容为"大学"。

引用运算符优先级相同,按从左向右结合。

4.引用运算符

引用运算符优先级相同,按从左向右结合,如表 4-6 所示。

表 4-6　引用运算符

优先级	符号	功能	示例
1	冒号:	生成对两个引用之间的所有单元格的引用	A2:C7 表示以 A2 单元格和 C7 单元格为对角的一片连续矩形区域
	逗号,	将多个引用合并为一个引用	A4:B8,C2:E3 相当于 A4:B8 和 C2:E3 两片单元格区域
	空格	生成对两个引用共同的单元格的引用	D2:F5 B4:D5 相当于 D4:D5

以上运算符的优先级如表 4-7 所示。

表 4-7　优先级

优先级	运算符	优先级	运算符
1	:	5	—
	,	6	&
	空格		=
2	%		>
3	-		<
4	*	7	>=
4	/		<=
5	+		<>

优先级相同的,按从左向右结合。

4.5.3　引用单元格

在公式中很少输入常量,最常用到的就是引用单元格,单元格的引用方式分为以下几类。

1.相对引用

相对引用的地址是单元格的相对位置。当公式所在单元格的地址发生变化时,公式中引用的单元格的地址也随之发生变化。

2.绝对引用

绝对引用的地址是单元格的绝对位置。它不随单元格地址的变化而变化。绝对引用的地址是在单元格的行号和列标前面加上"＄"。

3.混合引用

混合引用是指行和列采用不同的引用方式。例如＄C9:E＄4,当要引用其他工作表的单元格时应使用"!",例如在 Sheet2 中引用 Sheet1 中的 C9 单元格,则应写成"Sheet1!C9"。如果是引用其他工作簿中的工作表,则需在最前面加上工作簿的名称。

4.单元格区域命名

(1)快速定义名称:选择单元格区域,再单击编辑栏左端的名称框,输入名称,以后在公式中可直接使用。

（2）将现有行或列标题转换为名称：首先选择要命名的区域，必须包括行或列标题，然后单击功能区的"公式"标签，在"定义的名称"选项组中选择"根据所选内容创建"命令，将弹出如图 4-36 所示的对话框进行设置。

（3）使用新名称对话框定义名称：单击功能区的"公式"标签，在"定义的名称"选项组中选择"定义名称"，将弹出如图 4-37 所示的对话框进行设置。

图 4-36 "以选定区域创建名称"对话框

图 4-37 "新建名称"对话框

[**例 4-7**] 继续例 4-6，计算每名员工的收入提成，收入提成等于销售数量乘以单价。

操作方法如下：

（1）选择"销售业绩表"工作表。

（2）首先，在 C1 中输入"收入提成"，在 D1 中输入"100"，然后选择 C2 单元格，在其中输入"＝B2＊＄D＄1"，单击"Enter"键确认。

（3）将鼠标指向 C2 单元格的填充柄，拖动鼠标左键至 C19，实现公式的复制。

最后结果如图 4-38 所示。

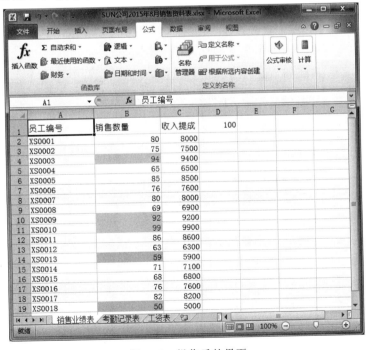

图 4-38 操作后的界面

思考：若在 C2 单元格输入＝B2＊D1，或＝B2＊D$1，或＝B2＊$D1，结果会怎么样？

4.5.4 插入函数

1. 常用函数

函数是一类特殊的、系统预编辑好的公式。主要用于处理简单的四则运算不能处理的算法，是为解决那些复杂计算需求而提供的一种预置算法。表 4-8 列举出了一些常用的函数。

表 4-8 常用函数

函数名	功能
SUM	计算机单元格区域中所有数值的和
SUMIF	对指定单元格区域中符合指定条件的值求和
SUMIFS	对指定单元格区域中满足多个条件的单元格求和
VLOOKUP	搜索表区域首列满足条件的元素，确定待检索单元格在区域中的行序号，再进一步返回选定单元格的值
AVERAGE	返回其参数的算术平均值
AVERAGEIF	对指定区域中满足给定条件的所有单元格中的数值求算术平均值
AVERAGEIFS	对指定区域中满足多个条件的所有单元格中的数值求算术平均值
MID	从文本字符串中的指定位置开始返回特定个数的字符
ROUND	将指定数值按指定的位数进行四舍五入
INT	将数值向下舍入到最接近的整数
MAX	返回一组数值中的最大值，忽略逻辑值及文本
MIN	返回一组数值中的最小值，忽略逻辑值及文本
COUNT	计算包含数字的单元格以及参数列表中的数字的个数
IF	判断一个条件是否满足，如果满足返回一个值，如果不满足则返回另一个值
SIN	返回给定角度的正弦值
RANK	返回某数字在一列数字中相对于其他数值的大小排位

函数的一般形式为：

函数名：(参数 1,[参数 2],…)

括号中的参数可以有多个，用逗号分隔，方括号里的为可选参数，而没有方括号的为必选参数，也存在无参函数。函数中的参数可以是常量、单元格区域、数组、公式等。

2. 函数的输入

(1) 键盘直接输入：选择存放结果的单元格，在其中先输入"＝"，然后输入函数名及相关参数。

(2) 使用"插入函数"对话框：选择存放结果的单元格，然后单击功能区的"公式"的标签,在"函数库"选项组中选择"插入函数"命令,将弹出如图 4-39 所示的对话框进行设置。

[例 4-8]　继续例 4-7,完成工资表的创建。

操作方法如下:

(1)员工编号。将员工情况表中的员工编号复制到相关区域。

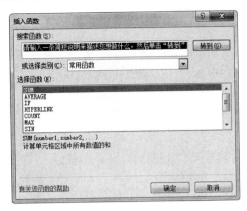

(2)姓名。在 B2 单元格输入＝VLOOKUP(A2,员工情况表!＄A＄3:＄F＄20,2,TRUE),将鼠标指向 B2 单元格的填充柄,拖动至 B19,实现公式的复制。

(3)基本工资。根据员工情况表中的学历情况,专科 1000,本科 2000,硕士 3000,博士 4000。在 C2 单元格输入＝IF(员工情况表!D3＝"专科",1000,IF(员工情况表!D3＝"本

图 4-39　"插入函数"对话框

科",2000,IF(员工情况表!D3＝"硕士",3000,4000))),将鼠标指向 C2 单元格的填充柄,拖动至 C19,实现公式的复制。

(4)收入提成。将销售业绩表中的收入提成复制到相关区域。(粘贴值即可)

(5)住房补助。根据员工情况表中的员工等级情况,1 级 100,2 级 200,3 级 300。在 E2 单元格输入＝MID(员工情况表!E3,1,1)＊100,将鼠标指向 E2 单元格的填充柄,拖动至 E19,实现公式的复制。

(6)出勤费。根据考勤记录表中的员工出勤情况,迟到和早退扣 30,旷工扣 200,加班加 100。在 F2 单元格输入＝-((考勤记录表!D9＋考勤记录表!E9)＊30＋考勤记录表!F9＊200)＋考勤记录表!G9＊100,将鼠标指向 F2 单元格的填充柄,拖动至 F19,实现公式的复制。

(7)应发工资。选择 G2 单元格,通过插入函数对话框,作如图 4-40 所示的设置。然后将鼠标指向 G2 单元格的填充柄,拖动至 G19,实现公式的复制。

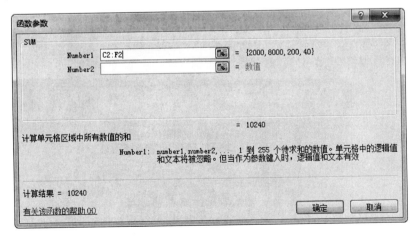

图 4-40　函数参数

最后结果如图 4-41 所示。

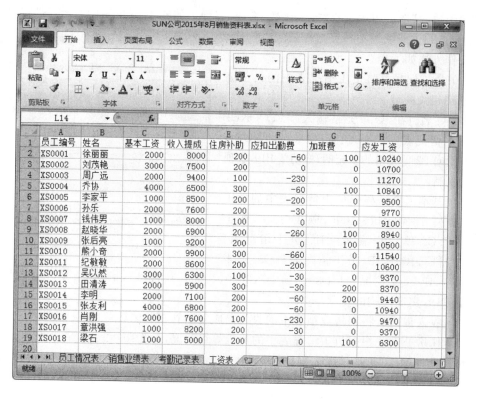

图 4-41　操作后的界面

4.6　图　　表

4.6.1　Excel 图表结构

图表是将单元格中的数据以各种统计图表的形式显示出来。在创建图表前，我们先来认识一下图表的结构。图表由许多部分组成，每一部分就是一个图表项，如图表区、绘图区、标题、坐标轴、数据系列、图例等，如图 4-42 所示。

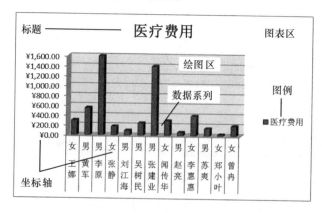

图 4-42　图表结构

4.6.2 Excel 图表类型

1. 常用图表

利用 Excel 2010 可以创建各种类型的图表,帮助我们以多种方式表示工作表中的数据,如图 4-43 所示。常用各图表类型的作用如下,其他图表中包括股价图、曲面图、圆环图、气泡图和雷达图。

柱形图:用于显示一段时间内的数据变化或显示各项之间的比较情况。在柱形图中,通常沿水平轴组织类别,而沿垂直轴组织数值。

图 4-43 常用图表

折线图:可显示随时间而变化的连续数据,非常适用于显示在相等时间间隔下数据的趋势。在折线图中,类别数据沿水平轴均匀分布,所有值数据沿垂直轴均匀分布。

饼图:显示一个数据系列中各项的大小与各项总和的比例。饼图中的数据点显示为整个饼图的百分比。

条形图:显示各个项目之间的比较情况。

面积图:强调数量随时间而变化的程度,也可用于引起人们对总值趋势的注意。

散点图:显示若干数据系列中各数值之间的关系,或者将两组数绘制为 xy 坐标的一个系列。

对于大多数 Excel 图表,如柱形图和条形图,可以将工作表的行或列中排列的数据绘制在图表中,而有些图形类型,如饼图和气泡图,则需要特定的数据排列方式。

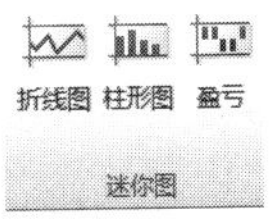

图 4-44 迷你图

2. 迷你图

由于分析数据时,常常用图表的形式来直观展示,有时图线过多,容易出现重叠,现在可以在单元格中插入迷你图来更清楚地展示。迷你图是 Excel 2010 中的一个新功能,如图 4-44 所示。它是插入到工作表单元格中的微型图表,因此,可以在单元格中输入文本并使用迷你图作为其背景。

4.6.3 创建图表

Excel 中的图表主要有两种:嵌入图表和独立图表。前者是把创建图表的数据源放置在同一张工作表上,打印时同时打印。后者是一张独立的图表工作表,打印时与数据表分开打印。

默认情况下,图表作为嵌入的形式放在包含数据的工作表上。如果要创建独立图表,可以更改其位置,单独放在一个空工作表中。

[**例 4-9**] 继续例 4-8,为每位员工工资创建一个"堆积柱形图"的独立图表。

操作方法如下:

(1)选择数据区域 A1:G19,然后单击功能区的"插入"标签,在"图表"选项组中选择"柱形图",将弹出如图 4-45 所示的柱形图子类型界面进行选择。

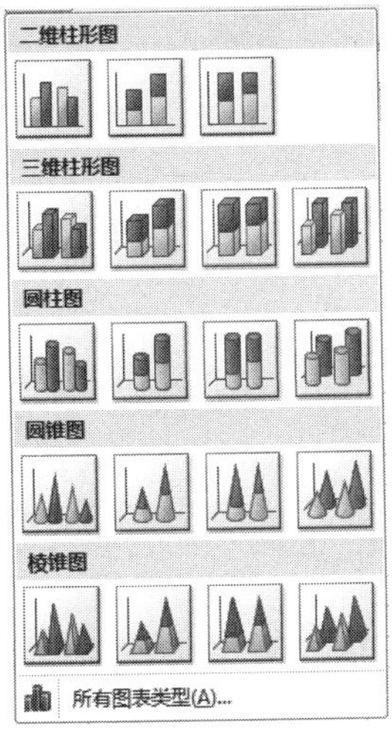

图 4-45 柱形图子类型

（2）在界面中选择"堆积柱形图"，将创建一个嵌入图表，如图4-46所示。

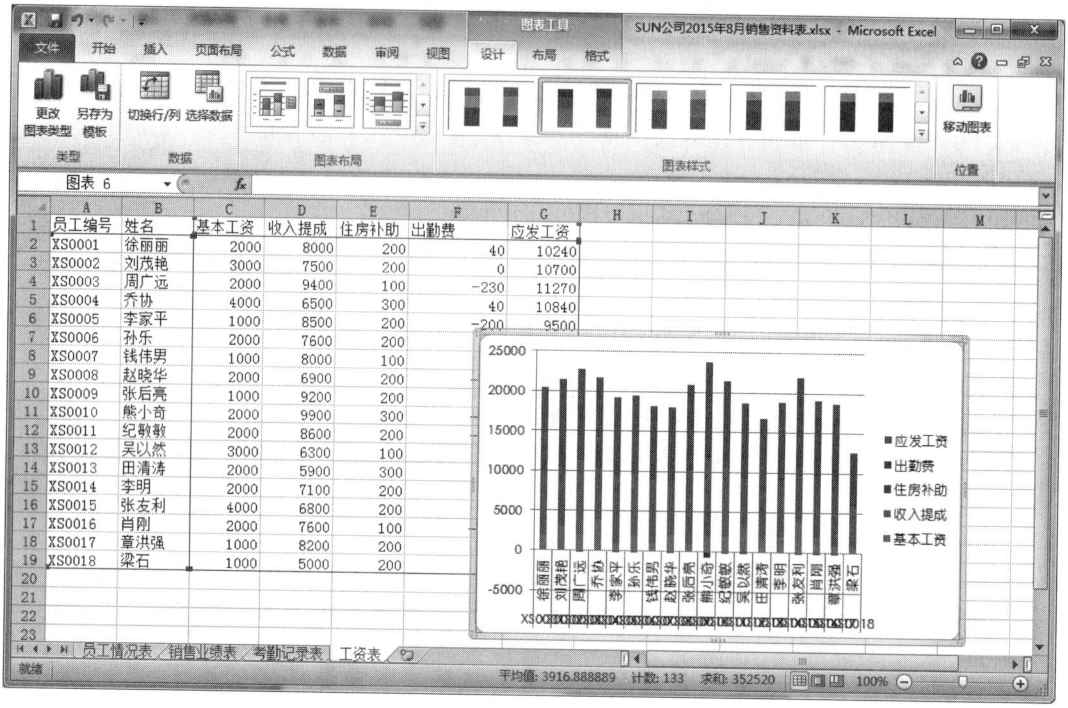

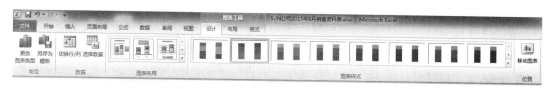

图4-46　嵌入图表

（3）单击图表区中的任意位置，以将其激活，此时功能区将会显示"图表工具"下的"设计""布局"和"格式"标签，如图4-47所示。

图4-47　图表工具选项卡

（4）选择位置组框中的移动图表命令，打开移动图表对话框，并作如图4-48所示的设置。

图4-48　移动图表对话框

最后结果如图4-49所示。

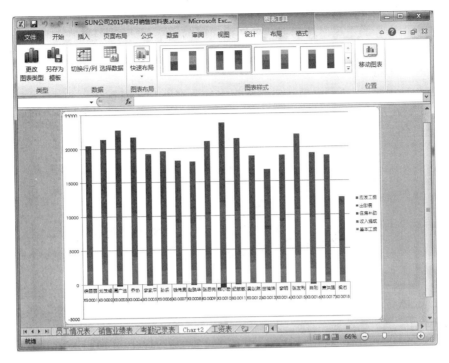

图 4-49 操作后的界面

4.6.4 编辑图表

图表创建后,我们还可以根据需要进一步对其进行修改,使其更加美观和丰富。通过图表工具中的设计、布局和格式标签进行设置,编辑图表主要包括如下功能。

1. 更改图表类型

已创建的图表可以根据需要更改图表的类型,但要注意更变后的图表类型要支持所基于的数据,否则系统可能会报错。

单击图表区中的任意位置,以将其激活,然后单击功能区的"图表工具"下的"设计"标签,在"类型"选项组中选择"更改图表类型"命令,将弹出如图 4-50 所示的对话框进行选择。

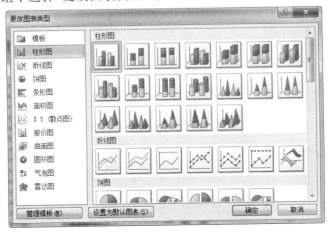

图 4-50 更改图表类型对话框

2. 修改图表数据

工作表中选择的数据区域和创建的图表之间的关系是动态一致的。即当修改了工作表中的数据时,图表也会随着发生相应的改变;反之,当修改了图表中的图形时,工作表中的数据也会随着发生相应的改变。

图表一旦创建后,还可根据需要对图表中的数据系列进行编辑。单击图表区中的任意位置,以将其激活,然后单击功能区的"图表工具"下的"设计"标签,在"数据"选项组中选择"选择数据"命令,将弹出如图 4-51 所示的对话框进行设置,包括添加、编辑和删除系列。

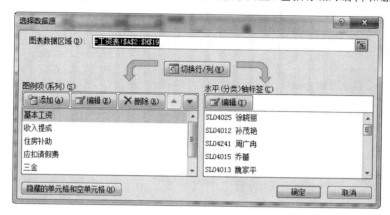

图 4-51 "选择数据源"对话框

3. 设置图表布局和样式

创建图表后,可以为图表应用预定义布局和样式以快速更改它的外观。必要时还可以根据需要通过手动更改各个图表元素的布局和格式。

(1)图表布局

单击图表区中的任意位置,以将其激活,然后单击功能区的"图表工具"下的"设计"标签,在"图表布局"选项组中选择下拉按钮,将弹出如图 4-52 所示的界面进行选择。

(2)图表样式

单击图表区中的任意位置,以将其激活,然后单击功能区的"图表工具"下的"设计"标签,在"图表样式"选项组中选择下拉按钮,将弹出如图 4-53 所示的界面进行选择。

(3)形状样式

单击图表区中的任意位置,以将其激活,然后单击功能区的"图表工具"下的"格式"标签,在"形状样式"选项组中选择下拉按钮,将弹出如图 4-54 所示的界面进行选择。

图 4-52 "图表布局"界面

(4)艺术字样式

单击图表区中的任意位置,以将其激活,然后单击功能区的"图表工具"下的"格式"标签,在"艺术字样式"选项组中选择下拉按钮,将弹出如图 4-55 所示的界面进行选择。

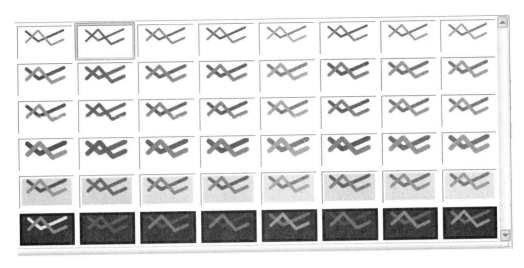

图 4-53　"图表样式"界面

4．添加标签

创建图表后,为了快速直接地标识图表中的某些组成部分,可以为其设置包括图表标题、坐标轴标题、图例、数据标签等。

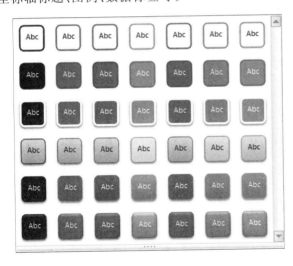

图 4-54　"形状样式"界面

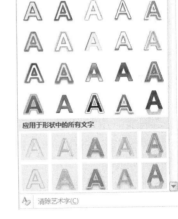

图 4-55　"艺术字样式"界面

（1）图表标题

单击图表区中的任意位置,以将其激活,然后单击功能区的"图表工具"下的"布局"标签,在"标签"选项组中选择"图表标题"的下拉按钮,将弹出如图 4-56 所示的界面进行选择。

（2）坐标轴标题

单击图表区中的任意位置,以将其激活,然后单击功能区的"图表工具"下的"布局"标签,在"标签"选项组中选择"坐标轴标题"的下拉按钮,将弹出如图 4-57 所示的界面进行选择。

图 4-56　"图表标题"界面

（3）图例

单击图表区中的任意位置，以将其激活，然后单击功能区的"图表工具"下的"布局"标签，在"标签"选项组中选择"图例"的下拉按钮，将弹出如图 4-58 所示的界面进行选择。

（4）数据标签

单击图表区中的任意位置，以将其激活，然后单击功能区的"图表工具"下的"布局"标签，在"标签"选项组中选择"数据标签"的下拉按钮，将弹出如图 4-59 所示的界面进行选择。

图 4-57 "坐标轴标题"界面

图 4-58 "图例"界面

图 4-59 "数据标签"界面

5．设置坐标轴

（1）坐标轴

单击图表区中的任意位置，以将其激活，然后单击功能区的"图表工具"下的"布局"标签，在"坐标轴"选项组中选择"坐标轴"的下拉按钮，将弹出如图 4-60 所示的界面进行选择。

（2）网格线

单击图表区中的任意位置，以将其激活，然后单击功能区的"图表工具"下的"布局"标签，在"网格线"选项组中选择"网格线"的下拉按钮，将弹出如图 4-61 所示的界面进行选择。

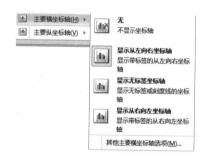

图 4-60 "坐标轴"界面

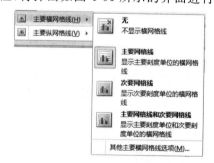

图 4-61 "网格线"界面

6. 修改背景

为了丰富图表的显示，满足用户的需求，我们可以对图表进行图案、字体、内容等方面的格式化设置，主要有图表区和绘图区两方面。

（1）绘图区

在绘图区上单击右键，在弹出的快捷菜单中选择"设置绘图区格式"，将弹出如图 4-62 所示的对话框，可进行绘图区的填充、边框颜色样式、阴影等的设置。

（2）图表区

在图表区上右击，在弹出的快捷菜单中选择"设置图表区域格式"，将弹出如图 4-63 所示的对话框，可进行图表区的填充、边框颜色样式、阴影等的设置。

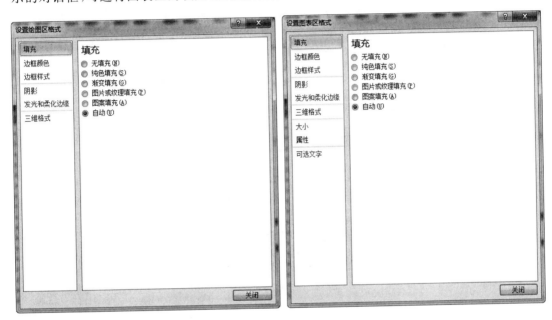

图 4-62　"设置绘图区格式"对话框　　　　图 4-63　"设置图表区格式"对话框

[例 4-10]　继续例 4-9，为创建的嵌入式图表添加一个在上方显示的标题，内容为"工资表"，要求图例在底部显示，修改之前的图表类型为"堆积条形图"，删除"出勤费"系列，调整图表布局为"布局 3"，图表样式为"样式 10"，图表区的阴影为预设内部居中。

操作方法如下：

（1）单击图表区中的任意位置，以将其激活，然后单击功能区的"图表工具"下的"布局"标签，在"标签"选项组中选择"图表标题"的下拉按钮，将弹出如图 4-56 所示的界面，选择"图表上方"。

（2）这时在图表中会添加一个"图表标题"文本框，编辑里面的内容为"工资表"。

（3）接着在"标签"选项组中选择"图例"的下拉按钮，将弹出如图 4-58 所示的界面，选择"在底部显示图例"。

（4）然后单击功能区的"图表工具"下的"设计"标签，在"类型"选项组中选择"更改图表类型"命令，将弹出如图 4-50 所示的对话框中选择"条形图"下的"堆积条形图"。

（5）在图表中单击"出勤费"系列,然后按下键盘上的 Del 键即可。

（6）单击功能区的"图表工具"下的"设计"标签,在"图表布局"选项组中选择下拉按钮,将弹出如图 4-52 所示的界面,选择"布局 3"。

（7）单击功能区的"图表工具"下的"设计"标签,在"图表样式"选项组中选择下拉按钮,将弹出如图 4-53 所示的界面,选择"样式 10"。

（8）在图表区上右击,在弹出的快捷菜单中选择"设置图表区域格式",将弹出如图 4-63 所示的对话框,选择阴影标签,在右侧的界面中选择预设的下拉按钮,在弹出的界面中选择"内部居中"。

最后结果如图 4-64 所示。

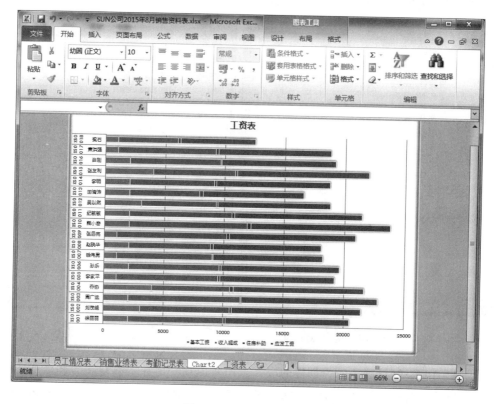

图 4-64　操作后的界面

4.7　数据管理与分析

4.7.1　排序

排序就是根据工作表内容中的一列或几列数据的大小,对各个记录进行重新排列顺序。排序分为升序和降序。可进行排序的数据类型有数值类型、文本类型、逻辑类型和日期和时间类型。

1. 简单排序

它只按一个关键字段排序。方法是选择要排序的列中的任意单元格,然后单击功能区的"开始"标签,在"编辑"选项组中选择"排序和筛选"的下拉按钮,在弹出的下拉菜单中选择"升序"或"降序"命令进行记录的快速排序。

也可单击功能区的"数据"的标签,在"排序和筛选"选项组中单击 ↓↓("升序")按钮或 ↓↓("降序")按钮进行记录的排序。

2. 复杂排序

它按若干个关键字段排序,可以利用对话框操作方法来解决,单击功能区的"数据"标签,在"排序和筛选"选项组中单击"排序"按钮,在弹出的对话框中进行记录的排序。

还可通过下面这个例题中介绍的方法进行复杂排序。

[**例 4-11**]   继续例 4-10,将员工情况表按"员工等级"进行降序,若"员工等级"相同,再按"性别"笔划升序,若"性别"相同,则按"员工编号"升序。

操作方法如下:

(1)激活员工情况表,选择数据区域 A2:F20。

(2)然后单击功能区的"开始"标签,在"编辑"选项组中选择"排序和筛选"的下拉按钮,在弹出的下拉菜单中选择"自定义排序",在弹出的"排序"对话框中,作出如图 4-65 所示的设置。

(3)其中多个关键字通过"添加条件"按钮实现。并且在设置"性别"关键字时,需单击上方的"选项"按钮,将弹出如图 4-66 所示的"排序选项"对话框,然后在"方法"框中选择"笔画排序"。

图 4-65 "排序"对话框

图 4-66 "排序选项"对话框

(4)最后单击"确定"按钮。

最后结果如图 4-67 所示。

4.7.2 筛选

使用筛选命令可以只显示满足指定条件的那些记录,不满足条件的记录暂时隐藏起来。它具有查找的功能。这对于一个大型的数据库而言,此功能是很有用的。系统提供了"自动筛选"和"高级筛选"两种。下面这个例题是进行"自动筛选","高级筛选"将在实验指导书中进行详细介绍。

图 4-67 操作后的界面

单击功能区的"数据"的标签,在"排序和筛选"选项组中单击筛选按钮,此时在每个标题列右侧多了一个下拉按钮。还可通过下面这个例题中介绍的方法进行筛选。

[例 4-12] 继续例 4-11,在员工情况表中找出学历为本科的女员工的记录。

操作方法如下:

(1) 激活员工情况表,选择数据区域 A2:F20。

(2) 然后单击功能区的"开始"标签,在"编辑"选项组中选择"排序和筛选"的下拉按钮,在弹出的下拉菜单中选择"筛选"。

(3) 单击"学历"列旁边的下拉按钮,将弹出如图 4-68 所示的界面,并作相应的设置,然后单击"确定"按钮。

(4) 此时工作表中只显示本科的员工情况,继续筛选女职工。方法同上。

最后结果如图 4-69 所示。

4.7.3 分类汇总

分类汇总就是把某一个关键字段的相同数据汇总在一起。使用分类汇总命令之前,应对关键字段进行排序,使关键字段相同的数据记录可以连续访问。

当工作表套用表格格式时会创建列表,这时是不能对列表进行分类汇总的,可先把列表转化为普通的数据区域，然后就可以进行分类汇总了。

图 4-68　筛选界面

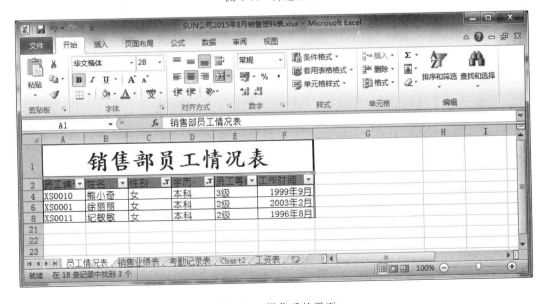

图 4-69　操作后的界面

[例 4-13]　继续例 4-12,按性别进行分类,并分别统计女员工和男员工的出勤情况总和。

操作方法如下:

(1) 激活考勤记录表,选择参与分类汇总的数据区域 A1:G19。

(2) 在选择区域的任意位置上单击右键,在弹出的快捷菜单中选择"表格"下的"转换为区域"命令,在弹出的对话框中单击"确定"即可。

(3) 按性别进行排序,方法参照排序章节里介绍的内容,升序、降序皆可。

(4) 单击功能区的"数据"的标签,在"分组显示"选项组中单击"分类汇总"命令,在弹出的"分类汇总"对话框中,作出如图 4-70 所示的设置,然后单击"确定"按钮。

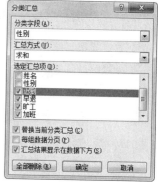

图 4-70　"分类汇总"对话框

最后结果如图 4-71 所示。

在图 4-71 所示的窗口中分别单击"1""2""3"按钮,将分别显示"一级分类汇总结果""二级分类汇总结果""三级分类汇总结果"。

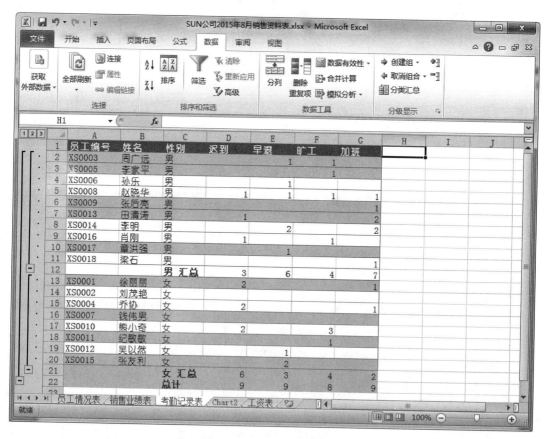

图 4-71　操作后的结果

4.7.4 数据透视表

数据透视表的功能,就是将排序、筛选和分类汇总三个过程结合在一起,对表格中的数据或来自于外部数据库的数据进行重新组织生成新的表格,使人们从不同的角度观察到有用的信息。由于数据透视表是对数据进行分析的,因此数据透视表中的数据是只读的。

[例 4-14] 继续例 4-13,在员工情况表中利用数据透视表统计各种学历、性别分布情况。

操作方法如下:

(1) 激活员工情况表,单击功能区的"数据"标签,在"排序和筛选"选项组中单击"筛选"按钮,此时将取消之前的筛选。

(2) 选择数据源 A2:F20 单元格区域。

(3) 单击功能区的"插入"标签,在"表格"选项组中选择"数据库透视表",将弹出如图 4-72 所示的对话框。

(4) 单击"确定"按钮,此时将创建一个新的工作表,在窗口的右侧"选择要添加到报表的字段"框中勾选"性别"和"学历"。

图 4-72 "创建数据透视表"对话框

(5) 然后将"性别"字段拖动到"列标签"中,将"学历"字段分别拖动到"行标签"和"数值"区域。

最后结果如图 4-73 所示。

图 4-73 操作后的界面

4.7.5 合并计算

合并计算是指可以通过合并计算的方法来汇总一个或多个源区中的数据。Excel 提供了两种合并计算的方法,一是通过位置,相同位置的数据进行汇总。二是通过分类,当没有相同的布局时,则采用分类方式进行汇总。

[例 4-15] 继续例 4-14,将"销售业绩表"改为"8 月销售业绩表",再添加"7 月销售业绩表""9 月销售业绩表"和"第三季度销售业绩表"。其中 7 月和 9 月的销售业绩表内容添加如表 4-9、表 4-10 所示。

表 4-9 工作表—7 月销售业绩表

员工编号	销售数量	员工编号	销售数量	员工编号	销售数量
XS0001	82	XS0007	92	XS0013	76
XS0002	75	XS0008	99	XS0014	86
XS0003	99	XS0009	71	XS0015	63
XS0004	65	XS0010	68	XS0016	82
XS0005	65	XS0011	50	XS0017	80
XS0006	26	XS0012	34	XS0018	69

表 4-10 工作表—9 月销售业绩表

员工编号	销售数量	员工编号	销售数量	员工编号	销售数量
XS0001	70	XS0007	23	XS0013	38
XS0002	72	XS0008	76	XS0014	21
XS0003	104	XS0009	55	XS0015	56
XS0004	35	XS0010	88	XS0016	54
XS0005	88	XS0011	12	XS0017	23
XS0006	34	XS0012	67	XS0018	77

操作方法如下:

(1) 根据前面章节介绍的内容进行重命名工作表、插入工作表和编辑工作表的操作。

(2) 选择"第三季度销售业绩表"中的 A1:B19 区域。

(3) 单击功能区的"数据"标签,在"数据工具"选项组中选择"合并计算",将弹出如图 4-74 所示的对话框。引用位置中选择 7 月、8 月、9 月相应的单元格区域,并添加进来,如图 4-74 中"所有引用位置"框中的所示,单击"确定"按钮。

(4) 在工作表中添加员工信息和表头信息。

最后结果如图 4-75 所示。

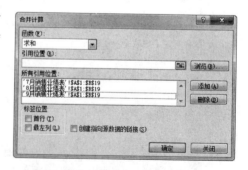

图 4-74 "合并计算"对话框

图 4-75　操作后的界面

4.8　打　印

4.8.1　设置打印区域

1. 打印区域

在默认情况下,执行"打印"命令,会打印当前工作表中所有非空单元格中的内容。有时,我们可能仅仅需要打印当前 Excel 工作表中的一部分内容,而非所有内容。此时,可以为当前 Excel 工作表设置打印区域,具体操作方法如下。

(1) 在工作表中选择要打印的区域。

(2) 单击功能区的"页面布局"标签,在"页面设置"选项组中选择"打印区域"旁的下拉按钮,选择"设置打印区域"。

此打印区域一直有效,若要改变打印区域时,选择"取消打印区域"命令即可。

还可单击功能区的"视图"标签,在"工作簿视图"选项组中选择"分页预览",此时屏幕显示"分页预览"视图,系统默认的打印区域用蓝色边框包围。将鼠标移到边框上拖动时,可对打印区域进行调整。

2. 分页

如果用户要打印的工作表很大时,不但长度超过一页,而且宽度也超过纸张的宽度,系统自动在水平方向和垂直方向插入分页符,显示为一条虚线,表示工作表从这条线的位置自动分页。但有时用户并不想用这种固定的分页方式,而是希望某些行(或某些列)放在新的一页,这就需要采用人工分页方法。

(1) 插入水平或垂直分页符。选择要另起一页的行或列,单击功能区的"页面布局"标签,在"页面设置"选项组中选择"分隔符"旁的下拉按钮,选择"插入分隔符"命令,则在该行或列的上端或左端产生一条虚线,打印时将会按要求另起一页。

(2) 删除水平或垂直分页符。选择虚线的下一行或右一列中的任意单元格,单击功能区的"页面布局"标签,在"页面设置"选项组中选择"分隔符"旁的下拉按钮,选择"删除分隔符",则将取消之前设置的人工分页。

若选择整个工作表,单击功能区的"页面布局"标签,在"页面设置"选项组中选择"分隔符"旁的下拉按钮,选择"重设所有分页符",可以删除所有人工插入的分页符。

4.8.2 页面设置

打印报表之前,我们可以通过如图 4-76 所示的"页面布局"标签下的"页面设置"选项组中的相关按钮进行操作,设置纸张的大小、起始页码、打印方向、页边距、打印顺序、页眉和页脚等。

图 4-76 "页面设置"选项组

还可通过"页面设置"对话框,对它们进行更加精确的设置,下面通过例题进行说明。

[**例 4-16**] 继续例 4-15,设置文档起始页码为"5",纸张大小为"A3",页边距上、下、左、右各设置为"2",页脚中文本设置为"科技学院",页面打印"行号列标"。

操作方法如下:

(1) 选择图 4-76 中右下角的 ![按钮] 按钮,将弹出如图 4-77 所示的对话框,在"页面"选项卡中,将纸张大小设置为"A3",起始页码设置为"5"。

(2) 单击"页边距"选项卡,将上、下、左、右页边距都设置为"2",如图 4-78 所示。

(3) 单击"页眉/页脚"选项卡,然后单击"自定义页脚",在"中"文本框中输入:"科技学院",如图 4-79 所示。

(4) 单击"工作表"选项卡,在"打印"组框中选择"行号列标",如图 4-80 所示。

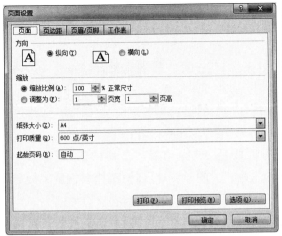

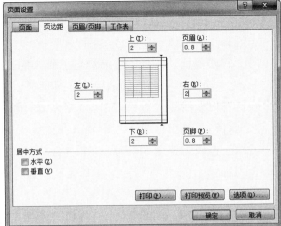

图 4-77 "页面设置"对话框之"页面"选项卡　　图 4-78 "页面设置"对话框之"页边距"选项卡

图 4-79 "页面设置"对话框之"页眉/页脚"选项卡

图 4-80 "页面设置"对话框之"工作表"选项卡

4.8.3 预览与打印

1. 打印预览

打印预览是在打印之前浏览工作表的打印效果,以便于对打印格式和内容的进一步调整,避免造成纸张和时间的浪费。可通过以下方法打开"打印预览"功能。

首先激活需进行打印预览的工作表,单击功能区的"文件"的标签下的"打印"命令,将进入到打印预览窗口。

当报表太宽或太长时,系统会自动在水平方向或垂直方向分页。这样的话,除了第一页,其他页上都没有行标题或列标题。通过进行一些相关的设置,可以使其他页也显示指定的信息,方便报表的查看。

[例 4-17] 继续例 4-16,将销售业绩表中每行的行高增加至 60 像素,打印预览后发现该报表在垂直方向超出了范围,设置顶端标题行,使每页都能输出指定的内容,增加其可读性。

操作方法如下:

(1)打开"页面设置"对话框,在弹出的对话框中单击"工作表"选项卡,在"顶端标题行"输入"$1:$1",如图 4-81 所示。

图 4-81 "页面设置"对话框

(2)最后单击"确定"按钮即可。

当工作表太宽,可通过"页面设置"对话框中将打印方向设置为"横向",打印预览后,若发现还是会超过纸张的宽度,可采用设置左端标题列的方法,使报表中的每页都显示指定的内容。

2. 打印

当页面设置好或使用系统默认的设置后,需要将工作表内的文字和图片等可见数据,通过打印机输出时,可通过以下方法进行。

首先激活需进行打印的工作表,单击功能区的"文件"的标签下的"打印"命令,将进入到如图 4-82 所示的窗口,可对打印份数、打印范围、纸张大小、打印方向、缩放比例等进行设置,最后单击"打印"按钮。

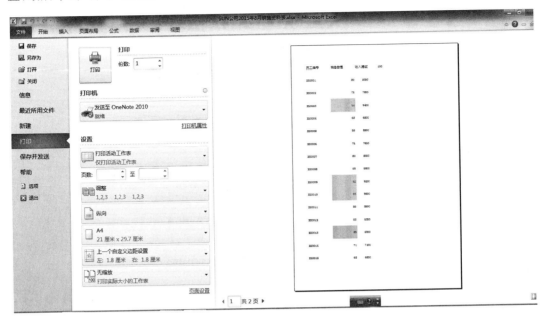

图 4-82 "打印"窗口

本 章 小 结

(1)工作簿是一个以.xlsx 为扩展名的报表文件,其中可包含若干张工作表。应熟练掌握工作簿的创建、打开、保存和关闭的方法,以及工作簿中工作表的插入、删除、复制、移动、重命名和保护的方法。

(2)学会数据输入的 3 种方式:手动、自动、输入有效数据。特别是要掌握如何灵活使用填充柄实现以一个序列或相同的内容填充单元格区域。掌握修改、清除、复制和移动工作表中的数据的常用方法,以及对单元格以及行列进行插入与删除操作。

(3)对于单元格内容的各种格式应知道如何进行设置,还应掌握从对齐方式、字体、字形、边框等方面对工作表进行格式化的方法。

(4)在单元格输入公式和函数前应先输入"="。应熟练掌握工作表中公式的输入以及自动求和方法,运用常用的函数进行简单的运算。在公式中输入单元格地址时,应懂得采用何种引用方式。

(5)Microsoft Excel 2010 中的图表有嵌入式和独立两种形式。掌握如何创建图表,并学会设置图表格式的基本操作。

(6)熟练掌握排序、筛选、分类汇总和数据透视表等高级数据管理功能。

(7)通过缩放比例、纸张大小、页边距、页眉页脚、打印顺序等方面,熟悉工作表的页面设置。为较长报表和较宽报表设置顶端标题行和左端标题列,增强报表的可读性。

第 5 章　PowerPoint 2010 演示文稿软件

Microsoft PowerPoint 2010 是制作演示文稿的软件,用于制作视频、音频、PPT、网页、图片等结合的三分屏课件。目前,广泛地应用于教学、管理营销等领域。

Microsoft PowerPoint 从诞生到现在,经历了多次的改进和升级,本章介绍的是 Microsoft PowerPoint 2010 中文版。由于它是 Office 2010 中的一个组件,因此它和 Word、Excel 等之间具有良好的信息交互性和相似的操作方法。

5.1　PowerPoint 2010 概述

5.1.1　启动与退出 PowerPoint 2010

1. 启动的常用方法

(1) 单击"开始"→"所有程序"→"Microsoft Office"→"Microsoft PowerPoint 2010"命令。

(2) 双击桌面上 "Microsoft PowerPoint 2010"的快捷方式图标。

(3) 在任意位置空白处,右击鼠标,然后在弹出的快捷菜单中单击"新建"→"Microsoft PowerPoint 演示文稿"命令,将产生一个相关文件,最后双击其图标。

2. 退出的常用方法

(1) 单击 PowerPoint 窗口标题栏右上角的　　　　("关闭")按钮。

(2) 单击功能区的"文件"标签下的"退出"命令。

(3) 按键盘上的快捷键"Alt+F4"。

当用户退出时,若当前文件还没有保存,将弹出一个对话框,提示是否保存对其的更改。

5.1.2　PowerPoint 2010 界面

当启动 Microsoft PowerPoint 2010 时,界面显示如图 5-1 所示的窗口。该窗口一般由标题栏、功能区、幻灯片窗格、幻灯片浏览/大纲窗格、视图切换按钮、状态栏等组成。

1. 标题栏

标题栏的最左端是控制菜单图标,单击它将弹出下拉菜单,包括"还原""移动""大小""最小化""最大化""关闭"命令。控制菜单图标右边显示的是快速访问工具栏　　　　("保存""撤销""恢复"和"自定义")按钮,旁边是当前文件名,例如"演示文稿1"。标题栏最右端有窗口的　　　　("最小化""最大化/还原""关闭")按钮。

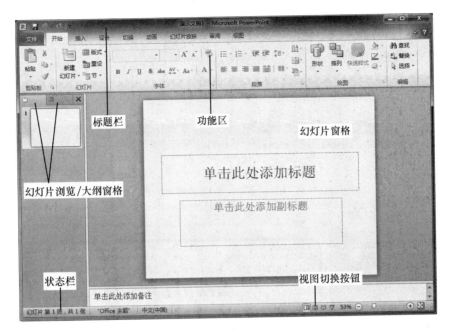

图 5-1 Microsoft PowerPoint 2010 窗口

2．功能区

PowerPoint 2010 功能区与 Excel 类似，它以选项卡的方式对命令进行分组和显示。包括"开始""插入""设计""切换""动画""幻灯片放映""审阅"和"视图"选项卡，这些选项卡可引导用户开展各种工作，简化对应用程序中多种功能的使用方式，并会直接根据用户正在执行的任务来显示相关命令。

3．幻灯片窗格

幻灯片窗格显示幻灯片的内容，包括文本、图片、图表、表格等，在该窗口可编辑幻灯片的内容。

4．幻灯片浏览/大纲窗格

幻灯片浏览/大纲窗格含有"幻灯片"和"大纲"两个选项卡。单击"幻灯片"选项卡可以显示所有幻灯片缩略图，单击某张幻灯片的缩略图，则将其显示在幻灯片窗格中。单击"大纲"选项卡可以显示所有幻灯片的标题和正文内容。

5．视图切换按钮

视图切换按钮位于窗口底部右侧，提供了当前演示文稿不同的显示方式，即在各种视图间进行切换。

6．状态栏

状态栏位于窗口底部左侧，主要显示当前幻灯片的序号、总张数、幻灯片主题和输入法等信息。

5.1.3 PowerPoint 2010 视图模式

PowerPoint 2010 中的视图是实现人机交互的工作环境，包括普通视图、幻灯片浏览视图、幻灯片放映视图、备注页视图。在如图 5-1 所示的区域中，单击相应的按钮，可在不同的视图间切换。

1. 普通视图

普通视图是进入 PowerPoint 2010 后的默认视图,界面如图 5-2 所示。它包含三个窗格:大纲窗格、幻灯片窗格和备注窗格。这些窗格使得用户可以在同一位置使用演示文稿的各种特征。

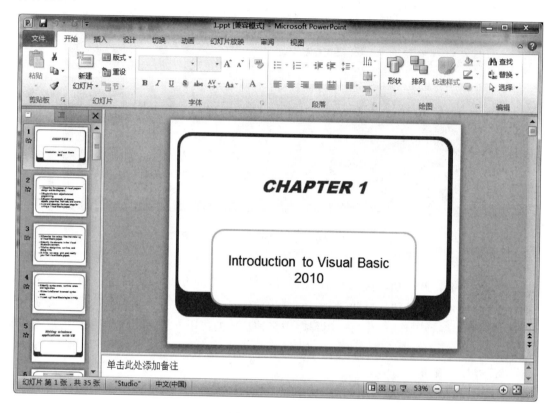

图 5-2　普通视图

大纲窗格可以看到各张幻灯片的主要内容,也可以直接在上面进行修改。使用大纲窗格可组织和开发演示文稿中的内容。可以键入演示文稿中的所有文本,然后重新排列项目符号、段落和幻灯片。

幻灯片窗格只能看到当前幻灯片的文本外观。可以在单张幻灯片中添加图形、影片和声音,并创建超级链接以及向其中添加动画。

备注窗格使得用户可以添加与观众共享的演说者备注或信息。如果需要在备注中含有图形,必须向备注页视图中添加备注。

在它们之间的分隔线上进行拖动,可改变它们的大小。

2. 幻灯片浏览视图

幻灯片浏览视图的界面如图 5-3 所示。在这种视图中,可以在屏幕上同时看到演示文稿中的所有幻灯片,这些幻灯片是以缩略图的形式显示的。在这种视图下对幻灯片进行删除、复制、移动、添加操作非常方便。

3. 阅读视图

阅读视图的界面如图 5-4 所示,用于向用自己的计算机查看演示文稿的人员而非受众(例如，通过大屏幕）放映演示文稿。如果您希望在一个设有简单控件以方便审阅的窗口中查看演示文稿，而不想使用全屏的幻灯片放映视图，则也可以在自己的计算机上使用阅读视图。

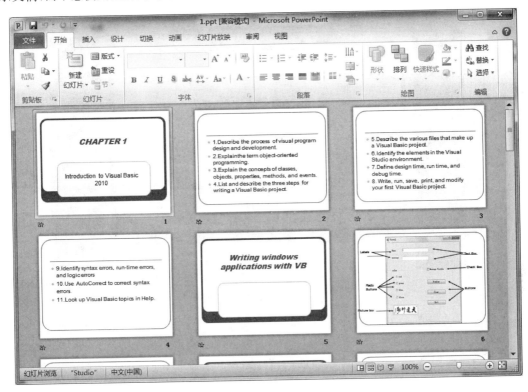

图 5-3　幻灯片浏览视图

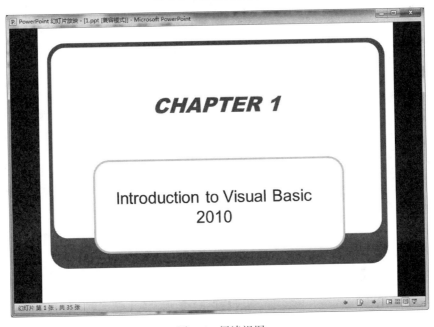

图 5-4　阅读视图

4. 幻灯片放映视图

幻灯片放映视图的界面如图 5-5 所示,此时幻灯片的内容占满整个屏幕。用户可设置幻灯片的切换方式,播放幻灯片。

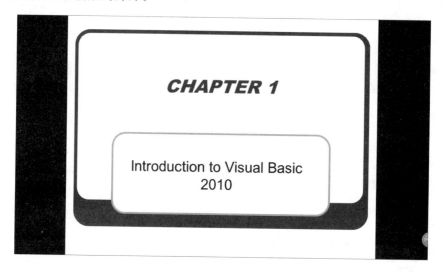

图 5-5　幻灯片放映视图

5. 备注页视图

备注页视图可通过单击功能区的"视图"的标签,在"演示文稿视图"选项组中选择"备注页"命令,界面如图 5-6 所示。可以移动幻灯片图像和备注框,还可改变它们的大小。在备注框内为幻灯片添加注释。

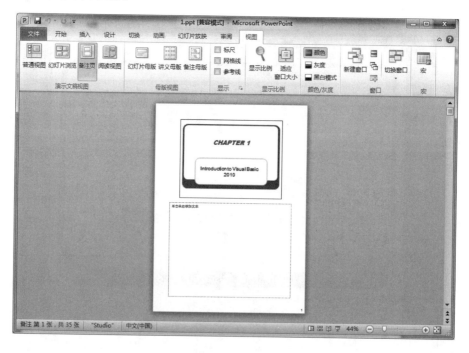

图 5-6　备注页视图

5.1.4 创建演示文稿

单击"文件"→"新建"命令,在窗口的右侧将弹出如图 5-7 所示的界面,根据需要进行选择,将建立一个演示文稿。下面介绍几种常用的新建方式。

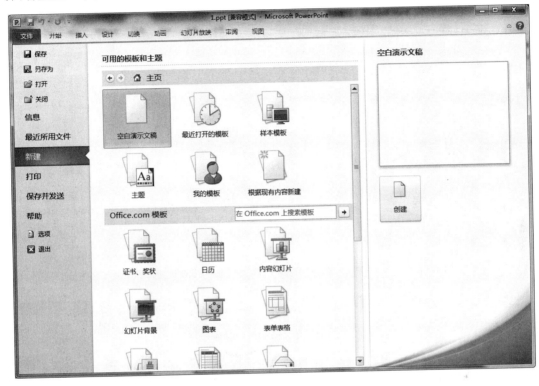

图 5-7 新建演示文稿窗口

(1)"空白演示文稿"

空白演示文稿中的幻灯片的背景是空白的,任由用户来安排幻灯片的版式,操作的灵活性很大。这种类型是最常用的新建方式。

(2)"样本模板"

它可以快速建立演示文稿。PowerPoint 提供了几套框架,适合不同的用途。完成后会自动生成若干张幻灯片,之后可根据需要进行修改。

(3)主题

主题是事先设计好的一组演示文稿的样式框架,规定了演示文稿的外观样式,使整个演示文稿外观一致。

(4)"根据现有内容新建"

打开一个现有的演示文稿,再根据需要加以编辑。

打开、关闭、保存和另存为演示方稿的常用方法与 Word、Excel 相同,这里不再讲述。

[例 5-1] 建立空白演示文稿"毕业设计答辩",包括一张幻灯片,最后保存在 E 盘根目录下。

操作方法如下:

(1) 打开 PowerPoint 2010,这时已新建了一个演示文稿,暂命名为演示文稿1。

（2）编辑幻灯片里的内容，如图 5-8 所示。

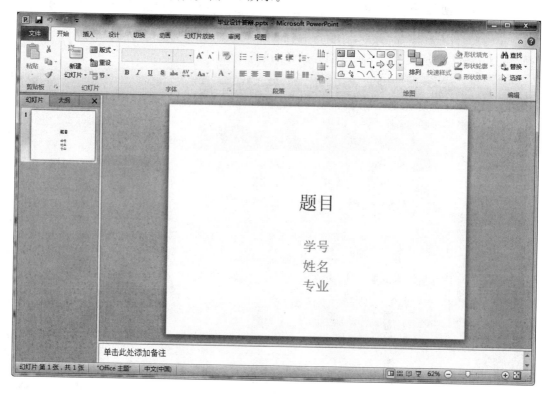

图 5-8　操作后的界面

（3）单击"文件"→"保存"命令，在弹出的对话框中选择保存位置为 E 盘，"保存名称"框中输入"毕业设计答辩"。

最后结果如图 5-8 所示。

5.2　幻灯片的操作

5.2.1　新建幻灯片

单击功能区的"开始"标签，在"幻灯片"选项组中选择"新建幻灯片"的下拉按钮，弹出如图 5-9 所示的界面，进行选择新幻灯片的幻灯片版式。若单击"幻灯片"选项组中的 按钮，则新建一张默认版式的幻灯片。

在普通视图的幻灯片浏览/大纲窗格中或在幻灯片浏览视图下，右击某张幻灯片，在弹出的快捷菜单中选择"新建幻灯片"，也可快速插入一张新幻灯片。

5.2.2　选择幻灯片

1. 单张幻灯片

在普通视图的幻灯片浏览/大纲窗格中或在幻灯片浏览视图下，单击某张幻灯片，即可快速选择一张新幻灯片。

2. 多张不连续幻灯片

在普通视图的幻灯片浏览/大纲窗格中或在幻灯片浏览视图下,按住 Ctrl 键,然后依次单击多张幻灯片。

3. 多张连续幻灯片

在普通视图的幻灯片浏览/大纲窗格中或在幻灯片浏览视图下,按住 Shift 键,然后依次单击第张和最后一张幻灯片。

5.2.3 移动幻灯片

首先选择需要进行移动操作的幻灯片,然后可通过下列方法之一进行操作。

(1)使用"Ctrl+X""Ctrl+V"快捷键,方法与在 Word、Excel 里介绍的一样。

(2)使用"开始"标签功能区剪贴板选项组中的"剪切"按钮、"粘贴"按钮,方法与在 Word、Excel 里介绍的一样。

(3)使用快捷菜单里的"剪切""粘贴"命令,方法与在 Word、Excel 里介绍的一样。

5.2.4 复制幻灯片

首先选择需要进行复制操作的幻灯片,然后可通过下列方法之一进行操作。

(1)使用"Ctrl+C""Ctrl+V"快捷键,方法与在 Word、Excel 里介绍的一样。

(2)使用"开始"标签功能区剪贴板选项组中的"复制"按钮、"粘贴"按钮,方法与在 Word、Excel 里介绍的一样。

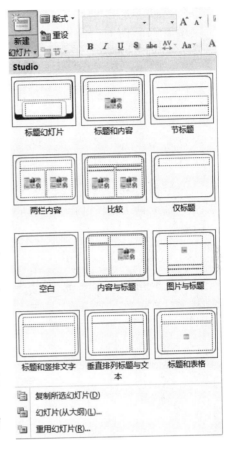

图 5-9 "新建幻灯片"界面

(3)使用快捷菜单里的"复制""粘贴"命令,方法与在 Word、Excel 里介绍的一样。

5.2.5 删除幻灯片

首先选择需要进行删除操作的幻灯片,然后可通过下列方法之一进行操作。

(1)单击键盘上的 Del 键,可快速删除幻灯片。

(2)在普通视图的幻灯片浏览/大纲窗格中或在幻灯片浏览视图下,在选中区域上单击右键,在弹出的快捷菜单中选择"删除幻灯片",也可快速插入一张新幻灯片。

[例 5-2] 打开例 5-1 中建立的"毕业设计答辩"演示文稿,依次添加 6 张幻灯片,标题内容分别为"选题背景""研究现状""研究内容""研究思路""研究方法"和"研究创新与不足"。复制第 3 张幻灯片至最后,将第 5 张幻灯片与第 6 张幻灯片位置对调,然后删除最后一张幻灯片,在第 1 张幻灯片后插入一张新的幻灯片,标题内容为"目录"。

操作方法如下：

（1）单击"文件"→"打开"命令，在弹出的"打开"对话框中，通过查找单击"毕业设计答辩"演示文稿图标，最后单击"打开"按钮。

（2）单击功能区的"开始"标签，在"幻灯片"选项组中选择 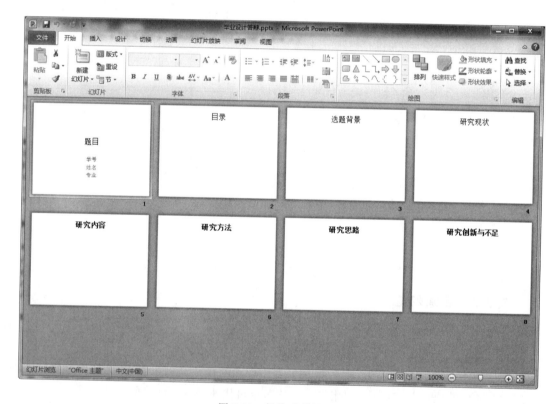 按钮，重复 5 次相同的操作，则添加了 6 张幻灯片。

（3）分别在每张幻灯片的标题区域输入题目里所要求的内容。

（4）切换到幻灯片浏览视图。

（5）单击第 3 张幻灯片，周围出现框线，表示选取，单击"开始"标签功能区剪贴板选项组中的"复制"按钮。

（6）单击最后一张幻灯片的右侧，使之出现一道竖线，按快捷键"Ctrl＋V"。

（7）选取第 5 张幻灯片，拖动至第 6 张幻灯片后面。

（8）选取最后一张幻灯片，按"Del"键即可。

（9）选取第 1 张幻灯片，单击功能区的"开始"的标签，在"幻灯片"选项组中选择 按钮，则在第 1 张幻灯片之后添加了一张新的幻灯片，标题内容为"目录"。

最后结果如图 5-10 所示。

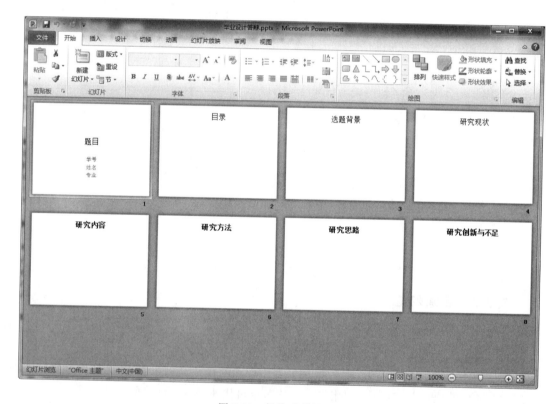

图 5-10　操作后的界面

5.3　设计演示文稿的外观

5.3.1　设置幻灯片版式

幻灯片版式指文本、图形、表格等在幻灯片中的位置和排列方式。它只对一张幻灯片起作用,因此,演示文稿中每张幻灯片的版式可以不相同。

在创建演示文稿之初,就已为幻灯片选择了幻灯片版式,之后还可以进行修改,单击功能区的"开始"标签,在"幻灯片"选项组中选择"版式"的下拉按钮,弹出如图5-11所示的界面,从中选择一种版式,效果是应用于当前幻灯片。

5.3.2　设置幻灯片背景

幻灯片的背景是指其背景色或背景设计,包括更改颜色、添加底纹、图案、纹理或图片。备注及讲义的背景也可进行修改。

单击功能区的"设计"标签,在"背景"选项组中选择"背景样式"的下拉按钮,将弹出如图5-12所示的界面进行选择幻灯片的背景。在界面上选择"设置背景格式",或在幻灯片上右击鼠标,在弹出的快捷菜单中选择"设置背景格式"命令,都将弹出如图5-13所示的对话框,可对幻灯片的背景进行自定义的设置。

图 5-11　设置版式窗口

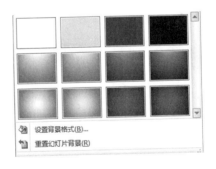

图 5-12　"背景样式"界面

[例5-3]　继续例5-2,改变第2张幻灯片的版式为"仅标题",改变第3张幻灯片的版式为"标题和竖排文字",最后一张幻灯片的版式为"两栏内容";将演示文稿所有幻灯片的背景预设颜色设置为"碧海青天",类型为"射线",方向为"从左下角"。

操作方法如下:

(1) 选择第2张幻灯片,单击功能区的"开始"标签,在"幻灯片"选项组中选择"版式"的下拉按钮,弹出如图5-11所示的界面,选择"仅标题"版式。

(2) 选择第3张幻灯片,版式设置为"标题和竖排文字"。

(3) 选择最后一张幻灯片,版式设置为"两栏内容"。

图 5-13　"设置背景格式"对话框

（4）在某张幻灯片的空白处右击鼠标，在弹出的快捷菜单中选择"设置背景格式"命令，将弹出如图 5-13 所示的对话框。

（5）在"填充"选项卡的界面上选择"渐变填充"，接着将预设颜色设置为"碧海青天"，类型为"射线"，方向为"从左下角"，选择"全部应用"按钮，然后单击"关闭"按钮即可。

最后结果如图 5-14 所示。

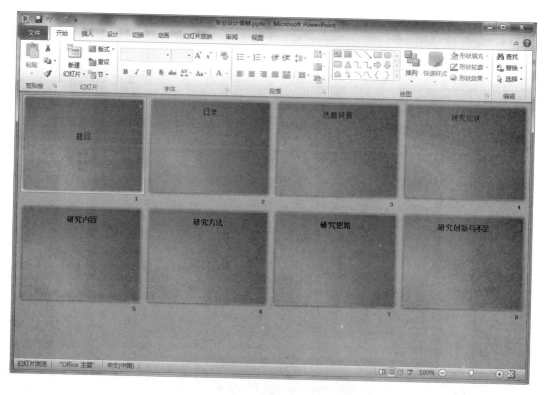

图 5-14　操作后的界面

5.3.3 应用主题

使用 PowerPoint 2010 创建演示文稿的时候,可以通过使用主题功能来快速的美化和统一每一张幻灯片的风格。

单击功能区的"设计"的标签,在"主题"选项组中右侧的下拉按钮,将弹出如图 5-14 所示的界面进行选择主题。将鼠标移动到某一个主题上,就可以实时预览到相应的效果;单击某一个主题,就可以将该主题快速应用到整个演示文稿当中。

如果对主题效果的某一部分元素不够满意,可以通过选择"主题"选项组中右侧的颜色、字体或者效果按钮进行修改。还可以将其保存下来,以供以后使用。在如图 5-15 所示的界面上选择"保存当前主题"命令,在随即打开的保存当前主题对话框中进行设置并保存。

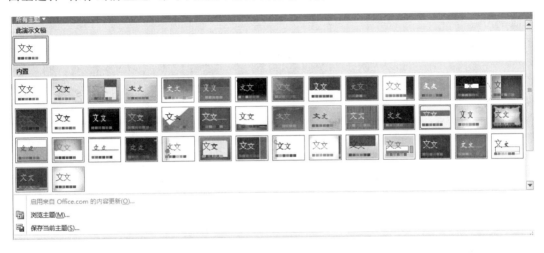

图 5-15 "主题"界面

5.3.4 设置母版

母版是 PowerPoint 中一种特殊的幻灯片,包括幻灯片母版、讲义母版和备注母版。

幻灯片母版控制幻灯片上所键入的标题和文本的格式与类型。如果需要修改多张幻灯片的外观,只要在幻灯片母版上做修改,PowerPoint 将对所有的幻灯片进行更新,并对以后新添加的幻灯片应用这些更改。如果要使个别幻灯片的外观与母版不同,直接修改该幻灯片即可。

讲义母版和备注母版只对讲义和备注的外观起作用。使用它们可对图片、包含日期和时间的页眉和页脚、页码等内容进行设置。讲义和备注母版的设置只能在打印讲义、备注时,才会出现。

单击功能区的"视图"的标签,在"母版视图"选项组中可根据需要选择"幻灯片母版""讲义母版"和"备注母版"。

[例 5-4] 继续例 5-3,将第一张幻灯片的主题设置为"行云流水",将剩下的幻灯片的标题字体设置为"华文新魏""48 号"。

操作方法如下:

(1)选择第 1 张幻灯片,单击功能区的"设计"的标签,在"主题"选项组的主题库中找到

"行云流水",并在其上右击鼠标,在弹出的快捷菜单中选择"应用于选定幻灯片"。

(2)单击功能区的"视图"标签,在"母版视图"选项组中选择"幻灯片母版"。

(3)将鼠标移至左侧的窗格中,当指针的右下方显示为"Office 主题 幻灯片母版:由幻灯片 2-8 使用",进行选择。

(4)接着在幻灯片窗格区,将标题的文本字体设置为"华文新魏""48 号"。

(5)在"关闭"选项组中选择"关闭母版视图"命令。

最后结果如图 5-16 所示。

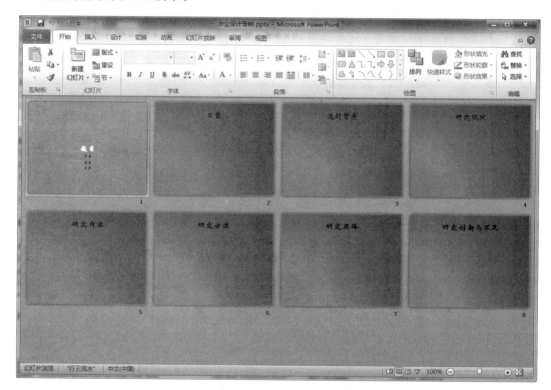

图 5-16　操作后的界面

5.4　编辑幻灯片

5.4.1　在幻灯片中输入文本

创建演示文稿后,幻灯片的绝大部分版式中都存在文本框,可以单击文本框,直接在其中输入文本,也可以在需要的位置上插入文本框。单击功能区的"插入"标签,在"文本"选项组中选择"文本框"的下拉按钮,在弹出的如图 5-17 所示的界面上进行选择文本框的类型。

5.4.2　设置对象格式

1. 设置字体格式

在如图 5-18 所示的开始功能区中使用的"字体""字号""字形""颜色"等按钮,可快速对幻灯片中的字体进行简单的格式设置。

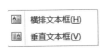

图 5-17 文本框界面　　　　　　　　图 5-18 "升始"功能区-"字体"选项组

在图 5-18 中的右下角单击 按钮,可打开如图 5-19 所示的"字体"对话框,可进行字体"效果""间距"等的详细设置。

2. 设置段落格式

在如图 5-20 所示的开始功能区中使用的"对齐""缩进量""编号""符号"等按钮,可快速对幻灯片中的段落进行简单的格式设置。

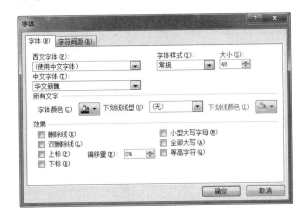

图 5-19 "字体"对话框　　　　　　　图 5-20 "开始"功能区-"段落"选项组

在图 5-20 中的右下角单击 按钮,可打开如图 5-21 所示的"段落"对话框,可进行段落"行距""段前""段后"等的详细设置。

图 5-21 "段落"对话框

3. 设置形状格式

在幻灯片里可添加各种对象,包括文本框、表格、图片等,我们可对它们进行格式的设置。在对象上右击鼠标,在弹出的快捷菜单中选择"设置形状格式"命令,将弹出如图 5-22

所示的对话框,可对其"填充""线条颜色""大小""位置""文本框"等进行设置。

图 5-22 "设置形状格式"对话框

5.4.3 插入图片与图形

为了丰富幻灯片里的内容,增加可读性,可往其中添加各种图片与图形。操作方法如下。

1. 插入图片

单击功能区的"插入"标签,在"图像"选项组中选择"图片"或"剪贴画"。

(1)若选择"图片"命令,将弹出如图 5-23 所示的"插入图片"对话框,进行选择。

图 5-23 "插入图片"对话框

(2)若选择"剪贴画"命令,在右侧将弹出如图 5-24 所示的"剪贴画"任务窗格,进一步进行选择。

2. 插入图形

单击功能区的"插入"标签,在"插图"选项组中选择"形状"的下拉按钮,将弹出如图 5-25 所示的"形状"界面进行选择。

5.4.4 插入艺术字

单击功能区的"插入"标签,在"文本"选项组中选择"艺术字"的下拉按钮,将弹出如图 5-26 所示的"艺术字"界面进行选择。

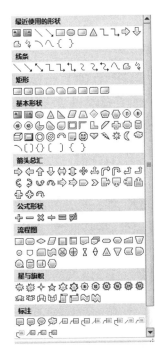

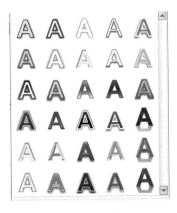

图 5-24 "剪贴画"任务窗格   图 5-25 "形状"界面   图 5-26 "艺术字"界面

对插入后的图片、形状、艺术字等对象还可进行适当调整。方法是选择对象,把鼠标移到相应的调整控点上,用拖动的方法,将图片调整到合适的大小。

[例 5-5] 继续例 5-4,在第一张幻灯片中插入一个艺术字,内容为"科技学院",样式任选,并将其缩小移至幻灯片的右上角;在第 2 张幻灯片中添加一个文本框,用来输入目录内容,设置第 2 张幻灯片的项目符号,行距设置为"1.5 倍行距";将第 3 张幻灯片中的文本框的线条设置为"深蓝"的"2 磅线";在第 5 张幻灯片中插入一个图片和图形。

操作方法如下:

(1)选择第一张幻灯片,单击功能区的"插入"标签,在"文本"选项组中选择"艺术字"的下拉按钮,在如图 5-26 所示的"艺术字"界面选择一种样式。

(2)选中该艺术字,当其四周出现虚线框后,把鼠标移到相应的调整控点上,当指针变成双向箭头时可进行缩小操作,当指针变成四向箭头时可进行移动操作。

(3)选择第 2 张幻灯片,单击功能区的"插入"标签,在"文本"选项组中选择"文本框"的下拉按钮,在弹出的如图 5-17 所示的界面上选择横排文本框,再将鼠标移动幻灯片区域进行绘制并输入相关内容。

(4)在目录区域任意处右击鼠标,在弹出的快捷菜单中选择"段落"命令,在弹出如图 5-21 所示的对话框中,将"行距"组框中的内容设置为"1.5 倍行距",单击"确定"按钮。

（5）选择该幻灯片中目录的全部内容。在选择区域上右击鼠标，在弹出的快捷菜单中选择"项目符号"命令，在弹出的子菜单中，选择一种项目符号即可。

（6）选择第 3 张幻灯片，在文本框上进行单击，使其出现虚线，在虚线上右击，在弹出的快捷菜单中选择"设置形状格式"，在弹出的如图 5-22 所示的对话框中，选择"线条颜色"标签，在右侧的区域，选择"实线"选项，"颜色"框中选择"深蓝色"；选择"线形"标签，在右侧的区域，将"宽度"设置为"2 磅"。

（7）选择第 5 张幻灯片，单击功能区的"插入"标签，在"插图"选项组中选择"形状"的下拉按钮，将弹出如图 5-25 所示的"形状"界面进行选择一种形状。在"图像"选项组中选择"剪贴画"，在弹出如图 5-24 所示的"剪贴画"界面选择一幅。

最后结果如图 5-27 所示。

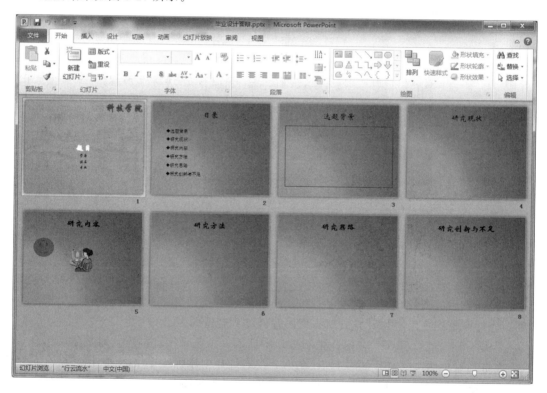

图 5-27　操作后的界面

5.4.5　插入表格

单击功能区的"插入"标签，在"表格"选项组中选择"表格"的下拉按钮，将弹出如图 5-28 所示的"表格"界面进行选择。

（1）选择"插入表格"命令，将通过对话框设置规则表格。

（2）选择"绘制表格"命令，可进行自由表格的绘制。

（3）选择"Excel"电子表格，将插入一个 Excel 环境中的表格。

5.4.6　插入 SmartArt 图形

图 5-28　"表格"界面

单击功能区的"插入"标签，在"插图"选项组中选择"SmartArt"，将弹出如图 5-29 所示的"选择 SmartArt 图形"对话框进行选择。

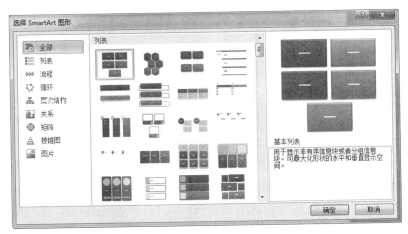

图 5-29　"选择 SmartArt 图形"对话框

5.4.7　添加多媒体对象

1．添加视频

单击功能区的"插入"标签,在"媒体"选项组中选择"视频"的下拉按钮,将弹出如图 5-30 所示的界面进行选择。

2．添加音频

单击功能区的"插入"标签,在"媒体"选项组中选择"音频"的下拉按钮,将弹出如图 5-31 所示的界面进行选择。

图 5-30　"视频"界面

图 5-31　"音频"界面

5.4.8　插入页脚

单击功能区的"插入"标签,在"文本"选项组中选择"页眉和页脚",将弹出如图 5-32 示的对话框中进行设置。可对日期和时间、幻灯片编号、页脚等进行设置。单击"全部应用"按钮,则将当前设置应用给全部幻灯片,单击"应用"按钮则将当前设置作用于当前幻灯片。

[例 5-6]　继续例 5-5,在第 4 张幻灯片中插入一个 4 行 5 列的表格;在第 6 张幻灯

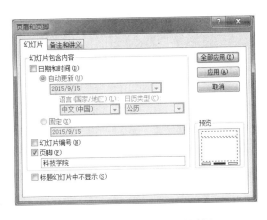

图 5-32　"页眉和页脚"对话框

片中插入一个网格矩阵的 SmartArt 图形;在每张幻灯片中插入自动更新的日期和时间。(可参照章节中相关的内容进行插入对象,还可用本题中的方法。)

操作方法如下:

(1)选择第 4 张幻灯片,在幻灯片中如图 5-33 所示的界面上选择"插入表格",将弹出如图 5-34 所示的"插入表格"对话框,将列数设置为"5",行数设置为"4"。

图 5-33 "插入对象"界面

图 5-34 "插入表格"对话框

(2)选择第 6 张幻灯片,在幻灯片中如图 5-33 所示的界面上选择"插入 SmartArt 图形",将弹出如图 5-29 所示的"选择 SmartArt 图形"对话框,选择"网格矩阵"。在其中可输入所需的内容。

(3)单击功能区的"插入"标签,在"文本"选项组中选择"页眉和页脚",将弹出如图 5-32 示的对话框,勾选"日期和时间"选项,单击"全部应用"按钮。

最后结果如图 5-35 所示。

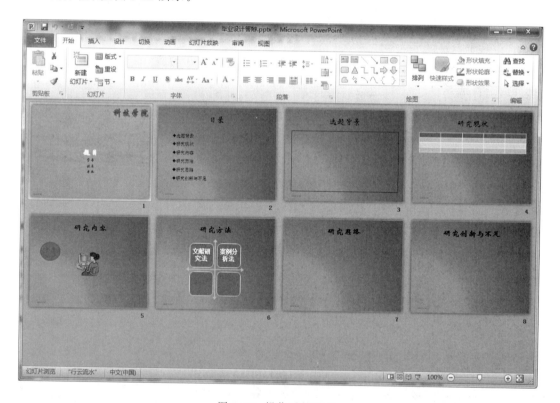

图 5-35 操作后的界面

5.5　幻灯片动画效果

5.5.1　幻灯片切换效果

幻灯片切换是指放映时幻灯片出现的效果方式、声音、换页方式、速度等。可通过如图 5-36 所示的界面中的按钮进行幻灯片的切换效果的设置。"预览"选项组可对效果实时演示，"切换到此幻灯片"选项组可选择切换效果，"计时"选项组可设置切换声音、换片方式、持续时间等。

图 5-36　"幻灯片切换"窗口

[**例 5-7**]　继续例 5-6，将该演示文稿中每张幻灯片的放映时间设置为 20 秒，第一张幻灯片的切换效果设置为"水平百叶窗"，声音设置为"打字机"类型；其他幻灯片的切换效果各不相同。

操作方法如下：

（1）选择第 1 张幻灯片，单击功能区的"切换"标签，在"计时"选项组中的换片方式勾选"设置自动换片时间"，并将其设置为"00:20.00"，单击"全部应用"按钮。

（2）在"切换到此幻灯片"选项组中选择华丽型下的"百叶窗"，接着在"效果选项"中选择"水平"，并将"计时"选项组中的"声音"设置为"打字机"。

（3）用相同的方法设置其他幻灯片的切换效果。

5.5.2　设置幻灯片动画

为了突出重点、控制信息的流程，并提高演示文稿的趣味性，可以为幻灯片上的各个对象（文本、声音、图片等）设置各种动画效果。可通过如图 5-37 所示的界面中的按钮进行幻灯片动画的设置。"预览"选项组可对效果实时演示，"动画"选项组可选择动画效果和方向，"高级动画"选项组可添加同张幻灯片的动画效果等，"计时"选项组可设置同张幻灯片中不同对象的出现顺序、持续时间等。

图 5-37　"幻灯片动画"窗口

[**例 5-8**]　继续例 5-7，将第 2 张幻灯片标题的动画效果设置成"中央向左右展开劈裂"，目录内容的动画效果设置为"飞入"，并按先目录内容后标题的顺序出现，目录内容按一行一行的效果放映。

操作方法如下：

（1）选择第 2 张幻灯片的标题文本框，单击功能区的"动画"标签，在"动画"选项组中的选择"劈裂"，接着在"效果选项"中选择"中央向左右展开"。

（2）选择第 2 张幻灯片的目录内容文本框,单击功能区的"动画"标签,在"动画"选项组中的选择"飞入",单击"高级动画"选项组中的动画窗格按钮,在窗口右侧将出现如图 5-38 所示的界面。

（3）在"动画窗格"下方选择排序按钮进行放映时的出现顺序。

（4）在动画窗格中的目录内容所对应的项目上右击鼠标,在弹出的快捷菜单中选择"效果选项",将弹出如图 5-39 所示的对话框,将"正文文本动画"中的组合文本设置为"按第一级段落"。

图 5-38 "动画窗格"

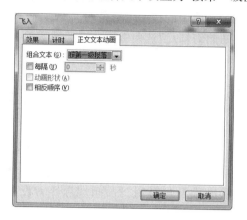

图 5-39 "效果选项"对话框

5.5.3 设置超级链接和动作按钮

可以在演示文稿中添加超级链接和动作按钮,在放映幻灯片时,通过激活它们,可跳转到想要的位置,例如本文档中的位置、网页等。

1. 超级链接

可以为幻灯片中的任何对象(包括文本、形状、表格、图形和图片)创建超级链接。

超级链接是在幻灯片放映时而不是在创建时被激活的。激活它最好的方法是单击,代表超级链接的文本会添加下画线,并且显示成配色方案指定的颜色。单击后跳转到相应的位置,颜色就会改变。因此可以通过颜色分辨该超级链接是否被使用过。

2. 动作按钮

PowerPoint 带有一些制作好的动作按钮,可以将动作按钮插入到演示文稿并为之定义超级链接。动作按钮包括一些形状,可以使用这些常用的易理解符号转到下一张、上一张、第一张和最后一张幻灯片。PowerPoint 还有播放电影或声音的动作按钮。

[例 5-9] 继续例 5-8,为第 2 张幻灯片中的目录内容创建指向相应幻灯片的超级链接,最后一张幻灯片中添加一个动作按钮链接到第 1 张幻灯片。

操作方法如下:

（1）选择第 2 张幻灯片中的文本"选题背景",单击功能区的"插入"标签,在"链接"选项组中的选择"超链接",将弹出如图 5-40 所示的对话框。

（2）选择"本文档中的位置"按钮,在右侧的界面,将"请选择文档中的位置"设置为第 3 张幻灯片。

（3）依次为目录内容中的其他文本内容添加相应的超链接,方法同上步。

（4）选择最后一张幻灯片中的标题文本,单击功能区的"插入"标签,在"链接"选项组中的选择"动作",将弹出如图5-41所示的"动作设置"对话框。

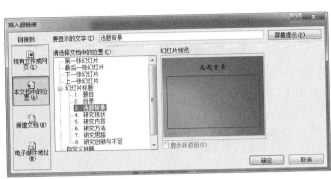

图5-40 "插入超链接"对话框

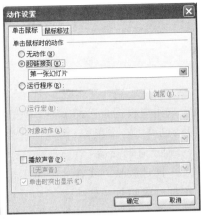

图5-41 "动作设置"对话框

（5）将"超级链接到"框设置为"第一张幻灯片"，最后单击"确定"按钮即可。

5.6 幻灯片放映

5.6.1 设置放映方式

演示文稿创建后，使用者可根据不同的需要，在对话框中对放映的方式进行设置，并在放映时应用。

单击功能区的"幻灯片放映"标签，在"设置"选项组中的选择"设置幻灯片放映"，将弹出如图5-42所示的对话框，可对放映类型、放映幻灯片范围、换片方式等进行设置。

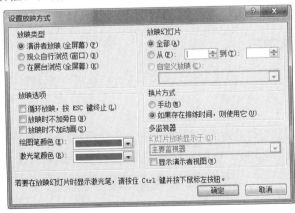

图5-42 "设置放映方式"对话框

5.6.2 放映幻灯片

1. 人工放映

单击图5-42中的"从当前幻灯片开始"按钮或视图切换区域中的"幻灯片放映"按钮，将从当前幻灯片开始放映。单击图5-43中的"从头开始"按钮，将从"设置放映方式"对话框中设置的范围的第 1 张幻灯片开始放映。

图 5-43　"幻灯片放映"功能区

用户根据自己的需要,单击或者按"Page Down"键或者按"Enter"都将放映下一张幻灯片;也可以右击鼠标,在弹出的快捷菜单上进行选择。

2．自动放映

这种放映方式在放映时不需要手动操作,而是会自动在幻灯片中切换。可通过设置排练计时或幻灯片切换。

单击图 5-43 中的"隐藏幻灯片"按钮,可对当前幻灯片进行隐藏,并没有删除它,只是放映时不会出现。

5.6.3　排练计时

利用排练时间放映演示文稿中的幻灯片,可根据情况确定每张幻灯片放映的时间。
操作方法如下:

（1）单击图 5-42 中的"排练计时"按钮,从第 1 张幻灯片开始放映,屏幕上弹出如图 5-44 所示的对话框。

图 5-44　"录制"对话框

（2）单击该对话框中的 ⏸ （"暂停"）按钮,将停止计时。再次单击该按钮,恢复计时。

（3）单击该对话框中的 ➡ （"下一项"）按钮,预演第 2 张幻灯片。

（4）单击该对话框中的 ↩ （"重复"）按钮,对该幻灯片重新计时。

放映幻灯片时,观察每张幻灯片的放映时间。此时,排练时间被应用。

5.6.4　自定义放映

[例 5-10]　继续例 5-9,创建"自定义放映 2",放映时只包括演示文稿中的第 3 张、第 5 张、第 6 张幻灯片。

操作方法如下:

（1）单击功能区的"幻灯片放映"标签,在"在开始放映幻灯片"选项组中的选择"自定义幻灯片放映"的下拉按钮,在弹出的菜单中选择"自定义放映",将弹出如图 5-45 所示的对话框。

图 5-45　"自定义放映"对话框

（2）单击对话框中的"新建"按钮，将弹出如图5-46所示的对话框，将演示文稿中的第3张、第5张、第6张幻灯片添加至右侧的窗口中。

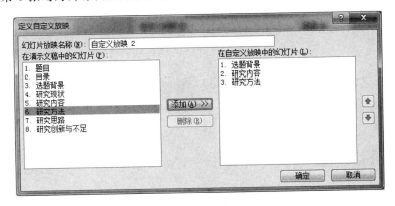

图5-46 "定义自定义放映"对话框

（3）单击"确定"按钮后，可关闭也可开始放映当前设置。

5.7 输出演示文稿

5.7.1 页面设置

在"页面设置"对话框中，我们可以设置打印时的幻灯片情况，如尺寸和方向等。

［例5-11］ 继续例5-10，设置幻灯片大小规格高度为25cm，宽度为15cm。幻灯片的起始编号为"5"。

操作方法如下：

（1）单击功能区的"设计"标签，在"页面设置"选项组中的选择"页面设置"的按钮，将弹出如图5-47所示的对话框。

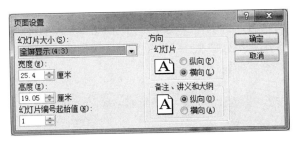

图5-47 "页面设置"对话框

（2）在"宽度"和"高度"方框中输入15和25，最后单击"确定"按钮。

（3）在"幻灯片编号起始值"框中设置为"5"。

在"幻灯片"组框中选择"纵向"或"横向"。演示文稿中的所有幻灯片必须维持同一方向。

在"备注页、讲义和大纲"组框中选择"纵向"或"横向"。即使幻灯片设置为横向，仍可以纵向打印备注页、讲义和大纲。

最后结果如图 5-48 所示。

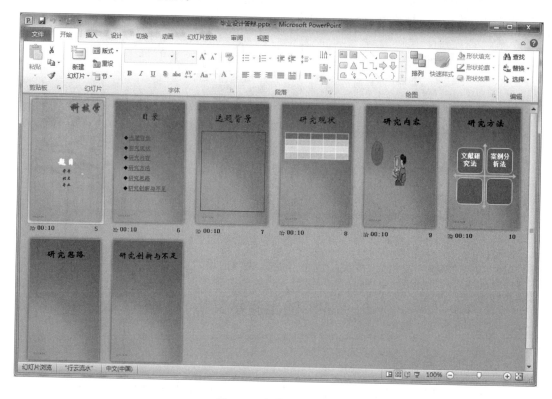

图 5-48 操作后的界面

5.7.2 打包演示文稿

若想在未安装 Microsoft PowerPoint 的计算机上运行幻灯片放映,可使用"打包成 CD"操作演示文稿,操作方法如下:

(1)打开要压缩的演示文稿。

(2)单击功能区的"文件"的标签下的"保存并发送"命令,在右侧的窗口中选择"将演示文稿打包成 CD"下的"打包成 CD"命令,将弹出如图 5-49 所示的对话框。

(3)根据需要进行设置即可。

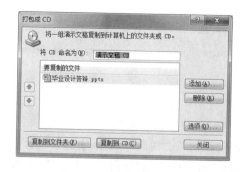

图 5-49 "打包成 CD"对话框

5.7.3 打印演示文稿

单击功能区的"文件"的标签下的"打印"命令,将进入到如图 5-50 所示的窗口,可对"打印范围""打印内容""份数"等选项进行一些设置。

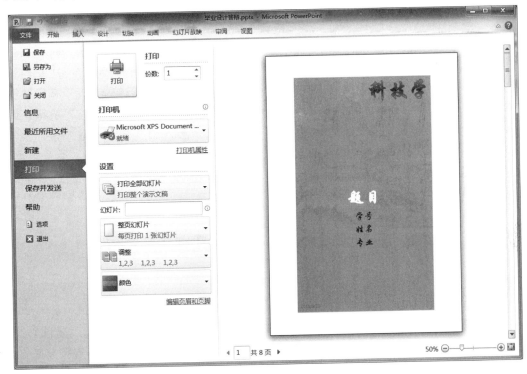

图 5-50 "打印"窗口

本 章 小 结

(1) Microsoft PowerPoint 2010 是制作演示文稿的软件。演示文稿是一个由若干张幻灯片组成的文件,它的扩展名是.pptx。

(2) 掌握演示文稿的新建、打开、关闭和保存等基本操作。在幻灯片浏览视图下对幻灯片进行复制、剪切、删除和插入操作非常方便。

(3) 为了突出幻灯片中的对象(文字、文本框等)的效果,可进行格式的设置。

(4) 通过相应的幻灯片版式或使用相应的菜单命令,在幻灯片中插入图片、文本框、影片和声音、表格和图表等对象(占位符),可以达到丰富幻灯片内容的目的。

(5) 幻灯片的外观可通过设置母版、配色方案、设计模板和版式方法改变。

(6) 为了丰富幻灯片在放映时的效果,可以为它设置切换方式、动画效果、超级链接和动作按钮。

(7) 在"页面设置"对话框可对幻灯片输出的一些参数进行设置。若想在未安装 Microsoft PowerPoint 的计算机上运行幻灯片放映,则可以进行打包操作。

第6章　计算机网络基础与 Internet 应用

随着计算机技术与通信技术的发展,20世纪60年代计算机网络应运而生,计算机网络不仅深刻地影响着人们的生活与工作方式,而且深刻地改变了人们的学习、交流及思维方式。以 Internet 为代表的计算机互联网已经逐步渗透到经济、文化、科研、教育等社会生活的各个领域,发挥着越来越重要的作用。计算机网络已成为人们日常生活与工作等不可缺少的工具。实现信息化离不开完善的网络,计算机网络已成为信息社会的命脉和重要基础,也将对人类社会的进步有着重大的影响。本章主要介绍计算机网络的基础知识、局域网技术、Internet 技术以及应用。

6.1　计算机网络基础

6.1.1　计算机网络的概念

计算机网络就是为了实现计算机之间的通信交往、资源共享和协同工作,采用通信手段,将地理位置分散的具有独立功能的许多计算机利用传输介质和网络设备连接起来,使用某种协议能够实现数据通信和资源共享的计算机系统。

随着网络的发展,网络的定义也在发生着变化。

任何一种新技术的出现都必须具备两个条件:一是强烈的社会需求,二是前期技术的成熟。计算机网络技术的形成与发展也遵循这样一个技术发展轨迹。20年前,很少有人接触过网络。计算机网络近年来获得了飞速的发展,计算机通信已成为我们社会结构的一个基本组成部分。网络被用于工商业的各个方面,包括广告宣传、生产、销售、计划、报价和会计等。后来,绝大多数公司拥有了多个网络。从小学到研究生教育的各级学校都使用计算机网络为教师和学生提供全球范围的联网图书信息的即时检索和查寻等业务。从联邦到州和地方的各级政府使用网络,各种军事单位同样如此。简而言之,计算机网络已遍布全球各个领域。

计算机网络从20世纪60年代发展至今,已经形成从小型的办公局域网络到全球性的大型广域网的规模。对现代人类的生产、经济、生活等各个方面都产生了巨大的影响。计算机互联系统这个阶段的典型代表是:1969年12月,由美国国防部(DOD)资助、国防部高级研究计划局(ARPA)主持研究建立的数据包交换计算机网络 ARPANET。ARPANET 网络利用租用的通信线路连接美国加州大学洛杉矶分校、加州大学圣巴巴拉分校、斯坦福大学和犹太大学四个结点的计算机连接起来,构成了专门完成主机之间通信任务的通信子网。通过通信子网互联的主机负责运行用户程序,向用户提供资源共享服务,它们构成了资源子网。该网络采用分组交换技术传送信息,这种技术能够保证如果这四所大学之间的某一条通信线路因某种原因被切断以后,信息仍能够通过其他线路在各主机之间传递。ARPANET 网络已从最初的四个结点发展为横跨全世界一百多个国家和地区、挂接有几万个网络、几百万台计算机、几亿用户的因特网(Internet),也可以说 Internet 全球互联网络的前身就是 ARPANET 网络。Internet 是目前世界上最大的国际性计算机互联网络,而且还在不断地迅速发展之中。

纵观计算机网络的发展历史可以发现,它和其他事物的发展一样,也经历了从简单到复杂,从低级到高级的过程。在这一过程中,计算机技术与通信技术紧密结合,相互促进,共同发展,最终产生了计算机网络。总体看来,网络的发展可以分为以下四个阶段。

1. 面向终端的网络

在 1946 年,世界上第一台数字计算机问世,但当时计算机的数量非常少,且非常昂贵。而通信线路和通信设备的价格相对便宜,当时很多人都很想去使用主机中的资源,共享主机资源和进行信息的采集及综合处理就显得特别重要了。1954 年,联机终端是一种主要的系统结构形式,这种以单主机互联系统为中心的互联系统,即主机面向终端系统诞生了。在这里终端用户通过终端机向主机发送一些数据运算处理请求,主机运算后又发给终端机,而且终端用户要存储数据时向主机里存储,终端机并不保存任何数据。第一代网络并不是真正意义上的网络,而是一个面向终端的互联通信系统。联机终端网络典型的范例是美国航空公司与 IBM 公司在 20 世纪 60 年代投入使用的飞机订票系统,当时在全美广泛应用。

2. 计算机互联网络

第二代网络是在计算机网络通信网的基础上通过完成计算机网络体系结构和协议的研究,形成的计算机初期网络。例如 20 世纪 60 至 70 年代初期由美国国防部高级研究计划局研制的 ARPANET 网络,它将计算机网络分为资源子网和通信子网。所谓通信子网一般由通信设备、网络介质等物理设备所构成;而资源子网的主体为网络资源设备,如服务器、用户计算机(终端机或工作站)、网络存储系统、网络打印机、数据存储设备等。第二代网络应用的是网络分组交换技术进行对数据远距离传输。分组交换是主机利用分组技术将数据分成多个报文,每个数据报文自身携带足够多的地址信息,当报文通过节点时暂时存储并查看报文目标地址信息,运用路由计算选择最佳目标传送路径将数据传送给远端的主机,从而完成数据转发。

3. 计算机网络互联阶段

20 世纪 80 年代是计算机局域网络的发展的盛行时期。当时采用的是具有统一的网络体系结构并遵守国际标准的开放式和标准化的网络,它是网络发展的第三阶段。在第三代网络出现以前网络是无法实现不同厂家设备互连的,各厂家为了霸占市场,都采用自己独特的技术并开发了自己的网络体系结构。当时,IBM 公司发布了 SNA(System Network Architecture,系统网络体系结构),DEC 公司发布了 DNA(Digital Network Architecture,数字网络体系结构)。不同的网络体系结构是无法互连的,所以不同厂家的设备无法达到互连,即使是同一家产品在不同时期也是无法达到互连的,这样就阻碍了大范围网络的发展。后来,为了实现网络大范围的发展和不同厂家设备的互联,1977 年国际标准化组织 ISO

（International Organization for Standardization，ISO）提出一个 OSI（Open System Interconnection/Reference Model，开放系统互连参考模型）共七层。1984 年正式发布了 OSI，使厂家设备、协议达到全网互联。

4. 信息高速公路

进入 20 世纪 90 年代后至今都是属于第四代计算机网络，第四代网络是随着数字通信的出现和光纤的接入而产生的，其特点：网络化、综合化、高速化及计算机协同能力。同时，快速网络接入 Internet 的方式也不断地诞生，如 ISDN、ADSL、DDN、FDDI 和 ATM 网络等。

6.1.2 计算机网络的基本功能

计算机网络有许多功能，例如可以进行数据通信、资源共享等。下面介绍它的主要功能。

1. 数据通信

数据通信是计算机网络最基本的功能。它用来快速传送计算机与终端、计算机与计算机之间的各种信息，包括文字信件、新闻消息、咨询信息、图片资料、报纸版面等。利用这一特点，可实现将分散在各个地区的单位或部门用计算机网络联系起来，进行统一的调配、控制和管理。

2. 资源共享

实现计算机网络的主要目的是共享资源。一般情况下，网络中可共享的资源有硬件资源、软件资源和数据资源，其中共享数据资源最为重要。

3. 远程传输

计算机已经由科学计算向数据处理方面发展，由单机向网络方面发展，且发展的速度很快。分布在很远的用户可以互相传输数据信息，互相交流，协同工作。

4. 集中管理

计算机网络技术的发展和应用，已使得现代办公、经营管理等发生了很大的变化。目前，已经有了许多 MIS 系统、OA 系统等，通过这些系统可以实现日常工作的集中管理，提高工作效率，增加经济效益。

5. 实现分布式处理

网络技术的发展，使得分布式计算成为可能。对于大型的课题，可以分为许许多多的小题目，由不同的计算机分别完成，然后再集中起来解决问题。

6. 负载平衡

负载平衡是指工作被均匀地分配给网络上的各台计算机。网络控制中心负责分配和检测，当某台计算机负载过重时，系统会自动转移部分工作到负载较轻的计算机中去处理。

6.1.3 计算机网络的分类

计算机网络的分类按照特点有很多种方法，这里仅介绍下列几种。

1. 按网络的规模和所跨越的地理位置分类

（1）局域网（Local Area Network，LAN）。直接采用高速电缆连接计算机，局域网只连接如一个部门、一栋楼或一个单位的较小范围的计算机，一般距离不会超过 10km。主要特点是：连接范围窄、用户数少、配置容易、连接速率高、误码率较低。

（2）城域网（Metropolitan Area Network，MAN）。作用范围在广域网与局域网之间，例如作用范围是一个城市，其传送速率比局域网的更高，但作用距离约为 10～100km。MAN 与 LAN 相比扩展的距离更长，连接的计算机数量更多，在地理范围上可以说是 LAN 的延伸。

（3）广域网（Wide Area Network，WAN）。它一般是在不同城市和不同国家之间的 LAN 或者 MAN 互联，作用范围通常为几百公里到几千公里。这种广域网因为所连接的用户多，总出口带宽有限，连接速率一般较低；目前多采用光纤线路，构成网状结构，解决路径问题。广域网的典型代表是 Internet 网。广域网有时也称为远程网（Long Haul Network）。

在上面讲述的几种网络类型中，用得最多的还是局域网，因为它距离短、速度高，无论在企业还是在家庭实现起来都比较容易，应用也最广泛。

2．按网络的拓扑结构进行分类

网络中各节点相互连接的方法和形式称为网络拓扑结构。常见的网络拓扑结构有星形、环形、总线型和混合型。

（1）星形拓扑结构

以一台中心处理机（通信设备）为主而构成的网络，其他入网机器仅与该中心处理机之间有直接的物理链路，中心处理机采用分时或轮询的方法为入网机器服务，所有的数据必须经过中心处理机。星形网广泛应用于局域网和广域网中。星形拓扑结构如图 6-1 所示。

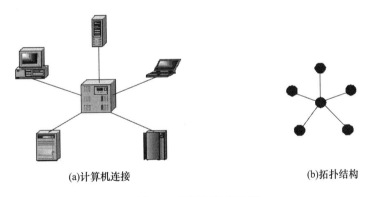

(a)计算机连接　　　　　　　　　　(b)拓扑结构

图 6-1　星形拓扑结构图

星形网具有如下特点：

① 网络结构简单，便于管理（集中式）；

② 每台入网机均需物理线路与处理机互连，线路利用率低；

③ 处理机负载重（需处理所有的服务），因为任何两台入网机之间交换信息，都必须通过中心处理机；

④ 入网主机故障不影响整个网络的正常工作，中心处理机的故障将导致网络的瘫痪。

（2）环形拓扑结构

入网设备通过转发器接入网络，每个转发器仅与两个相邻的转发器有直接的物理线路。环形网的数据传输具有单向性，一个转发器发出的数据只能被另一个转发器接收并转发。所有的转发器及其物理线路构成了一个环状的网络系统。环形网适用于局域网或实时性要求较高的环境。环形拓扑结构如图 6-2 所示。

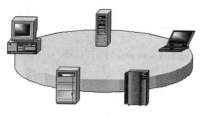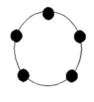

（a）计算机连接　　　　　　　　　　　　　　　（b）拓扑结构

图 6-2　环形拓扑结构图

环形网具有如下特点：

① 实时性较好（信息在网中传输的最大时间固定）；

② 每个结点只与相邻两个结点有物理链路；

③ 传输控制机制比较简单；

④ 某个结点的故障将导致物理瘫痪；

⑤ 单个环网的结点数有限。

（3）总线型拓扑结构

所有入网设备共用一条物理传输线路，所有的数据发往同一条线路，并能够由附接在线路上的所有设备感知。入网设备通过专用的分接头接入线路。总线型适用于局域网或实时性要求不高的环境。总线网拓扑是局域网的一种组成形式，其拓扑结构如图6-3所示。

总线网具有如下特点：

① 多台机器共用一条传输信道，信道利用率较高；

② 同一时刻只能由两台计算机通信；

③ 某个结点的故障不影响网络的工作；

④ 网络的延伸距离有限，结点数有限。

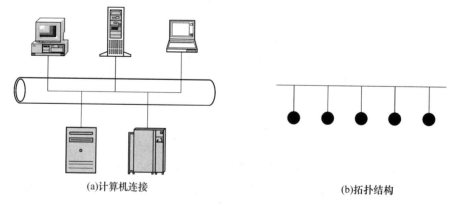

（a）计算机连接　　　　　　　　　　　　　　　（b）拓扑结构

图 6-3　总线型拓扑结构图

（4）混合型网络

混合型拓扑结构是指综合性的一种拓扑结构，即以上各种拓扑结构利用网络中间件互连在一起所组成的混合结构。组建混合型拓扑结构的网络有利于发挥网络拓扑结构的优点，克服单一拓扑结构相应的局限性。混合型拓扑结构如图 6-4 所示。

3．按传输介质分类

传输介质是指数据传输系统中发送装置和接收装置间的物理媒体，按其物理形态可以

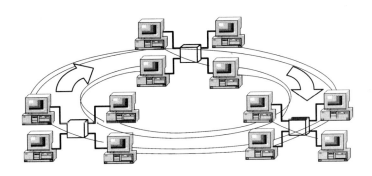

图 6-4 混合型拓扑结构图

划分为有线和无线两大类。

（1）有线网。传输介质采用有线介质连接的网络称为有线网，常用的有线传输介质有双绞线、同轴电缆和光导纤维。

（2）无线网。采用无线介质连接的网络称为无线网。目前无线网主要采用三种技术：微波通信、红外线通信和激光通信。这三种技术都是以大气为介质的。其中微波通信用途最广，目前的卫星网就是一种特殊形式的微波通信，它利用地球同步卫星作中继站来转发微波信号，一个同步卫星可以覆盖地球的三分之一以上表面，三个同步卫星就可以覆盖地球上全部通信区域。

6.1.4 计算机网络的组成

计算机网络的组成主要有两大组成部分，分别为网络硬件和网络软件。

1. 网络硬件的组成

计算机网络硬件的基本组成包括：网络服务器、客户机、通信设备、传输介质。

（1）网络服务器。计算机系统是计算机网络中的主要设备，它的作用有两个：一个是接收和发送信息，另一个更重要的作用就是存储信息。这也是计算机网络区别于其他网络的一个重要特征，经过处理和保存下来的信息是整个网络中最重要的资源。然而存储信息并不是目的，信息的充分利用和共享才能真正体现信息的价值。具有服务功能的这些计算机系统在计算机网络中称为网络服务器。根据用户的服务要求，提供文件形式服务的叫作文件服务器，提供数据管理服务的叫作数据库服务器，提供打印服务的叫作打印服务器，提供通信服务的就叫作通信服务器等。这些服务功能都是由计算机软件来完成的，一套计算机系统在一个网络中可以只承担某一种服务，也可同时承担多种服务，当然，在一个网络中不同的服务也可以由几套不同的计算机系统分别承担。

（2）客户机。人们获取计算机网络中的信息当然是依靠网络中的计算机，这些计算机接收人们获取信息的请求指令，通过网络通信系统将指令传送到网络服务器，由网络服务器将人们所需要的信息发送到这些计算机中。由此可以看出，这些计算机主要起着一种人与计算机网络交换信息的作用，或者说，这些计算机为人们在计算机网络上工作提供了一个必要的场所。因此，这些计算机系统被称作网络客户机（也称工作站）。

（3）通信设备。计算机系统本身并不具有将电信号传递到远距离的功能，因此组建计算机网络仅有计算机是不行的。电信号的传递必须依赖于某种载体，这种载体也称作传输媒体,如电线、电缆、微波、红外线等。不管是在哪种载体中,电信号都会受到载体内部的影响,随着距离的延长,其信号强度逐步降低至消失,这个过程叫作衰减。要使电信号传递到远距离目的地,就要在信号消失之前用一个设备将已经变弱的信号接收下来并加以放大,然后再次发送出去,这种设备叫中继器。众所周知,计算机网络中的信息传递是从一台计算机到另一台或别的多台计算机。如在电话网络中,要让一部电话机与所有可能通话的电话机直接用电话线相连接,那么接线将会是成百上千条,这是不现实的。但是如果使用交换机设备就可以有效解决这种问题。所有需要接收或发送信息的计算机都可以用各自的一根电线或电缆或某一种媒体连接到同一台交换机上,交换机在接收到任何一台计算机发出的信息后,根据信息中给出的目的地信息,把该信息转发给目的地计算机。

下面介绍常用的几种网络互联设备。

① 网络适配器(Network Interface Card,NIC)。也称为网络接口卡或网卡,它是计算机和计算机之间直接或间接传输介质互相通信的接口。网卡插在计算机的扩展槽中,是计算机与通信线路的接口设备。它提供数据传输的功能,也是计算机与网络之间的逻辑和物理链路。网卡的好坏直接影响用户将来的软件使用效果和物理功能的发挥。根据所连接的线缆的类型不同,网卡分为 RJ-45 头网卡、BNC 头网卡及同时带有两种接口的网卡共三种。带 RJ-45 头的网卡可接双绞线,带 BNC 头的网卡则可接同轴电缆。

② 中继器(Repeater)。中继器可对通信线路中的衰减信号进行放大加强,以扩展电缆传输信号的有效距离,它的作用是增加网络的覆盖区域。中继器工作在 OSI 模型的物理层。

③ 交换机(Switch)。交换机是广域网络的核心设备。高档交换机可提供大容量动态交换带宽,并采用信息直接交换技术,可以使多个站点间同时建立多个并行的通信链路,站点间沿指定路径转发报文,使争夺式的"共享型"信道转变为"分享型"的信道,最大限度地减少了网络帧的碰撞和转发延迟,使带宽和效率成倍增加。在高档交换机中其动态交换带宽可以达到 Gbit/s 级,允许上百个 10Mbit/s 信息量同时输入交换机并同时建立一百个实时通信链路。每个链路和端口可连入网段、集线器(Hub)和单个站点。

④ 路由器(Router)。路由器工作在最低三层协议中。路由器的三层功能即为通信子网的全部功能。路由器具有很强的异种网连接功能。

⑤ 网桥(Bridge)。网桥可连接两个采用同样的通信方法、传输介质和寻址结构的网络,它涉及 OSI 模型的数据链路层内介质访问控制子层。网桥可分为内部和外部两类。内部网桥指服务器兼任网桥,只要在服务器上为两个网分配一个网卡,然后分别装入相应的驱动器程序和协议。外部网桥是采用网上的一台独立工作站作网桥(也有专用和非专用之分)。利用网桥可将实际上物理分离的局域网连成逻辑上单一的局域网。

⑥ 网关(Gateway)。如果必须连接差别非常大的三种网络,可选用网关,如大型机网络和 PC 网络。路由器给数据包增加地址信息,但并不修改信息内容,网关有时则要变换两个网络间传送的数据,使之符合接收端应用程序的要求。

⑦ 调制解调器(Modem)。调制解调器,用于模拟信号和数字信号之间的转换。计算机内所能处理的是数字信号,而电话线传输的是模拟信号,计算机内的数字信号通过调制后变成模拟信号,经过电话线路传输到另一计算机的调制解调器,经调制解调器解调后由模拟信号转换为数字信号。通过这样的信号转换,使一台计算机可以通过电话线来呼叫另一台计

算机。

（4）传输介质。电信号传递的途径依赖于某种通信媒体。在计算机网络系统中的通信媒体根据通信系统采用的通信技术分为有线和无线两种，在有线通信中有同轴电缆、双绞线、光导纤维（光缆）等，在无线通信中有微波、红外线和激光等。不同的媒体对电信号的传输距离、传输质量和传输速度是不同的，当然对通信设备的技术要求、经费投入及组建的计算机网络系统的性能有区别。

① 双绞线电缆。双绞线是由两根绝缘金属线互相缠绕而成的，这样的一对线作为一条通信链路，由 4 对双绞线构成双绞线电缆。双绞线点到点的通信距离一般不能超出 100m。目前，计算机网络上用的双绞线有非屏蔽双绞线和屏蔽双绞线两种，常见为非屏蔽双绞线，如图 6-5 所示。

按传输速率分为三类线（最高传输速率为 10Mbit/s）、五类线（最高传输速率为 100Mbit/s）、超五类线、六类线（传输速率至少为 250Mbit/s）和七类线（传输速率至少 600Mbit/s）等几种。双绞线电缆的连接器一般为 RJ-45。

② 同轴电缆。同轴电缆由内、外两个导体组成，内导体可以由单或多股线组成，外导体一般由金属编织网组成。内、外导体之间有绝缘材料，其阻抗为 50Ω。同轴电缆分为粗缆和细缆，粗缆用 DB-15 连接器，细缆用 BNC 和 T 形连接器，如图 6-6 所示。

③ 光缆。光缆由两层折射率不同的材料组成。内层是由具有高折射率的玻璃单根纤维体组成，外层包了一层折射率较低的材料。光缆的传输形式分为单模传输和多模传输。光缆的传输速率可达到每秒几百兆位。光缆用 ST 或 SC 连接器，如图 6-7 所示。

图 6-5　非屏蔽双绞线

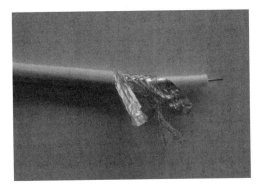

图 6-6　同轴电缆

④ 无线传输介质。传输介质还可用无线的方法来实现。目前，常用的无线传输介质有卫星通信、红外线、激光、微波等。

2. 网络软件的组成

网络软件包括网络操作系统、客户机网络软件和网络通信协议等。

（1）网络操作系统是由内核和外壳两部分组成。内核是在文件服务器上工作的调度程序，包含磁盘处理、打印机处理、控制台命令处理和网络通信处理等应用程序。外壳是在各工作站上运行的面向用户的程序。两者之间通过通信协议处理程序来交换信息。目前各种网络操作系统很多，最常见的有 NOVELL 公司的 NetWare 网络操作系统，Microsoft 公司的 Windows NT、Windows XP 网络操作系统等。

（2）客户机即工作站。工作站操作系统主要维持本机的单机操作。客户机也要运行小

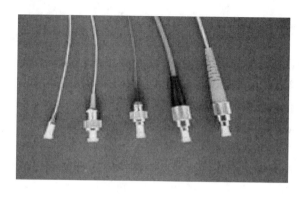

图 6-7　光缆

部分网络软件。它要与工作站上运行的操作系统，如 DOS、Windows、OS/2、UNIX 等进行通信和交互。

（3）网络通信协议。把计算机、交换机通过传输介质连在一起并不能实现两台计算机的通信。解决通信问题的方法是要制定一套严格的、详细的、可供操作的规则，这种规则在一个系统中是一个统一的也是唯一的标准，系统中所有成员必须按标准执行才能保证系统的有效运行。这种标准即网络协议（Network Protocol）或通信协议（Communication Protocol）。制定网络协议是一个庞大而又复杂的系统工程，通常采用的是体系结构法，把在计算机网络中用于规定信息的格式及如何发送和接收信息的一套规则称为网络的标准，目前这一标准是由美国电子电路工程师学会（IEEE）制定的 802 标准（称 IEEE802 标准）。这个标准是在 ISO/OSI 模型的基础上修改制定的。

6.1.5　计算机网络的体系结构

计算机网络是一个非常复杂的系统，需要解决的问题很多并且性质各不相同。所以，在 ARPANET 设计时，就提出了"分层"的思想，即将庞大而复杂的问题分为若干较小的易于处理的局部问题。网络体系结构（network architecture）：是计算机之间相互通信的层次，以及各层中的协议和层次之间接口的集合。它是指通信系统的整体设计，它为网络硬件、软件、协议、存取控制和拓扑提供标准。它广泛采用的是国际标准化组织 ISO 在 1979 年提出的开放系统互连的参考模型（简称为 OSI，即 Open System Interconnection）。如图 6-8 所示 OSI 参考模型的体系结构，由低层至高层分别称为物理层、数据链路层、网络层、运输层、会话层、表示层和应用层，它的规范对所有的厂商是开放的，具有指导国际网络结构和开放系统走向的作用。它直接影响总线、接口和网络的性能。以下是各层的主要功能。

（1）物理层（Physical Layer）

传送信息要利用物理媒体，如双绞线、同轴电缆、光纤等，但具体的物理媒体并不在 OSI 的七层之内。有人把物理媒体当作第 0 层，因为它的位置处在物理层的下面。物理层的任务就是为其上一层（即数据链路层）提供一个物理连接，以便透明地传送比特流。在物理层上所传数据的单位是比特。

（2）数据链路层（Data Link Layer）

数据链路层负责在两个相邻结点间的线路上无差错地传送以帧为单位的数据。帧是数据的逻辑单位，每一帧包括一定数量的数据和一些必要的控制信息。和物理层相似，数据链

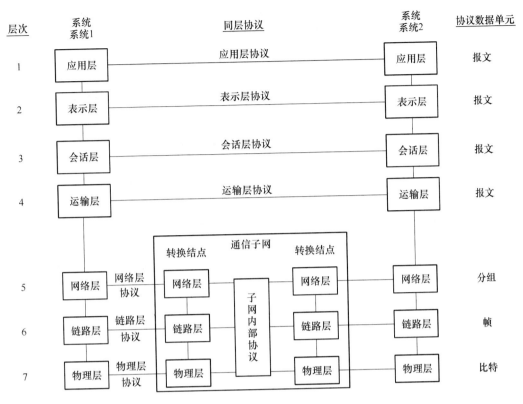

图 6-8　OSI 网络系统结构参考模型及协议

路层要负责建立、维持和释放数据链路的连接。在传送数据时,若接收结点检测到所传数据中有差错,就要通知发方重发这一帧,直到这一帧正确无误地到达接收结点为止。在每帧所包括的控制信息中,有同步信息、地址信息、差错控制,以及流量控制信息等。这样,链路层就把一条有可能出差错的实际链路,转变成让网络层向下看起来好像是一条不出差错的链路。

（3）网络层（Network Layer）

在计算机网络中进行通信的两个计算机之间可能要经过许多个结点和链路,也可能还要经过好几个通信子网。在网络层,数据的传送单位是分组或包。网络层的任务就是要选择合适的路由,使发送站的运输层所传下来的分组能够正确无误地按照地址找到目的站,并交付给目的站的运输层。这就是网络层的寻址功能。

（4）运输层（Transport Layer）

这一层也可称为传送层、传输层或转送层,现在多称为运输层。在运输层,信息的传送单位是报文。当报文较长时,先要把它分割成好几个分组,然后交给下一层（网络层）进行传输。运输层的任务是根据通信子网的特性最佳地利用网络资源,并以可靠和经济的方式,为两个端系统（即源站和目的站）的会话层之间,建立一条运输连接,透明地传送报文。或者说,运输层向上一层（会话层）提供一个可靠的端到端的服务。它屏蔽了会话层,使它看不见运输层以内的数据通信的细节。在通信子网中没有运输层,运输层只能存在于端系统（即主机）之中。运输层以上的各层就不再负责信息传输的问题。正因为如此,运输层就成为计算机网络体系结构中最为关键的一层。

（5）会话层（Session Layer）

这一层也称为会晤层或对话层。在会话层及以上的更高层次中，数据传送的单位一般称为报文。会话层虽然不参与具体的数据传输，但它却对数据传输进行管理。会话层在两个互相通信的应用进程之间，建立、组织和协调其交互。例如，确定是双工工作（每一方同时发送和接收），还是半双工工作（每一方交替发送和接收）。当发生意外时（如已建立的连接突然断了），要确定在重新恢复会话时应从何处开始。

（6）表示层（Presentation Layer）

表示层主要解决用户信息的语法表示问题。表示层将欲交换的数据从适合于某一用户的抽象语法，变换为适合于 OSI 系统内部使用的传送语法。有了这样的表示层，用户就可以把精力集中在他们所要交谈的问题本身，而不必更多地考虑对方的某些特性。例如，对方使用什么样的语言。此外，对传送信息加密（和解密）也是表示层的任务之一。

（7）应用层（Application Layer）

应用层是 OSI 参考模型中的最高层，它确定进程之间通信的性质以满足用户的需要；负责用户信息的语义表示，并在两个通信者之间进行语义匹配，即应用层不仅要提供应用进程所需要的信息交换和远程操作，而且还要作为互相作用的应用进程的用户代理，来完成一些为进行语义上有意义的信息交换所必需的功能。

6.2 局域网技术

局域网 LAN（Local Area Network）是指在有限的地理范围内，利用各种网络连接设备和通信线路将计算机互连，实现数据传输和资源共享的计算机网络。简单地说，它就是一个限定在一定地域范围的、高速的通信网络，如一栋大楼中的企业局域网或校园网。在局域网中，任何计算机发出的数据包都能被其他计算机接收到，网内的各个主机允许资源共享和数据传输，包括数据文件、多媒体文件、电子邮件、语言邮件或各类软件，也可以是一些外围设备的共享，如打印机、扫描仪或存储设备等。

6.2.1 局域网的特点

局域网分布范围小，投资少，配置较简单。主要特点有：传输速率高，一般为 1Mbit/s～20Mbit/s，光纤高速网可达 100Mbit/s、1 000Mbit/s；支持传输介质种类多；通信处理一般由网卡完成；传输质量好，误码率低；具有规则的拓扑结构。

6.2.2 以太网技术

以太网（Ethernet）是最早的局域网技术，是一种基于总线型的广播式网络，以高速、低成本的巨大优势受到欢迎，在现有的局域网标准中的最成功的局域网技术，也是当前应用最广泛的一种局域网。

以太网是基于 IEEE802.3 标准建立的，其基本形式是以 10Mbit/s 的速度运行在总线拓扑结构上，近十年，以太网的传输速率从 10Mbit/s 发展到今天的 100Mbit/s、1 000Mbit/s、10Gbit/s，其发展速度相当惊人。

1. 以太网的几种标准

IEEE 802.3 中针对网络拓扑、数据速率、信号编码、最大网段长度以及所使用的传输介质进行了详细的划分,规定了6种标准。在这些标准中前面的数字表示传输速度,单位是"Mbit/s",最后的一个数字表示单段网线长度(基准单位是 100m),Base 表示"基带"的意思,Broad 代表"带宽"。以下是6种标准的相关特点。

(1) 10Base-5。使用粗同轴电缆,最大网段长度为 500m,基带传输方法;

(2) 10Base-2。使用细同轴电缆,最大网段长度为 185m,基带传输方法;

(3) 10Base-T。使用双绞线电缆,最大网段长度为 100m;

(4) 1Base-5。使用双绞线电缆,最大网段长度为 500m,传输速度为 1Mbit/s;

(5) 10Broad-36。使用同轴电缆(RG-59/U CATV),最大网段长度为 3 600m,是一种宽带传输方式;

(6) 10Base-F。使用光纤传输介质,传输速率为 10Mbit/s。

2. 以太网的帧结构

根据 IEEE 802.3 的帧格式所制定的以太网帧结构如图 6-9 所示。

前导码	帧首定界符 (SFD)	目的地址 (DA)	源地址 (SA)	类型 (TYPE)	数据区 (DATA)	帧校验序列 (FCS)
7 byte	1 byte	6 byte	6 byte	2 byte	46~1500 byte	4 byte

图 6-9 以太网帧格式

3. 以太网媒体接入控制方式(CSMA/CD)

早期的以太网是一种基于总线型的广播式网络,也就是将许多台计算机连接到一根总线上,这样每当结点计算机开始发送数据帧时总线上的所有计算机就都能够检测到该帧,类似于广播通信方式。网卡从网络上每收到一个 MAC 帧,首先检查帧中的 MAC 地址,如果是发送本站的帧则收下,否则就将此帧丢弃。网络中的结点所需要发送的数据帧则都是以广播的方式通过公开的传输介质发送到总线上,而连接在总线上的所有结点都有可能接收到该帧,同时也可以利用该总线发送数据,这样网络中就会争着抢用传输介质而发生冲突。为此,需要一种访问机制以便让结点知道网络当前的情况,而带有冲突检测的载波监听多路访问协议(CSMA/CD)就是这样一种访问机制。

以太网 CSMA/CD 协议的发送过程:一个站点如果想使用传输介质发送数据,必须首先监听线路是否有其他站点正在发送数据。如果没有被占用,则可以立即放松数据;传输过程中,发送站点还必须继续监听是否有其他站点开始了发送。如果有,该发送站则中断发送,等待一定的随机时间后再进行监听、发送,直到所有的数据全部被成功地发送出去,并且没有被其他站点发送的数据破坏。其发送流程可以简单地概括为4点:先听后发,边听边发,冲突停止,延迟重发,工作流程如图 6-10(a)所示。

以太网 CSMA/CD 协议的接收过程:网络上的站点若不处于发送状态则处于接收状态,在准备接收发送站送来的数据帧时,先要检测是否有信息到来,然后将载波监听的信号置为"ON",以免与待接收的帧发生冲突,当一个站点完成一个数据帧的接收后,需要首先判断所接收的帧长度。IEEE802.3 协议对最小帧长度作了规定,小于 64B 的帧被认为是发

175

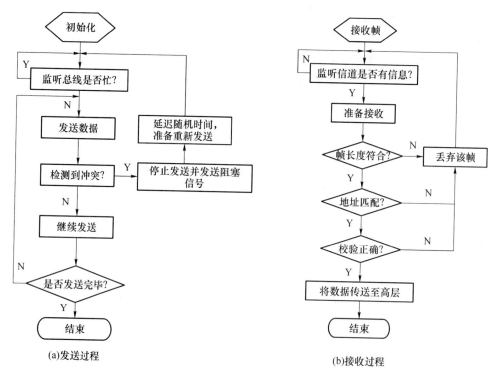

图 6-10　CSMA/CD 工作流程图

生了"冲突",该帧是一个"冲突碎片",将其丢弃,接收处理结束。若未发生冲突,则进行地址匹配,确认是否与本站地址相符,并将该帧的目的地址字段、源地址、数据字段的内容存入本站点的缓冲区,然后进行传输差错检验和处理,即 CRC 检验。如果 CRC 检验结果与接收到的 FCS 一致,则进一步检测数据长度,并将正确的帧中数据传送给高层,并成功进入结束状态,否则丢弃这些数据。接收过程的流程如图 6-10(b)所示。

6.2.3　无线局域网

通常计算机组网的传输媒介主要依赖铜缆或光缆,构成有线局域网。但有线网络在某些场合要受到布线的限制:例如布线、改线工程量大,线路容易损坏,网中的各节点不可移动。特别是当要把相离较远的节点连接起来时,铺设专用通信线路的布线施工难度大、费用高、耗时长,对正在迅速扩大的互联网需求形成了严重的瓶颈阻塞。无线局域网就是解决有线网络以上问题而出现的。

从专业角度讲,无线局域网利用了无线多址信道的一种有效方法来支持计算机之间的通信,并为通信的移动化、个性化和多媒体应用提供了可能。通俗地说,无线局域网(Wireless Local-Area Network,WLAN)就是在不采用传统缆线的同时,提供以太网或者令牌网络的功能。无线局域网利用电磁波在空气中发送和接收数据,而无须线缆介质。无线局域网的数据传输速率现在已经能够达到 11Mbit/s,传输距离可远至 20km 以上,它是对有线联网方式的一种补充和扩展,使网上的计算机具有可移动性,能快速方便地解决使用有线方式不易实现的网络联通问题。下面介绍无线局域网的有关知识。

1．无线局域网的优点

与有线网络相比，无线局域网具有以下优点。

（1）安装便捷

一般在网络建设中，施工周期最长、对周边环境影响最大的就是网络布线施工工程。在施工过程中，往往需要破墙掘地、穿线架管。而无线局域网最大的优势就是免去或减少了网络布线的工作量，一般只要安装一个或多个接入点AP（Access Point）设备，就可建立覆盖整个建筑或地区的局域网络。

（2）使用灵活

在有线网络中，网络设备的安放位置受网络信息点位置的限制。而一旦无线局域网建成后，在无线网的信号覆盖区域内任何一个位置都可以接入网络。

（3）经济节约

由于有线网络缺少灵活性，这就要求网络规划者尽可能地考虑未来发展的需要，这就往往导致预设大量利用率较低的信息点。而一旦网络的发展超出了设计规划，又要花费较多费用进行网络改造，而无线局域网可以避免或减少以上情况的发生。

（4）易于扩展

无线局域网有多种配置方式，能够根据需要灵活选择，能够提供像"漫游"等有线网络无法提供的特性。由于无线局域网具有多方面的优点，所以发展十分迅速。在最近几年里，无线局域网已经在工厂、商店、医院和学校等不适合网络布线的场合得到了广泛应用。

2．无线局域网的相关技术

IEEE 802.11是在1997年由大量的局域网以及计算机专家审定通过的标准。IEEE 802.11规定了无线局域网在2.4GHz波段进行操作，这一波段被全球无线电法规实体定义为扩频使用波段。

1999年8月，802.11标准得到了进一步的完善和修订，包括用一个基于SNMP的MIB来取代原来基于OSI协议的MIB。另外还增加了两项内容，一种是802.11a，它扩充了标准的物理层，频带为5GHz，采用QFSK调制方式，传输速率为6Mbit/s～54Mbit/s。它采用正交频分复用（OFDM）的独特扩频技术，可提供25Mbit/s的无线ATM接口和10Mbit/s的以太网无线帧结构接口，并支持语音、数据、图像业务。这样的速率完全能满足室内、室外的各种应用场合。但是，采用该标准的产品目前还没有进入市场。另一种是802.11b标准，在2.4GHz频带，采用直接序列扩频（DSSS）技术和补偿编码键控（CCK）调制方式。该标准可提供11Mbit/s的数据速率，还能够根据情况的变化，在11Mbit/s、5.5Mbit/s、2Mbit/s、1Mbit/s的不同速率之间自动切换。它从根本上改变无线局域网设计和应用现状，扩大了无线局域网的应用领域，现在，大多数厂商生产的无线局域网产品都基于802.11b标准。

3．无线局域网的相关概念

在一个典型的无线局域网环境中，有一些进行数据发送和接收的设备，称为接入点（AP）。通常，一个AP能够在几十至上百米的范围内连接多个无线用户。在同时具有有线和无线网络的情况下，AP可以通过标准的Ethernet电缆与传统的有线网络相连，作为无线网络和有线网络的连接点。无线局域网的终端用户可通过无线网卡等访问网络。

无线局域网在室外主要有以下几种结构。

（1）点对点型

该类型常用于固定的要联网的两个位置之间，是无线联网的常用方式，使用这种联网方式建成的网络，优点是传输距离远，传输速率高，受外界环境影响较小。

（2）点对多点型

该类型常用于有一个中心点，多个远端点的情况下。其最大优点是组建网络成本低、维护简单；其次，由于中心使用了全向天线，设备调试相对容易。该种网络的缺点也是因为使用了全向天线，波束的全向扩散使得功率大大衰减，网络传输速率低，对于较远距离的远端点，网络的可靠性不能得到保证。

（3）混合型

这种类型适用于所建网络中有远距离的点、近距离的点，还有建筑物或高山阻挡的点。在组建这种网络时，综合使用上述几种类型的网络方式，对于远距离的点使用点对点方式，近距离的多个点采用点对多点方式。

无线局域网的室内应用则有以下两类情况。

（1）独立的无线局域网

这是指整个网络都使用无线通信的情形，可以考虑是否使用 AP。在不使用 AP 时，各个用户之间通过无线直接互联。但缺点是各用户之间的通信距离较近，且当用户数量较多时，性能较差。

（2）非独立的无线局域网

在大多数情况下，无线通信是作为有线通信的一种补充和扩展，可称为非独立的无线局域网。在这种配置下，多个 AP 通过线缆连接在有线网络上，使无线用户能够访问网络的各个部分。

无线局域网是计算机网络与无线通信技术相结合的产物。伴随着有线网络的广泛应用，以快捷高效、组网灵活为优势的无线网络技术也在飞速发展。

6.3 Internet 概述

从计算机网络体系结构的角度来看，Internet 是一个国际性的广域网。Internet 是由符合 TCP/IP 等网络协议，在全球范围内将各个计算机网络连接起来形成的互联网，它是目前全世界最大的网络，被称为"信息高速公路"，目前已与 170 多个国家和地区互相连接。Internet 的应用已越来越广泛，了解 Internet 对每个学习计算机的人来说都必不可少。

6.3.1 Internet 的发展

Internet 最早来源于美国国防部高级研究计划局 DARPA（Defense Advanced Research Projects Agency）的前身 ARPA 建立的 ARPAnet，该网于 1969 年投入使用。最初，ARPAnet 主要用于军事研究目的。

1983 年，ARPAnet 分裂为两部分：ARPAnet 和纯军事用的 MILNET。与此同时，局域网和其他广域网的产生和蓬勃发展对 Internet 的进一步发展起了重要的作用。其中，最为引人注目的就是美国国家科学基金会 NSF(National Science Foundation)建立的美国国家科学基金网 NSFnet。NSF 在全国建立了按地区划分的计算机广域网,并将这些地区网络和超级计算中心相连,最后将各超级计算中心互联起来。连接各地区网上主通信结点计算机的高速数据专线构成了 NSFnet 的主干网,这样,当一个用户的计算机与某一地区相连以后,它除了可以使用任一超级计算中心的设施,可以同网上任一用户通信,还可以获得网络提供的大量信息和数据。这一成功使得 NSFnet 于 1990 年 6 月彻底取代了 ARPAnet 而成为 Internet 的主干网。

今天的 Internet 已不再是计算机人员和军事部门进行科研的领域,而是变成了一个开发和使用信息资源的覆盖全球的信息海洋。Internet 已成为目前规模最大的国际性计算机网络。同时,Internet 的应用业渗透到了各个领域,从学术研究到股票交易、从学校教育到娱乐游戏、从联机信息检索到在线居家购物等,都有长足的进步。

6.3.2 TCP/IP 体系结构

在前面的 6.1.5 章节中已介绍了国际标准化组织(ISO)在 1979 年提出的开放系统互连(OSI-Open System Interconnection)的参考模型,但法律上的国际标准 OSI 并没有得到市场的认可,而美国国防部高级研究计划局(DOD-ARPA)于 1969 年提出的 TCP/IP 模型却得到了最广泛的应用。由于 TCP/IP 有大量的协议和应用支持,现在已成为事实上的标准。

TCP/IP 也采用分层体系结构,每一层提供特定的功能,层与层间相对独立,因此改变某一层的功能就不会影响其他层。这种分层技术简化了系统的设计和实现,提高了系统的可靠性及灵活性。TCP/IP 共分四层,即网络接口层、Internet 层、传输层和应用层。每一层提供特定功能,层与层之间相对独立,与 OSI 七层模型相比,TCP/IP 没有表示层和会话层,这两层的功能由应用层提供,OSI 的物理层和数据链路层功能由网络接口层完成。TCP/IP 参考模型及协议层如图 6-11 所示。

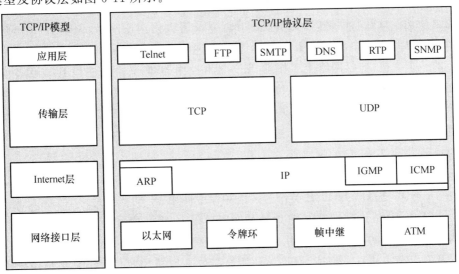

图 6-11 TCP/IP 参考模型

（1）网络接口层

网络接口层是 TCP/IP 参考模型的最底层，它负责通过网络发送和接收 IP 数据包。TCP/IP 参考模型允许主机连入网络时使用多种现成的与流行的协议，例如局域网协议或其他一些协议。

（2）网络层

网络层也称为互连层，是 TCP/IP 参考模型的第二层，它相当于 OSI 参考模型的网络层的无连接网络服务。网络层负责将源主机的报文分组发送到目的主机，源主机与目的主机可以在同一个网上，也可以在不同的网上。

（3）传输层

传输层是 TCP/IP 参考模型的第三层，它负责在应用进程之间的"端—端"通信。传输层的主要目的是：在互联网中源主机与目的主机的对等实体间建立用于会话的"端—端"连接。从这一点上看，TCP/IP 参考模型的传输层与 OSI 参考模型的传输层功能是相似的。

（4）应用层

应用层是 TCP/IP 参考模型的最高层，它包括所有的高层协议，并且不断有新的协议加入。TCP/IP 参考模型的应用层与 OSI 参考模型的应用层功能是相似的。

6.3.3　IP 地址和域名

IP 地址和域名是在 Internet 网络中对资源进行定位的一种技术手段，每台接入到 Internet 网络中的计算机都有一个唯一的 IP 地址。

1. IP 地址

IP 是英文 Internet Protocol 的缩写，意思是"网络之间互连的协议"，也就是为计算机网络相互连接进行通信而设计的协议。在因特网中，它是能使连接到网上的所有计算机网络实现相互通信的一套规则，规定了计算机在因特网上进行通信时应当遵守的规则。任何厂家生产的计算机系统，只要遵守 IP 协议就可以与因特网互连互通。IP 地址是一种在 Internet 上的给主机编址的方式，也称为网际协议地址。常见的 IP 地址，分为 IPv4 与 IPv6 两大类。最初设计互联网络时，为了便于寻址以及层次化构造网络，每个 IP 地址包括两个标识码（ID），即网络 ID 和主机 ID。同一个物理网络上的所有主机都使用同一个网络 ID，网络上的一个主机（包括网络上工作站、服务器和路由器等）有一个主机 ID 与其对应。

在 IPv4 中，IP 地址是一个 32 位的二进制数，通常被分割为 4 个"8 位二进制数"（也就是 4 个字节）。用点分十进制表示方法，每段数字范围为 0～255，段与段之间用句点隔开。

例如，32 位 IP 地址的点分十进制表示：10100110　01101111　00000001　00000110 表示为：166.111.1.6。

Internet 委员会定义了 5 种 IP 地址类型以适合不同容量的网络，即 A、B、C、D、E 共 5 类，其中 A、B、C 是基本类，D、E 类作为多播和保留使用。

一个 A 类 IP 地址是指，在 IP 地址的四段号码中，第一段号码为网络号码，剩下的三段号码为本地计算机的号码。如果用二进制表示 IP 地址的话，A 类 IP 地址就由 1 字节的网络地址和 3 字节主机地址组成，网络地址的最高位必须是"0"。A 类 IP 地址中网络的标识长度为 8 位，主机标识的长度为 24 位，A 类网络地址数量较少，有 126 个网络，每个网络可以容纳主机数达 1 600 多万台。

一个 B 类 IP 地址是指,在 IP 地址的四段号码中,前两段号码为网络号码。如果用二进制表示 IP 地址的话,B 类 IP 地址就由 2 字节的网络地址和 2 字节主机地址组成,网络地址的最高位必须是"10"。B 类 IP 地址中网络的标识长度为 16 位,主机标识的长度为 16 位,B 类网络地址适用于中等规模的网络,有 16 384 个网络,每个网络所能容纳的计算机数为 6 万多台。

一个 C 类 IP 地址是指,在 IP 地址的四段号码中,前三段号码为网络号码,剩下的一段号码为本地计算机的号码。如果用二进制表示 IP 地址的话,C 类 IP 地址就由 3 字节的网络地址和 1 字节主机地址组成,网络地址的最高位必须是"110"。C 类 IP 地址中网络的标识长度为 24 位,主机标识的长度为 8 位,C 类网络地址数量较多,有 209 万余个网络。适用于小规模的局域网络,每个网络最多只能包含 254 台计算机。

D 类 IP 地址在历史上被叫作多播地址(Multicast Address),即组播地址。在以太网中,多播地址命名了一组应该在这个网络中应用接收到一个分组的站点。多播地址的最高位必须是"1110",范围从 224.0.0.0～239.255.255.255。

以下表格 6-1 是 A、B、C 三类 IP 的取值范围与用途。

表 6-1 A、B、C 三类 IP 的取值范围与用途

类别	最大网络数	IP 地址范围	最大主机数	主要用途
A	126(2^7-2)	0.0.0.0～127.255.255.255	16777214	用于主机数达 1600 多万台的大型网络
B	16384(2^{14})	128.0.0.0～191.255.255.255	65534	适用于中等规模的网络,每个网络所能容纳的计算机数为 6 万多台
C	2097152(2^{21})	192.0.0.0～223.255.255.255	254	适合于小规模的局域网,每个网络最多只能包含 254 台计算机

现有的互联网是在 IPv4 协议的基础上运行的。IPv6 是下一版本的互联网协议,也可以说是下一代互联网的协议,它的提出最初是因为随着互联网的迅速发展,IPv4 定义的有限地址空间将被耗尽,而地址空间的不足必将妨碍互联网的进一步发展。为了扩大地址空间,拟通过 IPv6 以重新定义地址空间。IPv4 采用 32 位地址长度,只有大约 43 亿个地址,而 IPv6 采用 128 位地址长度,几乎可以不受限制地提供地址。按保守方法估算 IPv6 实际可分配的地址,整个地球的每平方米面积上仍可分配 1 000 多个地址。在 IPv6 的设计过程中除解决了地址短缺问题以外,还考虑了在 IPv4 中解决不好的其他一些问题,主要有端到端 IP 连接、服务质量(QoS)、安全性、多播、移动性、即插即用等。

与 IPv4 相比,IPv6 主要有如下一些优势。

第一,明显地扩大了地址空间。IPv6 采用 128 位地址长度,几乎可以不受限制地提供 IP 地址,从而确保了端到端连接的可能性。

第二,提高了网络的整体吞吐量。由于 IPv6 的数据包可以远远超过 64K 字节,应用程

序可以利用最大传输单元(MTU)，获得更快、更可靠的数据传输，同时在设计上改进了选路结构，采用简化的报头定长结构和更合理的分段方法，使路由器加快数据包处理速度，提高了转发效率，从而提高网络的整体吞吐量。

第三，使得整个服务质量得到很大改善。报头中的业务级别和流标记通过路由器的配置可以实现优先级控制和 QoS 保障，从而极大改善了 IPv6 的服务质量。

第四，安全性有了更好的保证。采用 IPSec 可以为上层协议和应用提供有效的端到端安全保证，能提高在路由器水平上的安全性。

第五，支持即插即用和移动性。设备接入网络时通过自动配置可自动获取 IP 地址和必要的参数，实现即插即用，简化了网络管理，易于支持移动节点，而且 IPv6 不仅从 IPv4 中借鉴了许多概念和术语，它还定义了许多移动 IPv6 所需的新功能。

第六，更好地实现了多播功能。在 IPv6 的多播功能中增加了"范围"和"标志"，限定了路由范围和可以区分永久性与临时性地址，更有利于多播功能的实现。

IPv6 并非简单的 IPv4 升级版本。作为互联网领域迫切需要的技术体系、网络体系，IPv6 比任何一个局部技术都更为迫切和急需。这是因为，其不仅能够解决互联网 IP 地址的大幅短缺问题，还能够降低互联网的使用成本，带来更大经济效益，并更有利于社会进步。

在技术方面，IPv6 能让互联网变得更大。互联网基于 IPv4 协议。但除了预留部分供过渡时期使用的 IPv4 地址外，全球 IPv4 地址即将分配殆尽。而随着互联网技术的发展，各行各业乃至个人对 IP 地址的需求还在不断增长。在网络资源竞争的环境中，IPv4 地址已经不能满足需求。而 IPv6 恰能解决网络地址资源数量不足的问题。

在经济方面，IPv6 也为除计算机外的设备连入互联网在数量限制上扫清了障碍，这就是物联网产业发展的巨大空间。如果说，IPv4 实现的只是人机对话，而 IPv6 则扩展到任意事物之间的对话，它将服务于众多硬件设备，如家用电器、传感器、远程照相机、汽车等。它将是无时不在、无处不在地深入社会的每个角落。如此，其经济价值不言而喻。

在社会方面，IPv6 还能让互联网变得更快、更安全。下一代互联网将把网络传输速度提高 1 000 倍以上，基础带宽可能会是 406 以上。IPv6 使得每个互联网终端都可以拥有一个独立的 IP 地址，保证了终端设备在互联网上具备唯一真实的"身份"，消除了使用 NAT 技术对安全性和网络速度的影响，其所能带来的社会效益将无法估量。

IPv6 是把 128 位二进制表示的 IP 地址以 16 位为一分组，共分成 8 组，每个 16 位二进制数不再用十进制数表示，而是用 4 位十六进制数表示，中间用冒号分隔。故而把 IPv6 地址的表示方法称为冒号分十六进制格式。例如：

　　　　21DA:00D3:0000:2F3B:02AA:00FF:FE28:9C5A

是一个完整的 IPv6 地址。

2. 域名系统

通过 IP 地址，用户就可以在网络中进行通信。但是用一连串的数字 IP 作为机器在网络中的标识不便于人们记忆，操作起来也不方便。因此因特网中利用计算机处理速度快和存储容量大的特点，允许用户使用另一种识别标志。这种标志与网络中的每一台主机的 IP 地址一一对应，不同的是这种标志由字符组成便于用户记忆。我们把这样的一种对应关系规则称为域名系统 DNS(Domain Name System)。DNS 提供主机名与 IP 地址之间的转换服务,它是今天在 Internet 上成功运作的名字服务系统。

因特网中的域名采用了层次树状结构的命名方法。域名的结构由若干个分量组成,各分量之间用点隔开。形式如:三级域名.二级域名.顶级域名。如清华大学注册的域名为 tsinghua.edu.cn。各个分量分别代表不同级别的域名,各级域名由其上一级的域名管理机构管理,而最高的顶级域名则由因特网的有关机构管理。

图 6-12 是因特网名字空间的结构,它实际上是一棵倒过来的树,树根在最上面而没有名字。树根下面一级的结点就是最高一级的顶级域结点。在顶级域下面的是二级域结点。例如,南昌大学科学技术学院注册的域名为 ndkj.com.cn,其中 cn 为顶级域名,com 为二级域名,ndkj 为三级域名。

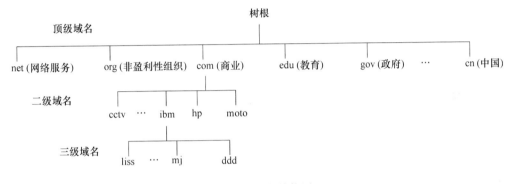

图 6-12　域名结构图

6.3.4　URL 地址

统一资源定位符(Uniform Resource Locator,URL)是对可以从互联网上得到的资源的位置和访问方法的一种简洁的表示,是互联网上标准资源的地址。互联网上的每个文件都有一个唯一的 URL,它包含的信息指出文件的位置以及浏览器应该怎么处理它。它最初是由蒂姆·伯纳斯·李发明用来作为万维网的地址。现在它已经被万维网联盟编制为互联网标准 RFC1738。

URL 分为绝对 URL 和相对 URL,绝对 URL(absolute URL)显示文件的完整路径,这意味着绝对 URL 本身所在的位置与被引用的实际文件的位置无关。相对 URL(relative URL)以包含 URL 本身的文件夹的位置为参考点,描述目标文件夹的位置。如果目标文件与当前页面(也就是包含 URL 的页面)在同一个目录,那么这个文件的相对 URL 仅仅是文件名和扩展名,如果目标文件在当前目录的子目录中,那么它的相对 URL 是子目录名,后面是斜杠,然后是目标文件的文件名和扩展名。

如果要引用文件层次结构中更高层目录中的文件,那么使用两个句点和一条斜杠。可以组合和重复使用两个句点和一条斜杠,从而引用当前文件所在的硬盘上的任何文件,

一般来说,对于同一服务器上的文件,应该总是使用相对 URL,它们更容易输入,而且在将页面从本地系统转移到服务器上时更方便,只要每个文件的相对位置保持不变,链接就仍然是有效的。

URL 由三部分组成:资源类型、存放资源的主机域名、资源文件名。

URL 的一般语法格式为:

protocol :// hostname[:port] / path / [;parameters][? query]♯fragment

(注:带方括号[]的为可选项)

统一资源定位符一般是分大小写的,不过服务器管理员可以确定在回复询问时大小写是否被区分。有些服务器在收到不同大小写的询问时的回复是相同的。地址结尾的"."号在互联网的发展初期,访问一个网站不是单纯的输入这样 DNS 服务器才能够识别。后来,微软公司在 WindowsNT 3.51 中对其进行了修改,可以自动在 DNS 查询时自动增加一个"."号,随后 UNIX、NetWare 也随之而跟进,让服务器可以识别结尾没有"."的域名。但是,符号"."在当前的网址中仍然可以使用,统一资源定位符的日常使用超文本传输协议,统一资源定位符将从互联网获取信息的四个基本元素包括在一个简单的地址中。

6.4　Internet 的应用

随着计算机网络技术的不断发展,Internet 已经成为世界上最大的互联网,其网络资源数量巨大,包罗万象。Internet 提供了迅速方便的通信手段,人们足不出户即可从网上获取更多的数据、消息。本节将介绍如何使用 Internet 的资源服务,如浏览器的使用、收发电子邮件、文件传输以及文件传输等应用。

6.4.1　IE 浏览器的使用

浏览器(Browser)是指显示网页服务器或者文件系统的 HTML 文件内容,并让用户与这些文件交互的一种软件。它用来显示在万维网或局域网等内的文字、图像及其他信息。这些文字或图像,可以是连接其他网址的超链接,用户可迅速及轻易地浏览各种信息。浏览器通过 HTTP 协议与 Web 服务器进行交互,它根据 Internet 用户提供的 Web 服务器的 IP 地址或域名获取 Web 服务器提供的网页。常见的网页浏览器有微软公司的 Internet Explorer(简称 IE)、苹果公司的 Safari、谷歌公司的 Chrome、Mozilla 公司的 Firefox,对于国内用户,常用的还有 QQ 浏览器、百度浏览器、搜狗浏览器、猎豹浏览器、360 浏览器、UC 浏览器、傲游浏览器等,本节主要介绍微软公司的 IE10.0 浏览器。

1. IE 的界面组成

启动 IE,或者双击桌面上的 IE 图标,IE 会以默认起始页的方式打开浏览器窗口。图 6-13 是 IE10.0 版本的主界面。

IE 的版本不同,则主界面的组成各不同,IE 浏览器的主界面由标题栏、地址栏、搜索栏、菜单栏、主窗口、常用按钮和状态栏组成。

(1)地址栏:为用户提供了输入网页地址的地方,用户在输完地址后,按回车键即可让浏览器连接并打开指定的网页;

(2)搜索栏:提供搜索引擎的功能;

(3)菜单栏:提供与网页浏览相关的功能和浏览器的配置功能等;

(4)主窗口:用于显示网页的内容,在主窗口中可以打开多个选项卡,用于显示不同的网页;

（5）常用按钮：分散在整个界面的上方，它采用按钮的方式实现了菜单栏中比较常用的功能，例如前进、后退、刷新、收藏夹等功能；

（6）状态栏：用于显示浏览器当前的功能，如正在打开的网页等。

图 6-13　IE10.0 版本的主界面

2．IE 浏览器的属性设置

通过对 IE 浏览器属性的设置可以实现更多个性化功能。"工具"菜单栏中的"Internet 选项"对话框包括"常规""安全""隐私""内容""连接""程序"和"高级"等选项卡，可分别设置不同类型的工作环境，也可以使用缺省值。

（1）Internet 常规设置。通过单击"工具"菜单栏中 Internet 选项的"常规"进行设置，可以允许用户对起始主页、启动、外观等进行管理，以满足用户的需要和个人习惯，如图 6-14 所示的"Internet 选项"的"常规"选项卡。

① 主页设置。用户可以自己选择 IE 浏览器打开时显示的网站主页，如使用当前正在访问的网址、使用默认的网址或使用空白页。可以在图 6-14 中"主页"栏里面输入作为主页的网址。

② Internet 临时文件。浏览网页内容时，IE 浏览器会自动将访问过的网页内容保存在浏览器的临时文件夹中，这些保存的文件就是临时文件。在下次访问该网页时可提高浏览

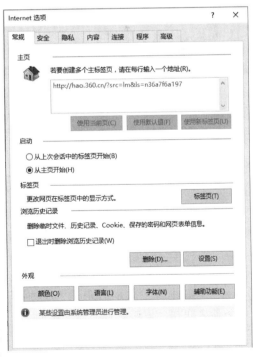

图 6-14　"Internet 属性"对话框

速度。临时文件的设置可通过图 6-14 中"浏览历史记录"选择组进行设置。

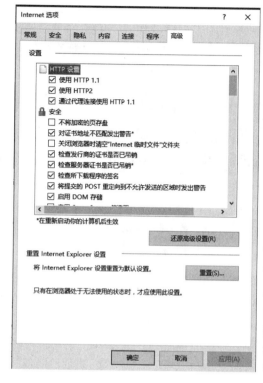

图 6-15　Internet"高级"选项卡

③ 历史记录。IE 浏览器可以将近期访问过的网址保存在历史记录中，便于用户快速访问。用户可以自定义网址保存在历史记录中的天数，也可清除历史记录。历史记录的设置可通过图 6-14 中"浏览历史记录"选择组进行设置。

（2）Internet 高级选项。Internet 高级设置一般是涉及 IE 浏览器的显示效果控制、安全设置等内容。修改高级设置一般要具有较高的计算机使用能力，否则会影响浏览器正常工作。打开"Internet 属性"对话框中的"高级"选项卡，如图 6-15 所示。在"高级"选项卡中包含了非常多的设置选项供用户进行设置，其中许多选项都是在浏览时经常用到的，比如现在许多网页都是带有图像、动画、音频和视频的，具有丰富的视觉和听觉效果，但是影响了网页的下载速度，特别是在网络拥挤的时候。如果想缩短网页下载的时间，可以进行如下设置：在"多媒体"选项组中，取消选中"播放动画""播放声音""播放视频""显示图片""优化图像抖动"等选项，这样浏览的网页将只包含纯文本的信息，则下载速度会大大提高。

6.4.2　电子邮件

电子邮件（也称为 E-mail）是用户间通过计算机网络收发信息的服务。目前，电子邮件是互联网上使用最为广泛的功能，成为网络用户之间快捷、简便、可靠且成本低廉的现代化通信手段。它与传统的通信方式相比有着巨大的优势，具体表现如下。

（1）发送速度快：通常在数秒钟内即可将邮件发送到全球任意位置的收件人邮箱中；

（2）信息多样化：除普通文字内容外，还可以发送软件、数据、动画等多媒体信息；

（3）收发方便：用户可以在任意时间、任意地点收发 E-mail，跨越了时空限制；

（4）成本低廉：除网络使用费用外，无须其他开支；

（5）更为广泛的交流对象：同一个信件可以通过网络极快地发送给网上指定的一个或多个成员；

（6）安全：作为一种高质量的服务，电子邮件是安全可靠的高速信件递送机制，Internet 用户一般只通过 E-mail 方式发送信件。

电子邮件系统采用"客户机—服务器"工作模式。邮件服务器是邮件服务系统的核心，服务器之间相互传递电子邮件采用的是 SMTP 协议，即简单邮件传输协议。电子邮件应用程序是邮件系统的客户端软件，比如，IE 浏览器、Outlook 等。在 TCP/IP 互联网中，电子邮件客户端程序向服务器发送邮件采用 SMTP 协议；而接收邮件采用 POP3（第 3 代邮局协议）或 IMAP（交互式电子邮件存取协议）。

在邮件服务器中为每个合法用户开辟的存储用户邮件的空间叫邮箱,邮箱拥有独立的账号和密码属性,只有合法用户才能阅读邮箱中的邮件。电子邮件地址的格式:用户名@邮件服务器域名。例如,yueyar88@126.com。其中用户名 yueyar88 是用户注册的账号登录名,126.com 代表用户申请信箱的服务器域名。

下面以网易的免费电子信箱为例,介绍申请注册一个邮箱和收发邮件。

(1)打开浏览器,在地址栏里输入网易首页网址:http://www.126.com;

(2)在网易首页点击"免费邮箱"链接,如图 6-16 所示;

图 6-16 网易邮箱中心

(3)打开"网易邮件中心"页面,在页面中点按"注册"按钮,进入邮箱注册界面,注册时有三种注册方式,分别为:注册字母邮箱、注册手机号邮箱和注册 VIP 邮箱,如图 6-17 所示,

图 6-17 网易邮箱注册界面

选择"注册字母邮箱",进入个人资料填写页面,在填写个人资料时,凡带有"＊"的项目必须填写,其他可以不填。例如,申请邮件地址为 jxayxiongting@126.com,仔细阅读完服务条款后即可以点击"立即注册"。

（4）注册邮箱成功之后,可以通过填写手机号码和短信验证码激活邮箱,然后点按进入网易免费邮箱,即可收发电子邮件,如图 6-18 所示登录邮箱后,可以阅读邮件。

图 6-18　收件箱页面

（5）登录邮箱后,不仅可以查看邮件,还可以回复和新建邮件,如图 6-19 所示。

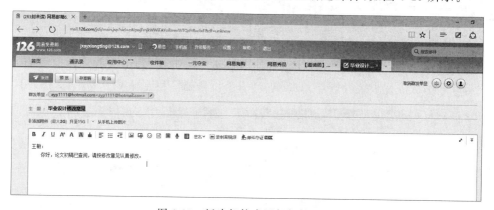

图 6-19　新建邮件或回复邮件页面

6.4.3　文件传输

资源共享是 Internet 的重要功能之一,为了达到资源共享的目的,在 Internet 上经常需要在计算机之间传送文件,人们将这种传送文件的操作称为文件的上传与下载。一般来说,文件的上传是指在 Internet 上将本地计算机内的文件复制到其他计算机的过程,文件的下载是指在 Internet 上将其他计算机内的文件复制到本地计算机的过程。随着计算机软件技术的不断发展,能够执行文件上传和下载功能的软件也越来越多,使用的方法也多种多样,常用的文件上传和下载工具有 FTP 客户端、浏览器、迅雷、FlashGet 等。下面仅介绍利用浏览器和迅雷实现文件的上传和下载,其他的方法在此不做介绍,感兴趣的用户可以自行学习。

1. 利用浏览器实现文件的上传与下载

下面以上节电子邮件中注册的 126 网易网络磁盘为例介绍在 IE 浏览器中上传文件的方法。网络磁盘是网络服务商为 Internet 用户提供的数据托管业务，用户通过 Internet 将本地的文件上传到网络磁盘上，可以减少本地磁盘空间的占有量，也可以提高数据使用的方便性。首先打开 126 网易网络磁盘的首页如图 6-20 所示。

图 6-20　126 网易网络磁盘的首页

单击"上传文件"按钮，弹出"打开"对话框，选择要上传的文件后单击"打开"按钮，将会弹出"正在上传"提示框，如图 6-21 所示，其中可以看到文件上传的进度。

上传完毕后，在网络磁盘的主页上即可看到新上传的文件，如图 6-22 所示。

下面以下载迅雷软件为例介绍在 IE 浏览器中下载文件的方法。在 Internet 上找到下载迅雷软件的网页后，在单击下载的地址后，选择"下载链接"单击，文件进入下载状态如图 6-23 所示，下载结束后，可以在保存路径中找到所下载的资源。

图 6-21　文件上传提示框

图 6-22　文件上传成功页面

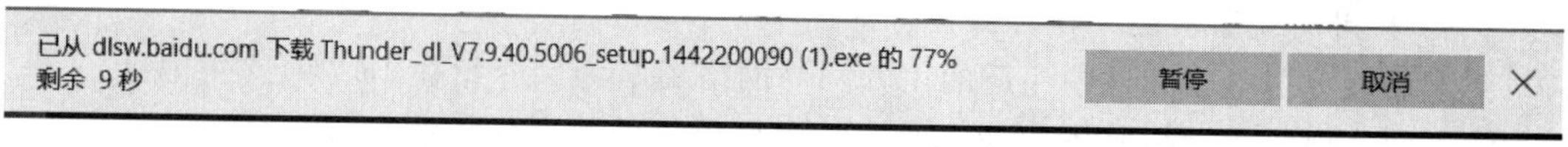

已从 dlsw.baidu.com 下载 Thunder_dl_V7.9.40.5006_setup.1442200090 (1).exe 的 77%
剩余 9 秒　　　　　　　　　　　　　　　　　　　　　　　　　暂停　　取消　　✕

图 6-23　IE 浏览器的文件下载进度对话框

2. 利用迅雷实现文件的上传和下载

迅雷软件是当前比较常用的一种客户端下载软件,用户在安装迅雷软件后,在浏览器的快捷菜单中将自动集成迅雷下载功能,用户可以不必事先打开迅雷软件,而是通过浏览的快捷菜单视情况来调用迅雷软件的下载功能,下面介绍迅雷 7.9 版本,图 6-24 是的它的主界面。

图 6-24　迅雷主界面

通过浏览器找到要下载文件的链接地址后,单击"本地高速下载",将打开如图 6-25 所示的下载链接。在"迅雷高速下载"的链接上右击(也可以直接单击"迅雷高速下载"的链接,此时下载的文件自动保存在事先设置的下载路径中),在弹出快捷菜单中选择"链接另存为",弹出选择文件存储路径的对话框,如图 6-26 所示,选择好路径后,单击"保存"按钮,此时迅雷软件自动启动,并进入下载状态。

如果已经知道文件的下载地址,可以在迅雷软件中直接进行下载,则单击迅雷主界中的"新建"按钮,然后输入或粘贴文件的下载地址,即可完成文件的下载操作。

迅雷软件的功能较多,例如还有批量下载功能等,这里就不一一做介绍,感兴趣的用户可以自行进一步了解与学习。

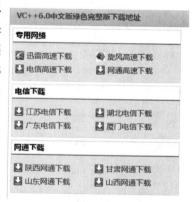

图 6-25　下载链接选择

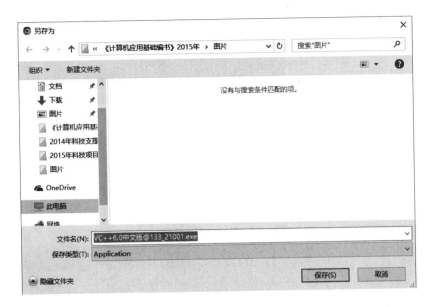

图 6-26 选择文件存储路径

6.5 信 息 检 索

6.5.1 信息检索的概述

信息检索(Information Retrieval)是指根据用户的需要找出相关信息的过程和技术,它把用户想要的信息按一定的方式组织起来,然后提供给用户。信息检索起源于图书馆的参考咨询和文摘索引工作,以前的检索手段主要为手工检索、机械检索和计算机检索。

随着计算机技术和 Internet 技术的不断发展与推广,图书馆的信息检索逐渐变得信息化和网络化,出现了许多通过 Internet 进行访问的电子图书馆,需要检索信息的用户在家里、办公室或其他能访问 Internet 的地方都能通过 Internet 进入电子图书馆系统,不需要图书馆管理员的帮助就可以随意检索自己想要的信息。目前,国内高校基本上都建立了自己的电子图书馆,但一般只对本校内部师生开放。国内对公众开放的常见的电子图书馆有CNKI、维普、超星图书馆等,普通 Internet 用户一般可以在这些电子图书馆中查询到文献的摘要信息,但只有在支付一定的费用后才能下载到文献的全文。当前,信息检索技术不再局限于图书馆的文献咨询和检索,而是延伸到 Internet 上海量信息的检索。

6.5.2 常用的网络搜索引擎

Internet 是一个巨大的信息资源宝库,几乎所有的 Internet 用户都希望宝库中的资源越来越丰富,使之应有尽有。那么用户如何在如此丰富的网络资源中快速有效地查找到自己想要的信息呢?这就要借助于 Internet 中的搜索引擎。搜索引擎是 Internet 上的一个网站,它的主要任务就是在 Internet 中主动搜索其他 Web 站点中的信息并对其自动索引。目前常用的网络搜索引擎有百度、谷歌、搜狗等,如表 6-2 所示是常用的搜索引擎。

表 6-2 常用的搜索引擎

搜索引擎	URL 地址	搜索引擎	URL 地址
百度	http://www.baidu.com	搜狗	http://www.sogou.com
谷歌	http://www.google.cn	中文雅虎	https://cn.yahoo.com

本节以百度为例介绍网络搜索引擎的使用方法。百度是全球最大的中文搜索引擎,它为 Internet 用户提供了功能多样的网络搜索产品,除了常规的网页搜索外,还提供了以贴吧为主的社区搜索、针对各区域和行业所需的垂直搜索、音乐搜索等,基本覆盖了中文网络世界的信息搜索需求。用户只需将待搜索的关键词输入如图 6-27 所示的搜索框中,然后单击"百度一下"按钮,系统将返回与该关键词相关的信息,用户单击相关信息的标题即可进入相关的网页中。

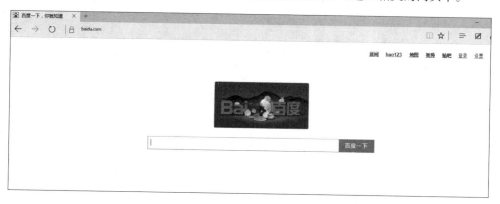

图 6-27　百度搜索引擎主界面

在百度里实现的最简单的搜索就是搜索单个关键词,例如搜索关键词"计算机"相关的信息,搜索结果如图 6-28 所示。

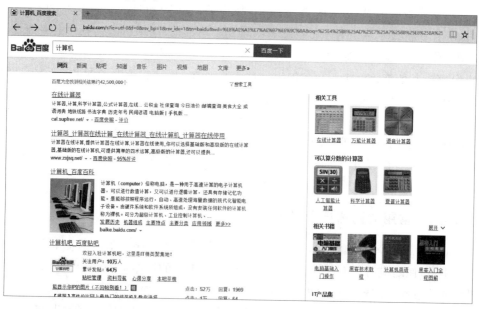

图 6-28　百度搜索关键词"计算机"结果

为了更加准确地搜索到用户想要的信息,有时需要提供多个关键词进行搜索,例如搜索与"计算机"和"百科"两者相关的信息,需要将这两个关键词都输入到搜索框中,并且用空格分开,搜索结果如图 6-29 所示。

图 6-29　百度搜索关键词"计算机　百科"结果

另外,还可以指定信息搜索结果的类型,如图片、音乐等,只需在如图 6-30 所示搜索结果的基础上单击页面顶端的"图片"超级链接,即可获得与"计算机"相关的图片搜索结果。

图 6-30　百度搜索关键词"计算机"图片结果

通过在关键词中加入特殊的命令可以在百度中搜索出更加精确的结果,下面列举 3 种常用的搜索命令。

（1）filetype:doc 命令

在搜索框中输入 filetype:doc 命令和关键词,则可以搜索出与关键词相关的 Word 文档类型的文件,如图 6-31 所示。

图 6-31　百度搜索"filetype:doc 计算机学习"结果

（2）inurl:指定网址命令

在搜索框中输入 inurl:指定的网址命令和关键词,则可以搜索出与关键词相关的、网址中含有指定网址的网页,如图 6-32 所示。

图 6-32　百度搜索"inurl:www.ndkj.com.cn 计算机系"结果

（3）intitle：指定网址命令

在搜索框中输入 intitle：指定网址命令和关键词，则可以搜索出与关键词相关的、网页标题中含有指定网址的网页，如图 6-33 所示。

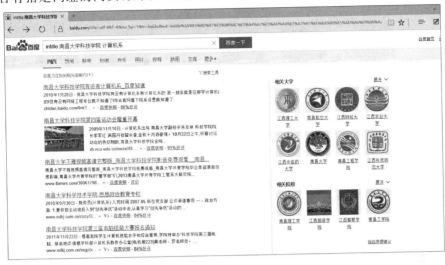

图 6-33　百度搜索"intitle：南昌大学科技学院 计算机系"结果

6.5.3　网络电子图书馆

本节以中文的 CNKI(China Knowledge Internet)电子图书馆为例介绍网络电子图书馆的基本的使用方法。

CNKI 又称为"中国知网"，它由中国学术期刊(光盘版)电子杂志社、清华同方知网(北京)技术有限公司主办，是基于《中国知识资源总库》的中文知识门户网站，具有知识的整合、集散、出版和传播功能。

在 IE 浏览器的地址栏中输入 CNKI 的网址 http://www.cnki.net，进入如图 6-34 所示的 CNKI 的首页。

图 6-34　CNKI 的首页

单击左侧的"资源总库"超级链接,进入选择文献所在的数据库的页面,如图 6-35 所示。

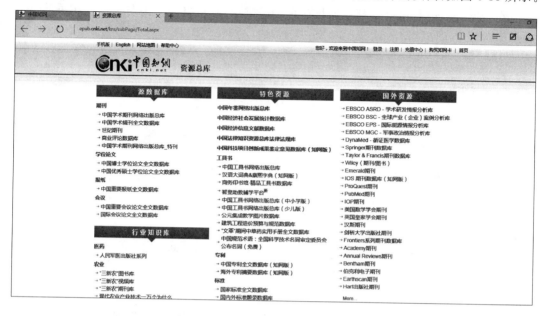

图 6-35　资源总库的页面

CNKI 的资源数据库包括源数据库、特色资源、国外资源、行业知识库等模块,用户可以根据待检索文献的类型选择合适的资源数据库进行文献的检索。下面以检索期刊文献为例介绍 CNKI 的文献检索方法。

选择"源数据库"模块下的"中国学术期刊网络版总库",然后单击进入文献检索页面,如图 6-36 所示。

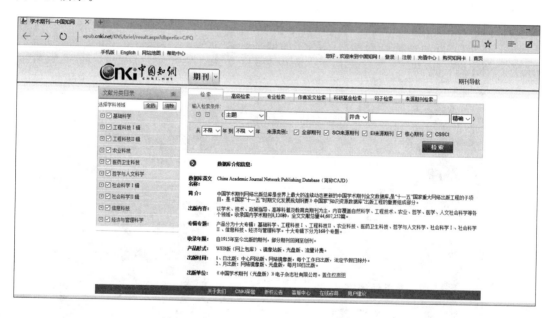

图 6-36　期刊检索页面

在期刊检索右侧的提示文本框中输入文献检索的条件,如果要增加检索条件,可以在"主题"左侧的"＋"按钮增加一个检索条件输入框。还可以通过"主题"右面的 ∨ 按钮展开下拉列表框进行检索条件的选择,如图 6-37 所示。

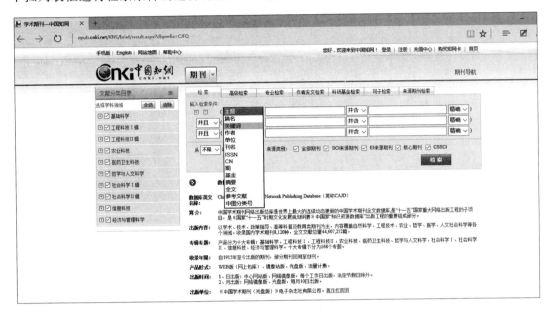

图 6-37 "检索条件"选择

当选择按"主题"检索,例如在文本框中输入"计算机网络安全策略","主题"下面还可以设置检索起始时间和选择来源类别,用户可以根据检索需求加以设置与选择,然后单击"检索"按钮,则进入检索页面如图 6-38 所示检索结果。检索结果中将显示检索出相关主题的文献的篇名、作者、刊名、年/期等信息。

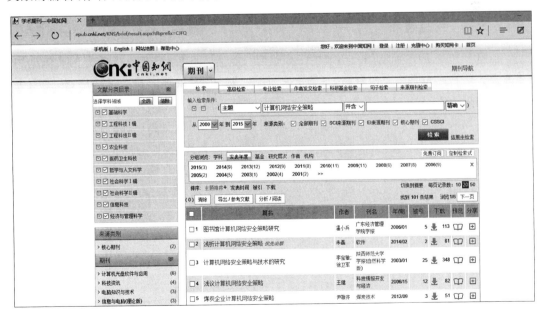

图 6-38 检索结果页面

用户可以在检索结果中,单击其中一篇文献的"篇名",就可以查看该文献的详细信息,如图 6-39 所示。例如本检查结果中单击"浅议计算机网络安全策略"篇名,进入该文献的详细页面,可以根据用户需求按格式下载查看等操作。

图 6-39 文献详细内容的显示页面

CNKI 的文献检索的功能非常丰富,用户可以根据图 6-38 所示的检索页面根据检索需求,可选择"检索""高级检索""专业检索""作者发文检索""科研基金检索""句子检索"和"来源期刊检索"检索功能,然后在文本框中输入所知道的信息检索文献,以便更加准确地检索出用户所需要的文献信息。

6.5.4 信息发布

信息发布是 LBS 面向用户终端的主要信息发送方式,是用户获取位置及相关信息的重要途径。信息发布是将原始资料,例如文字、图片、视频、音乐等形式通过网络,传递到分布于各地的显示终端,以丰富多彩、声情并茂的方式进行播放,从而达到良好的通知、公告、广告等宣传效果。信息发布系统可以广泛地应用于政府、银行、企业、商场等。在高端的信息发布系统软件中,用户还可以使用实时数据性更强的数据库、实时更新的网络新闻、实时更新的公用信息,例如天气预报、火车票等信息的发布。典型的信息发布网站有阿里巴巴(http://www.alibaba.com)、环球资源网(http://www.globalsources.com)、中国制造(http://www.made-in_china.com)等。

用户在网络上发布信息的方式丰富多样,例如目前较主流的信息发布方式有微博、微信、BBS、百度贴吧等,如图 6-40 所示为全球最大中文社会首页。本节不详细介绍信息发布的过程,用户可以根据自己所发布的信息选择信息平台进行信息发布。

图 6-40   全球最大中文社会首页

本 章 小 结

（1）计算机网络是指为了实现计算机之间的通信交往、资源共享和协同工作，采用通信手段，将地理位置分散的具有独立功能的许多计算机利用传输介质和网络设备连接起来，使用某种协议能够实现数据通信和资源共享的计算机系统。

（2）计算机网络的主要功能是数据通信、资源共享、远程传输、集中管理、实现分布式处理和负载平衡。

（3）计算机网络的分类按照特点有很多种。按照地理覆盖范围分为局域网（LAN）、城域网（MAN）、广域网（WAN）。它们的技术实现是不相同的，各有自己的体系架构标准。按照网络的拓扑结构分为总线型网、星形网、环形网和混合网，各有自己的特点和应用环境。

（4）计算机网络系统由硬件系统和软件系统构成。网络的硬件系统包括网络中的计算机，网络互联设备以及物理连接介质；网络的软件系统包括网络操作系统和一些网络应用软件。

（5）网络体系结构是计算机之间相互通信的层次，以及各层中的协议和层次之间接口的集合。国际标准化组织 ISO 在 1979 年提出的开放系统互连的参考模型（简称为 OSI，即 Open System Interconnection），由低层至高层分别称为物理层、数据链路层、网络层、运输层、会话层、表示层和应用层，它为网络硬件、软件、协议、存取控制和拓扑提供了标准。

（6）局域网（简称 LAN）是指在有限的地理范围内，利用各种网络连接设备和通信线路将计算机互连，实现数据传输和资源共享的计算机网络。它具有传输速率高、支持多种类型传输介质、传输质量好、误码率低、具有规则的拓扑结构等特点。

（7）以太网（Ethernet）是最早的局域网技术，是一种基于总线型的广播式网络，以高速、低成本的巨大优势受到欢迎，在现有的局域网标准中的最成功的局域网技术，也是当前应用最广泛的一种局域网。无线局域网是计算机网络与无线通信技术相结合的产物。无线局域网的出现能够弥补有线网络的不足，而并不能完全取代有线网络。

（8）Internet 是一个国际性的广域网，它是由符合 TCP/IP 等网络协议，在全球范围内将各个计算机网络连接起来形成的互联网。IP 地址和域名是在 Internet 网络中对资源进行定位的一种技术手段，每台接入到 Internet 网络中的计算机都有一个唯一的 IP 地址统一资源定位符是对可以从互联网上得到的资源的位置和访问方法的一种简洁的表示，是互联网上标准资源的地址。

（9）随着计算机网络技术的不断发展，Internet 已经成为世界上最大的互联网，其网络资源数量巨大，包罗万象。Internet 提供了迅速方便的通信手段，人们足不出户即可从网上获取更多的数据、消息。要求理解与掌握常用浏览器的功能特点、电子邮件的收发操作、常用的文件上传和下载工具、信息检索的功能与使用方法。

第7章　多媒体技术基础

多媒体是融合两种或多种媒体的一种人机交互信息交流和传播的工具，多媒体技术的出现使计算机能够以形象而丰富的多媒体信息深入人们的生活、工作和学习的各个领域。尤其随着网络技术和 Internet 的发展，多媒体的功能得到了更好的发挥。本章主要介绍多媒体的基本概述、多媒体计算机系统的组成、计算机图像基础知识、图像压缩技术、图像处理软件和多媒体播放软件。

一些常用的图像处理工具软件和多媒体播放软件，是学习多媒体技术的重要知识。本章重点介绍图像处理工具和多媒播放软件，图像处理软件包括图像压缩软件 WinRAR、看图软件 ACDSee 和抓图软件 HyperSnap-DX 的基本使用方法；多媒体播放软件包括豪杰超级解霸、PPTV 网络电视播放器、百度音乐（原千千静听）播放器和酷我音乐播放器的基本功能与使用方法。

7.1　多媒体概述

7.1.1　多媒体基本概念

1. 媒体

媒体（Media）是指用于传播和表示各种信息的载体和手段。如收音机、电视机、报纸、杂志等都是媒体。

在计算机领域中，媒体有两种含义：一是指存储新的物理实体，如磁盘、磁带、光盘等；二是指信息的表现形式或载体，如文字、图形、图像、声音、动画和视频等。多媒体技术中的媒体通常指后者。

2. 多媒体

多媒体（Multimedia）是指文本、文字、声音、视频、图形和图像等这些可用来表达信息的载体。计算机处理的多媒体信息从时效上可分为两大类。

（1）静态媒体：包括文字、图形、图像。

（2）动态媒体：包括声音、动画、视频。

通常情况下，多媒体并不仅仅指多媒体本身，而主要是指处理和应用它的一套技术。因此，多媒体实际上常被看作多媒体技术的同义词。

3. 多媒体技术

多媒体技术（Multimedia Technique）是指一种以计算机技术为核心，通过计算机设备的数字化采集、压缩/解压缩、编辑、存储等加工处理，将文本、文字、图形、图像、动画和视频等多种媒体信息，以单独或合成的形态表现出来的一体化技术。

　　显然,多媒体技术是一种基于计算机的综合技术,包括数字化信息的处理技术、音频和视频技术、计算机硬件和软件技术、人工智能和模式识别技术、通信和图像处理等,因而是一门跨学科的综合技术。

　　4. 多媒体计算机

　　多媒体计算机(Multimedia Personal Computer,MPC)是指能够综合处理文字、图形、图像、动画、音频和视频等多媒体信息,并在它们之间建立逻辑关系,使之集成为一个交互系统的计算机。一般来说,多媒体计算机具有大容量的存储器,能带来一种图、文、声、像并茂的视听享受。现在的微型计算机一般都具有这种功能。

7.1.2　多媒体技术的发展和应用

1. 多媒体技术的发展

　　随着计算机技术的迅速发展,多媒体技术也得到了迅速发展。纵观多媒体技术的发展历史,其主要经历了以下几个代表性的发展阶段。

　　1984 年,美国 Apple 公司首先在其 Macintosh 机上引入了位映射概念,实现了对图像进行简单处理、存储和传输。Macintosh 计算机使用窗口和图标作为用户界面,使人们感到耳目一新。

　　1985 年,美国 Commodore 公司的 Amiga 计算机问世,并成为多媒体技术先驱产品之一。与此同时,计算机硬件技术有了较大的突破,激光只读存储器 CD-ROM 的出现解决了大容量存储的问题,为多媒体元素的存储和处理提供了理想的条件。

　　1986 年 3 月,飞利浦公司和索尼公司共同制定了 CD-I 交互式紧凑激光光盘系统标准,使多媒体信息的存储规范化和标准化。

　　1987 年 3 月,RCA 公司推出的交互式数字视频系统 DVI 以 PC 技术为基础,用标准光盘来存储和检索图像、声音及其他数据。同年,美国 Apple 公司开发出 HyperCard(超级卡),该卡安装在苹果计算机里,使其具备了快速、稳定地处理多媒体信息的能力。

　　1990 年 11 月,微软公司与飞利浦等 10 家计算机技术公司联合成立了多媒体个人计算机市场协会(Multimedia PC Marketing Council),其主要任务是对计算机的多媒体技术制定相应的标准和进行规范化管理。该协会制定的 MPC 标准对计算机增加多媒体功能所需的软硬件进行了规范,以推动多媒体市场的发展。

　　1991 年,多媒体个人计算机市场协会提出了 MPC1 标准。全球计算机业共同遵守该标准所规定的内容,促进了 MPC 的标准化,也使多媒体个人计算机成为一种新的流行趋势。

　　1992 年,微软公司推出 PC 上的窗口式操作系统 Windows 3.1,它不仅综合了原有操作系统的多媒体扩展技术,还增加了多个具有多媒体功能的软件以及一系列支持多媒体技术的驱动程序,使得该操作系统成为一个真正的多媒体操作系统。

　　1993 年 5 月,多媒体个人计算机市场协会提出 MPC2 标准。该标准根据硬件和软件的迅猛发展状况对 MPC1 标准作了较大的调整和修改,尤其对声音、动画和视频的播放作出新的规定。同年 8 月,在美国洛杉矶召开了首届多媒体国际会议,到会专家就多媒体工具、媒体同步、超媒体、视频处理及应用、压缩与解码、通信协议等问题做了广泛的讨论。

　　1995 年 6 月,多媒体个人计算机市场协会提出了 MPC3 标准。与以前不同的是,MPC3 标准制定了视频压缩技术 MPEG 的技术指标,使视频播放技术更加成熟和规范化,并制定了采用全屏幕播放及使用软件进行视频数据解压缩等技术标准。

目前,多媒体技术的发展趋势是逐渐将计算机技术、通信技术和大众传播技术融合在一起,建立更广泛意义上的多媒体平台,实现更深层次的技术支持和应用。

2. 多媒体技术的应用

目前,多媒体技术的应用领域已遍及到人类生活的各个领域,尤其随着互联网的迅速兴起,进一步开阔了多媒体应用领域,可以说多媒体技术的应用改变了人们的工作、学习和生活方式。归纳起来,多媒体的应用主要表现在以下几个方面。

(1) 多媒体教育

与传统教学相比,多媒体教学不仅丰富多彩、扩大了信息量、提高了知识的趣味性,而且可通过各种计算机辅助教学软件(CAI课件)的运用,来呈现教学目标、教学内容,记录学生的学习情况和控制学习进程等,以达到因材施教、以学生为中心取代教师为中心的目标。如CAI课件根据具体的教学目标和教学内容,可采用多种教学模式,例如课堂演示型、技能训练型、问题求解型、教学游戏型和模拟型。

(2) 电子出版物

电子出版物是多媒体技术最早的应用领域之一。与传统纸质出版物相比,电子出版物不仅能够储存图像、文字,而且能够储存声音和活动画面,从而增加人们的学习兴趣,提高效率。电子出版物的另一个重要特点是其交互性,即人们在使用电子出版物时可进行人机交流,这使得人们在学习时有了一定程度的主动性,并产生出一定意义的参与意识。电子出版物的问世是人类社会进入信息时代的结果和标记。它将同信息高速公路一起,在很大程度上给人们的生活、工作和学习方式带来深刻影响。

目前作为电子出版物的载体一般使用光盘,它具有存储量大、使用收藏方便、数据不易丢失等优点。如一张容量为650MB的光盘,用来存储文本的信息,可容纳600余本每本约50万汉字的书。对于大容量的音频、视频文件,光盘更是首选的载体。

(3) 商业服务

形象、生动的多媒体技术,特别有助于商业演示服务。例如在大型超市或百货大楼,顾客可以通过多媒体计算机的触摸屏浏览商品,了解其性能和价格等。

(4) 虚拟现实

虚拟现实(Virtual Reality)是指能过综合应用计算机图像处理、模拟与仿真、传感、显示系统等技术和设备,以模拟仿真的方式,给用户提供一个真实反映操作对象变化与相互作用的三维图像环境,从而构成一个虚拟世界。

(5) 多媒体网络应用

Internet的兴起与发展,在很大程度上对多媒体技术的进一步发展起到了促进作用。人们除了通过电子邮件、WWW浏览、文件传输等Internet服务传送文字、静态图片媒体信息外,随着多媒体技术的发展,还可以通过多媒体网络应用收听、观看动态的音频、视频信息。多媒体网络应用主要体现在以下几个方面。

① 互联网直播

互联网直播是指将摄像机拍摄的实时视频信息传输到专门的视频直播服务器上,视频直播服务器对活动现场的实时过程进行视频信息的采集和压缩,同时通过网络传输到用户的计算机上,实现现场实况的同步收看,犹如电视台的现场直播一样。

② 视频点播

视频点播技术最初应用于卡拉 OK 点播,随着计算机技术的发展,视频点播技术逐渐应用于局域网及有线电视网中,但由于音视频信息容量的庞大,阻碍了视频点播技术的发展。而多媒体由于其采用特殊的压缩编码,适合在网上传输。视频点播服务器中存储的是大量压缩的音频视频库,但不主动传输给任何用户。客户端采用浏览器方式进行按需点播收看所需的内容,可控制播放的过程。

③ 远程教育

远程教育一般由两部分组成,即实时教学和交互教学,实际上相当于上述的互联网直播和视频点播。目前,在互联网上进行交互教学的技术多为多媒体。

在远程教学过程中,要求将多媒体的信息从教师端传送到远程的学生端,这些信息可能是多元化的,包括视频、音频、文本、图片等。为了在网上实时、快速地传递这些信息,流式媒体是最佳选择。学生可以在家通过一条电话线、一只 Modem 来参加到远程教学中;教师只要通过摄像头和计算机就可以进行授课。除了实时教学外,使用多媒体中的视频点播技术,可以实现交互式教学。

④ 视频会议系统

计算机多媒体视频会议系统综合了视频、音频、图像、图形和文字等多种媒体信息的处理和传输,使异地与会者如同面对面坐在一起讨论,不仅可以借助多媒体形式充分交流信息、意见、思想与感情,还可以使用计算机提供的信息加工、存储、检索等功能。视频会议最常见的就是可视电话。只要有一台已接入互联网的计算机和一个摄像头,就可以与世界任何地点的人进行音频、视频的通信。

综观多媒体技术的应用,多媒体技术把图像、声音和视频等处理技术以及三维动画技术集成到计算机中,同时在它们之间建立密切的逻辑关系,使计算机具有了图像、声音、视频和动画等多种可视听信息,从而更符合人们的日常生活、工作、学习的交流习惯。因此多媒体技术的发展前景十分的广阔,它将使我们人类的世界发生巨大的变化。

7.1.3 多媒体信息的类型及特点

1. 多媒体信息的类型

多媒体信息有多种类型,下面介绍几种最常见的类型。

(1) 文本

文本(Text)是计算机中最基本的信息表示方式,包含字母、数字与各种专用符号。多媒体系统除了利用字处理软件实现文本输入、存储、编辑、格式化与输出等功能外,还可应用人工智能技术对文本进行识别、理解、翻译与发音等。文本最大优点是存储空间小,但形式呆板,仅能利用视觉获取,靠人们的思维进行理解。

(2) 图形

图形(Graphics)一般是指通过绘图软件绘制的由直线、圆、圆弧、任意曲线等组成的画面。图形文件中存放的是描述生成图形的指令(图形的大小、形状及位置等),以矢量图形文件形式存储。例如计算机辅助设计(CAD)系统中常用矢量图来描述复杂的机械零件、房屋结构等。图形的优点是不失真缩放、占用计算机存储空间小,但它仅能表现对象结构,且表现对象的质感能力较弱。

（3）图像

图像（Image）是通过扫描仪、数码照相机、摄像机等输入设备捕捉的真实场景的画面，数字化后的文件以位图格式存储。图像可以用图像处理软件（如 Adobe Photoshop）等进行编辑和处理。图像主要用于表现自然景色、人物等，能表现对象的颜色细节和质感，具有形象、直观和信息量大等优点。

（4）动画

动画（Animation）就是运动的图画，利用人眼的视觉特性所得到的，实质是由若干时间和内容连续的静态图像的顺序播放。计算机动画可通过 Flash、3ds Max 等软件制作。这些软件目前已成功地用于网页制作、广告业和影视业、建筑效果图、游戏软件等，尤其是将动画用于电影特技，使电影动画技术与实拍画面相结合，真假难辨，效果逼真。

（5）声音和音乐

声音（Sound）包括人类说话的声音、动物鸣叫和自然界的各种声音；音乐（Music）是指有节奏、旋律或和人声或乐器音响等配合所构成的一种艺术。在多媒体项目中，加入声音元素，可以给人多种感官刺激，不仅能欣赏到优美的音乐，也可以倾听详细、生动的解说，增强对文字、图像等媒体信息的理解。声音、音乐和视频的同步才使视频影像具有真实的效果。

（6）视频

视频（Video）是指若干幅内容相互联系的图像连续播放形成的。视频图像是来自录像带、摄像机、影碟机等视频信号源的影像，是对自然景物的捕捉，数字化后的文件以视频文件格式存储。视频的处理技术包括视频信号导入、数字化、压缩和解压缩、视频和音频编辑、特效处理、输出到计算机磁盘、光盘等。计算机处理的视频信息必须是全数字化的信号，在处理的过程中受到电视技术的影响。

（7）超文本与超媒体

在当今的信息社会，信息不断地迅猛增加，而且种类也不断增长，除了文本、数字之外，图形、图像、声音、影视等多媒体信息已在信息处理领域占有越来越大的比重；如何对海量的多媒体信息进行有效的组织和管理，以便于人们检索和查看，超文本/超媒体技术的出现较好的解决这个问题。超文本（Hypertext）是指收集、存储和浏览离散信息，以及建立和表示信息之间关系的技术。从概念上讲，一般把已组成网（Web）的信息称为超文本，而把对其进行管理使用的系统称为超文本系统。超文本具有非线性的网状结构，这种结构可以按人脑的联想思维方式把相关信息块联系在一起，通过信息块中的"热字""热区"等定义的链来打开另一些相关的媒体信息，供用户浏览。超媒体是指多媒体＋超文本，"超文本"和"超媒体"这两个概念一般不严格区分，通常可看做同义词。

2．多媒体信息的特点

多媒体技术是利用计算机技术把文本、图形、图像、声音等多种多媒体集合成为一体，其主要特性包括信息媒体的交互性、集成性、多样性、数字化和实时性等，也是在多媒体研究中必须要解决的主要问题。

（1）交互性

交互性是指用户对计算机应用系统进行交互式操作，从而更加有效地控制和使用信息。从用户角度而言，交互性是多媒体的关键特性，它使用户可以更有效地控制和使用信息，增强对信息的注意和理解，延长信息的保留时间，使人们获取信息和使用信息的方式由被动变为主动。

例如在多媒体远程计算机辅助教学系统中,学习者可以人为地改变教学过程,研究感兴趣的问题,从而得到新的体会,激发学习者的主动性、自觉性和积极性。利用多媒体的交互性,激发学生的想象力,可以获得独特的学习效果。再如传统的电视之所以不能成为多媒体系统的原因就在于不能和用户交流,用户只能被动地收看。

（2）集成性

多媒体的集成性包括两个方面:一方面是多媒体信息媒体的集成。信息媒体的集成又包括信息的多通道统一获取、统一存储、组织和合成等方面;另一方面是处理这些媒体的设备和系统的集成。设备集成是指显示和表现媒体设备的集成,计算机能和各种外设,如打印机、扫描仪、数码照相机、音响等设备联合工作。系统的集成是指集成一体的多媒体操作系统,适合多媒体信息管理的软件系统、创作工具及各类应用软件等。因此多媒体的集成性主要是指以计算机为中心,综合处理多种信息的媒体的特性。

（3）多样性

多媒体的多样性也可称为复合性,是指把计算机所能处理的信息媒体的种类或范围扩大,不局限于原来的数据、文本或单一的声音、图像等。众所周知,人类对于信息的接收和产生主要通过视觉、听觉、触觉、嗅觉和味觉,其中前三项占信息量的95%以上。信息媒体的多样化相对于计算机以及与之相应的一系列设备而言,却远远没有达到人类的水平。它一般只能按照单一方式来加工处理信息,对人类接收的信息需经过变换之后才能使用。多媒体技术目前提供了多维信息空间下的视频和音频信息的获取和表示方法,使计算机中的信息表达方式不再局限于文字和数字,而广泛采用图像、图形、视频、音频等信息形式,使得人们的思维表达有了更充分、更自由的扩展空间,使得计算机变得更加人性化,人们能够从计算机世界里真切地感觉到信息的美妙。

（4）数字化

多媒体的数字化是指各种媒体的信息都是以数字的形式进行存储和处理,而不是传统的模拟信号方式。数字化给多媒体带来的好处是数字不仅易于进行加密、压缩等数值运算,还可提高信息的安全与处理速度,而且抗干扰能力强。

（5）实时性

所谓实时就是在人的感官系统允许的情况下,进行多媒体交互,就好像面对面(Face To Face)一样,图像和声音都是连续的。多媒体技术是多种媒体集成的技术,在这些媒体中,有些媒体(如声音、图像等)是与时间密切相关的,这就决定了多媒体技术必须支持实时处理。

7.2　多媒体计算机系统的组成

7.2.1　多媒体计算机系统的标准

多媒体计算机系统是指能综合处理多种媒体信息,能使多种信息之间建立逻辑联系,并具有交互性的计算机系统。一套功能完善的多媒体计算机系统应包括硬件系统和软件系统两大方面,通常应包括5个层次结构,如图7-1所示。

最底层为多媒体计算机主机、各种多媒体外设的控制接口和设备。

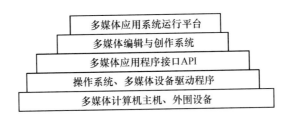

图7-1 多媒体计算机系统层次结构

第二层为多媒体操作系统、设备驱动程序。该层软件除驱动、控制多媒体设备外,还要提供输入/输出控制界面程序。

第三层为多媒体应用程序接口 API,为上层提供软件接口,使程序开发人员能在高层通过软件调用系统功能,并能在应用程序控制中控制多媒体硬件设备。

第四层是媒体制作平台和媒体制作工具软件。设计者可利用该层提供的接口和工具采集、制作多媒体数据。

第五层为多媒体应用系统的运行平台,即多媒体播放系统。该层直接面向用户,通常有较强的交互功能和良好的人机界面。

根据多媒体个人计算机市场协会制定的 MPC4.0 标准,规定了多媒体计算机系统的最低要求,凡符合或超过这种规范的系统都可以用"MPC"标识。如表 7-1 所示是MPC4.0 标准要求。

表 7-1 MPC4.0 平台标准

设 备	基础配置	设 备	基础配置
CPU	Pentium/133MHz～200Hz	CD-ROM	10～16 倍速
内存容量	16MB	声卡	16 位精度,44.1kHz/48kHz 采样频率带波表
硬盘容量	1.6GB	显示卡	24 位/32 位真彩色 VGA
软盘容量	1.44MB	操作系统	Windows95 以上、Windows NT

随着计算机技术的迅速发展,多媒体计算机的硬件标准也在不断地变化,从现在的计算机软、硬件性能来看,已完全超过 MPC 标准的规定。MPC 标准已成为一种历史,但 MPC 标准的制定对多媒体技术的发展和普及起到了重要的推动作用。

目前计算机市场上出售的 PC 大多数都是多媒体计算机,一般配有 CD-ROM 驱动器、声卡、音箱等配件,而且其性能也远远超过了 MPC4.0 标准。

7.2.2 多媒体计算机硬件系统

多媒体系统是一个复杂的软、硬件结合的综合系统。多媒体系统把音频、视频等媒体与计算机系统集成在一起,组成一个有机的整体,并由计算机对各种媒体进行数字化处理。多媒体系统不是原系统的简单叠加,而是有其自身结构特点的系统。

根据多媒体计算机系统层次结构,构成多媒体硬件系统除了需要较高性能的计算机主机硬件外,通常还需要音频、视频处理设备、光盘驱动器、各种媒体输入/输出设备等。例如摄像机、电话机、话筒、录像机、扫描仪、视频卡、声卡、实时压缩和解压缩专用卡、家用控制卡、键盘与触摸屏等。图 7-2 所示为具有基本功能的多媒体计算机硬件系统。

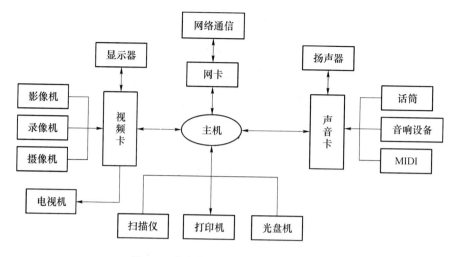

图 7-2 多媒体计算机硬件系统示意图

1. 主机

多媒体计算机可以是中、大型机,也可以是工作站,然而更普遍的是多媒体个人计算机。为了提高计算机处理多媒体信息的能力,应该尽可能地采取多媒体信息器。目前具备多媒体信息处理功能的芯片可分为三类。第一类采用超大规模集成电路实现的通用和专用数字信号处理芯片(Digital Signal Processor,DSP)。第二类是在现有的 CPU 芯片,增加多媒体数据处理指令和数据类型,例如 Pentium 4 微处理器包括了 144 条多媒体及图形处理指令。第三类为媒体处理器(Media Processor),它以多媒体和通信功能为主,具有可编程性,通过软件可增加新的功能。

2. 多媒体接口卡

多媒体接口卡是多媒体系统获取、编辑音频或视频的设备,用以解决各种媒体数据的输入/输出问题。即将计算机与各种外部设备相连,构成一个制作和播出多媒体系统的工作环境。常见的接口卡有声卡、视频信号捕捉卡、视频压缩卡、图形加速卡、视频播放卡与光盘接口卡等。

(1)声卡

声卡又称音频卡,是处理音频信号的硬件,它是普通计算机向 MPC 升级的一种重要部件,目前已作为微型计算机的必备功能集成在主板上。声卡的主要功能包括录制与播放、编辑与合成处理、MIDI 接口三个部分。

声卡除了具有上述功能之外,还可以通过语音合成技术使计算机朗读文本,采用语音识别功能,让用户通过话音操作计算机等。

(2)视频采集卡

视频采集卡可以获取数字化视频信息,能将视频图像显示在大小不同的视频界面,提供许多特殊效果,例如冻结、淡出、旋转、镜像以及透明色处理。很多视频采集卡能在捕捉视频信息的同时获得伴音,使音频部分和视频部分在数字化时同步保存、同步播放。有些视频采集卡还提供了硬件压缩功能。

目前 PC 视频采集卡通常采用 32 位 PCI 总线接口,采集卡至少要具有一个复合视频接口 Video,以便与模拟视频设备相连。高性能的采集卡一般具有复合视频接口和 S-Video

接口。与复合视频信号相比,S-Video可以更好地重现色彩。

视频采集卡一般不具备电视天线接口和音频输入接口,不能用视频采集卡直接采集电视射频信号,也不能直接采集模拟视频中的伴音信号。要采集伴音,需要通过声卡获取数字化的伴音并把伴音与采集到的数字视频同步。

当把采集卡插入到PC的主板扩展槽中并正确安装了驱动程序后,视频采集卡才能正常工作。

（3）图形加速卡

图形加速卡工作在CPU和显示器之间,控制计算机的图形输出。通常图形加速卡是以附加卡的形式安装在计算机主板的扩展槽中。

在早期的微型计算机中,显示器所显示的内容是由CPU直接提供的,标准的EGA或VGA显示卡只起到一种传递作用。对复杂图形或高质量的图形处理将占用更多的CPU时间,造成计算机性能的降低。理想的解决方法就是采用图形加速卡,让显示卡具备图形处理能力。图形加速卡拥有图形函数加速器和显存,专门用来执行图形加速任务,因此可以减少CPU处理图形的负担,从而提高了计算机的整体性能,多媒体功能也就更容易实现。

现在的显示卡都集成有图形处理芯片组,成为图形加速卡。当前使用的图形处理芯片多为64位或128位。显卡上BIOS的功能与主板上的一样,它可以执行一些基本的函数,并在打开计算机时对显卡进行初始化设定。

（4）IEEE1394卡

标准的IEEE1394接口可以同时传送数字视频信号以及数字音频信号。相对于模拟视频接口,IEEE1394技术在采集和回录过程中没有任何信号的损失。正是由于这个优势,IEEE1394卡更多地被人们当作视频采集卡来使用。现在的IEEE1394卡多为PCI接口,只要插入到计算机主板相应的PCI插槽上就可以提供视频采集功能。一般IEEE1394卡使用操作系统自带的驱动程序即可,不需要另外安装驱动程序。

3. 信息获取设备

多媒体计算机必须配置必要的外部设备来完成多媒体信息的获取。常见的数字化图像获取设备有扫描仪、数码照相机等静态图像获取设备和摄像机等视频图像获取设备。下面主要介绍数码照相机和数码摄像机两种获取多媒体信息的常用设备。

（1）数码照相机

数码照相机是一种与计算机配套使用的外部设备,与普通光学照相机之间的最大区别在于数码照相机用存储器保存图像数据,而不是通过胶片来保存图像。

数码照相机的核心部件是电荷耦合器件(CCD)。使用数码照相机拍摄时,图像被分成红、绿、蓝三种光线投影在电荷耦合器件上。CCD把光线转换成电荷,其强度与被摄景物反射的光线强度有关。CCD把这些电荷送到模数转换器,对光线数据编码,再存储到存储装备中。在软件的支持下,可在屏幕中显示照片。照片可用彩色喷墨打印机或彩色激光打印机输出。

数码照相机的性能指标可分成两部分:一部分指标是数码照相机特有的;而另一部分与传统相机的指标类似,例如镜头形式、快门速度、光圈大小等。数码照相机特有的性能指标主要有以下几个方面。

① 分辨率:这是数码照相机最重要的性能指标之一。分辨率越高,所拍图像的质量也就越高。

② 颜色深度:它描述了数码照相机对色彩的分辨能力。目前几乎所有的数码照相机的颜色深度都达到了 24 位,可以生成真彩色的图像。

数码照相机输出接口为串行口、USB 接口或 IEEE 1394 接口。通过这些接口和电缆,就可以将数码照相机中的影像数据传递到计算机中保存或处理。若数码照相机提供 TV 接口,可在没有计算机的情况下在电视机上观看照片。

数码照相机所拍摄到的照片是以文件形式存储在相机内的存储卡中,因此将数码相机中的照片存储到计算机中,就是将存储卡上的文件复制到计算机中。

(2)数码摄像机

数码摄像机具有动态拍摄效果好,电池容量大等特性。当前数码摄像机 DV 带也可以支持长时间拍摄,拍、采、编、播自成一体,相应的软、硬件支持也十分成熟。目前数码摄像机普遍都带有存储卡,一机两用切换起来也显得很方便。由于数码摄像机使用的小尺寸电荷耦合器件 CCD 与其镜头不匹配,其拍摄静止图像的效果不如数码照相机。

数码摄像机通常有 S-Video、AV、DV In/Out 等接口。使用摄像机与计算机相连的 IEEE 1394 数据传输电缆线称为 iLink 或 Firewire 缆线。一端连接计算机上的 IEEE 1394 卡上的接口,另一端接在数码摄像机的 DV In/Out 接口,然后打开 DV 的电源并把 DV 调到 VCR 状态,操作系统就会自动识别 DV 设备。

7.2.3　多媒体计算机软件系统

多媒体计算机软件系统按功能可分为系统软件和应用软件。

1. 系统软件

系统软件是多媒体系统的核心,各种多媒体软件要运行于多媒体操作系统平台上,故操作系统平台是软件的基础。多媒体计算机系统的主要系统软件如下。

(1)多媒体驱动软件

它是最底层硬件的支撑环境,直接与计算机硬件相关,完成设备初始化、设备的打开和关闭、设备操作、基于硬件的压缩/解压缩、图像快速变换及功能调用等。通用驱动程序有视频子系统、音频子系统及视频、音频信号及其子系统。这种驱动软件一般由厂家随硬件提供。

(2)多媒体操作系统

支持多媒体的操作系统是多媒体软件的核心,它负责实现多媒体环境下多任务调度,保证音频、视频同步控制及信息处理的实时性,提供多媒体信息的各种基本操作和管理;具有独立于硬件设备和较强的可扩展性。目前个人计算机上开发多媒体软件使用最多的操作系统是微软的 Windows 系统。

(3)多媒体数据处理软件

多媒体数据处理软件指准备多媒体数据的软件。如声音的录制和编辑软件、图像扫描及预处理软件等,这类软件主要是多媒体数据采集软件,作为开发环境的工具,供开发者调用。

(4)多媒体创作工具

多媒体创作工具也称为多媒体编辑创作软件,是多媒体专业人员在多媒体操作系统之上开发的,供特定应用领域的专业人员组织编辑多媒体数据,并把它们连接成完整的多媒体应用的系统工具。

2. 应用软件

多媒体应用软件是在多媒体创作平台上设计开发的面向应用的软件系统。多媒体应用系统开发设计不仅需要利用计算机技术将文字、声音、图形、图像、动画及视频等有机地融合为图、文、声、形并茂的应用系统，而且要进行精心的创意和组织，使其变得更加人性化和自然化。例如多媒体数据库系统、多媒体教育软件等。

7.3　计算机图像基础知识

7.3.1　计算机图像类型

图像是多媒体中的可视元素，也称为静态图像。在计算机中，一幅图像可以有两种表达方式：一种是矢量图(Vector-Based Image)，另一种是位图(Bit-Map Image)。

1. 矢量图

矢量图是指采用一种计算方法生成的图形，即生成一幅矢量图需要经过大量的计算。例如画一条直线，先给出其端点，然后经过计算机得到直线上其他点的位置。

对于较为复杂的图像采用矢量方法生成是很费时间的，因为每个点的位置都需要经过计算后才能显示出来，所以计算机在显示这类图像，通常可以看到边计算边显示。不过矢量图有许多优点：如图像的移动、放大缩小、旋转、复制以及其他属性的改变是非常方便的。

常见的矢量图文件格式有 CDR、FHX 或 AI 等，它们一般是直接用软件程序绘制，绘制这种图像的软件通常称为绘图软件(Draw Program)。例如 CorelDraw、FreeHand、Illustrator 等就是很好的绘图软件。

2. 位图

位图图像是指由一系列像素组成，每个像素用若干个二进制位来指定颜色深度。像素是组成图像最小的单元，它的概念与"点阵"概念相似。例如 Windows XP"附件"中的"画图"就是格式为 BMP 位图文件。

常见的位图文件格式有 BMP、JPEG、GIF、TIFF、PCX 等，其中 JPEG 是由国际标准化组织制定的，适合于连续色调、多级灰度、彩色或单色静止图像数据压缩标准。位图可以用画图软件绘制，例如 Photoshop、PaintBrush 等是很好的位图制作软件。

实际上绘图软件和画图软件所提供的工具是大同小异的，只不过绘图软件制作的图像存储为矢量图，而画图软件制作的图像存储为位图。

7.3.2　图像的基本属性

描述一幅图像需要使用图像的属性。图像的属性包含分辨率、像素深度、真/伪彩色、图像的表示法和种类等。本节只介绍图像的前三个特性。

1. 分辨率

我们经常遇到的分辨率有两种：显示分辨率和图像分辨率。

(1) 显示分辨率

显示分辨率是指显示屏上能够显示出的像素数目。如显示分辨率为 640×480 表示显示屏分成 480 行,每行显示 640 个像素,整个显示屏就含有 307 200 个显像点。屏幕能够显示的像素越多,说明显示设备的分辨率越高,显示的图像质量也就越高。除手提式计算机用液晶显示 LCD(liquid crystal display)外,一般都采用 CRT 显示,它类似于彩色电视机中的 CRT。显示屏上的每个彩色像点由代表 R、G、B 三种模拟信号的相对强度决定,这些彩色像点就构成一幅彩色图像。

早期用的计算机显示器的分辨率是 0.41 mm,随着技术的进步,分辨率由 0.41→0.38→0.35→0.31→0.28,一直到 0.26 mm 以下。显示器的价格主要集中体现在分辨率上,因此在购买显示器时应在价格和性能上综合考虑。

(2) 图像分辨率

图像分辨率是指组成一幅图像的像素密度的度量方法。对同样大小的一幅图,如果组成该图的图像像素数目越多,则说明图像的分辨率越高,看起来就越逼真。相反,图像显得越粗糙。

在用扫描仪扫描彩色图像时,通常要指定图像的分辨率,用每英寸多少点(dots per inch,dpi)表示。如果用 300 dpi 来扫描一幅 8″×10″ 的彩色图像,就得到一幅 2 400×3 000 个像素的图像。分辨率越高,像素就越多。

图像分辨率与显示分辨率是两个不同的概念。图像分辨率是确定组成一幅图像的像素数目,而显示分辨率是确定显示图像的区域大小。如果显示屏的分辨率为 640×480,那么一幅 320×240 的图像只占显示屏的 1/4;相反,2 400×3 000 的图像在这个显示屏上就不能显示一个完整的画面。

2. 像素深度

像素深度是指存储每个像素所用的位数,它也是用来度量图像的分辨率。像素深度决定彩色图像的每个像素可能有的颜色数,或者确定灰度图像的每个像素可能有的灰度级数。例如一幅彩色图像的每个像素用 R、G、B 三个分量表示,若每个分量用 8 位,那么一个像素共用 24 位表示,例如像素的深度为 24,每个像素可以是 $2^{24}=16\ 777\ 216$ 种颜色中的一种。在这个意义上,往往把像素深度说成是图像深度。表示一个像素的位数越多,它能表达的颜色数目就越多,而它的深度就越深。

3. 真彩色、伪彩色与直接色

分清真彩色、伪彩色与直接色的含义,对于编写图像显示程序、理解图像文件的存储格式有直接的指导意义,也不会对出现诸如这样的现象感到困惑:本来是用真彩色表示的图像,但在 VGA 显示器上显示的图像颜色却不是原来图像的颜色。

(1) 真彩色(true color)

真彩色是指在组成一幅彩色图像的每个像素值中,有 R、G、B 三个基色分量,每个基色分量直接决定显示设备的基色强度,这样产生的彩色称为真彩色。例如用 RGB 5:5:5 表示的彩色图像,R、G、B 各用 5 位,用 R、G、B 分量大小的值直接确定三个基色的强度,这样得到的彩色是真实的原图彩色。

如果用 RGB 8:8:8 方式表示一幅彩色图像,就是 R、G、B 都用 8 位来表示,每个基色分量占一个字节,共 3 个字节,每个像素的颜色就是由这 3 个字节中的数值直接决定,如图 7-3(a)所示,可生成的颜色数就是 $2^{24}=16\ 777\ 216$ 种。用 3 个字节表示的真彩色图像所需要的存储空间很大,而人的眼睛是很难分辨出这么多种颜色的,因此在许多场合往往用

RGB 5∶5∶5 来表示,每个彩色分量占 5 个位,再加 1 位显示属性控制位共 2 个字节,生成的真颜色数目为 $2^{15} = 32K$。

在许多场合,真彩色图通常是指 RGB 8∶8∶8,即图像的颜色数等于 224,也常称为全彩色(full color)图像。但在显示器上显示的颜色就不一定是真彩色,要得到真彩色图像需要有真彩色显示适配器,目前在 PC 上用的 VGA 适配器是很难得到真彩色图像。

(2) 伪彩色(pseudo color)

每个像素的颜色不是由每个基色分量的数值直接决定,而是把像素值当作彩色查找表(Color Look-Up Table,CLUT)的表项入口地址,去查找一个显示图像时使用的 R、G、B 强度值,用查找出的 R、G、B 强度值产生的彩色称为伪彩色。

彩色查找表 CLUT 是一个事先做好的表,表项入口地址也称为索引号。例如 16 种颜色的查找表,0 号索引对应黑色,……,15 号索引对应白色。彩色图像本身的像素数值和彩色查找表的索引号有一个变换关系,这个关系可以使用 Windows 定义的变换关系,也可以使用你自己定义的变换关系。使用查找得到的数值显示的彩色是真的,但不是图像本身真正的颜色,它没有完全反映原图的彩色,如图 7-3(b)所示。

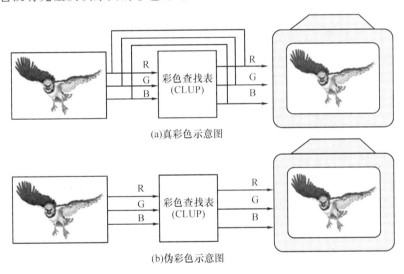

图 7-3 真彩色和伪彩色图像之间的差别

(3) 直接色(direct color)

每个像素值分成 R、G、B 分量,每个分量作为单独的索引值对它做变换。也就是通过相应的彩色变换表找出基色强度,用变换后得到的 R、G、B 强度值产生的彩色称为直接色。它的特点是对每个基色进行变换。

用这种系统产生颜色与真彩色系统相比,相同之处是都采用 R、G、B 分量决定基色强度,不同之处是前者的基色强度直接用 R、G、B 决定,而后者的基色强度由 R、G、B 经变换后决定。因而这两种系统产生的颜色就有差别。试验结果表明,使用直接色在显示器上显示的彩色图像看起来真实、自然。

这种系统与伪彩色系统相比,相同之处是都采用查找表,不同之处是前者对 R、G、B 分量分别进行变换,后者是把整个像素当作查找表的索引值进行彩色变换。

7.4 图像压缩技术

7.4.1 图像压缩

图像压缩是指减少表示数字图像时需要的数据量。在实际的多媒体信息使用中,由于图像和视频本身的数据量非常大,给存储和传输带来了很多不便,所以图像压缩和视频压缩得到了非常广泛的应用。例如数码相机、可视电话、视频会议系统、数字监控系统等,都使用到了图像或视频的压缩技术。

1. 图像压缩的基本原理

图像压缩是指以较少的比特有损或无损地表示原来的像素矩阵的技术,也称图像编码。从数学的观点来看,图像压缩实际上就是将二维像素阵列变换为一个在统计上无关联的数据集合。图像数据之所以能被压缩,就是因为数据中存在着冗余。

图像数据的冗余主要表现为:图像中相邻像素间的相关性引起的空间冗余;图像序列中不同帧之间存在相关性引起的时间冗余;不同彩色平面或频谱带的相关性引起的频谱冗余。数据压缩的目的就是通过去除这些数据冗余来减少表示数据所需的比特数。由于图像数据量的庞大,在存储、传输、处理时非常困难,因此图像数据的压缩就显得非常重要。信息时代带来了"信息爆炸",使数据量大增,因此,无论传输或存储都需要对数据进行有效的压缩。

2. 图像压缩基本方法

图像压缩可以分为有损数据压缩和无损数据压缩两种。无损压缩是指图像数据中有许多重复的数据,使用数学方法来表示这些重复数据达到减少存储空间。例如绘制的技术图、图表或者漫画优先使用无损压缩。有损压缩是指人眼对图像细节和颜色并非都能分辨出来,超过人眼辨认极限的图像细微之处可以去掉,从而达到压缩的目的。有损方法非常适合于自然的图像,例如一些应用中图像的微小损失是可以接受的,这样就可以大幅度地减小像素。

无损图像压缩方法有:行程编码(RLE 编码)、哈夫曼编码(Huffman)、LZW(Lempel-Ziv-Weltch)编码。有损压缩常用方法有预测编码、变换编码、分频带编码、量化与向量量化编码。

采用无损压缩,解压缩后的图像与压缩前的图像是完全相同的;采用有损压缩,解压缩后的图像与压缩前的图像是有区别的,但这种差异是微不足道的。

7.4.2 WinRAR 压缩软件的使用方法

随着计算机技术的飞速发展和多媒体技术的广泛应用,计算机中的信息的存储量正在迅速增长,文件的体积也越来越大。这给人们存储信息和通过网络传输信息带来了极大的不便。而压缩软件可以帮助我们解决这个问题。通过压缩软件,可以使得一些较大的文件经过压缩后其容量大大减小,还可以将多个文件压缩成一个文件,缩小其容量。被压缩的文件在使用前还需要用解压缩软件将其恢复成原来的大小,让我们仍得到压缩前的文件。

压缩软件种类很多,WinZIP 和 WinRAR 是在 Windows 或 Windows NT 环境下典型的压缩软件。它是目前较为流行的一种压缩软件。它与同类软件相比,具有压缩效率高、操作方便、功能齐全等特点。

要使用 WinZIP 和 WinRAR 压缩软件,首先要进行安装。其安装方法与 Office 安装方法相似,这里不再重复。假设在你的计算机中已经安装好了 WinRAR3.90,下面以实用为原则,介绍 WinRAR 软件操作的三个主要功能。

1. 压缩文件或文件夹

其方法如下:

(1) 选择好要压缩的文件或文件夹,单击鼠标右键,出现如图 7-4 所示快捷菜单。

图 7-4　文件或文件夹压缩

(2) 选定"添加到压缩文件(A)…",单击后会出现一个"压缩文件名和参数"对话框,在对话框中选定压缩文件格式,点击 RAR(R),如图 7-5 所示。

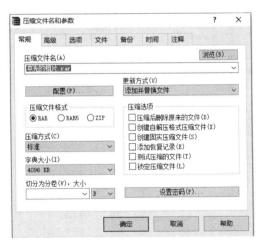

图 7-5　WinRAR 对话框

(3) 单击"确定"按钮,出现"正在创建压缩文件"对话框,如图 7-6 所示。压缩完毕后,就会在原文件夹目录下出现具有压缩文件图标的扩展名为 .rar 的压缩文件,如图 7-7 所示。

图 7-6　创建压缩文件

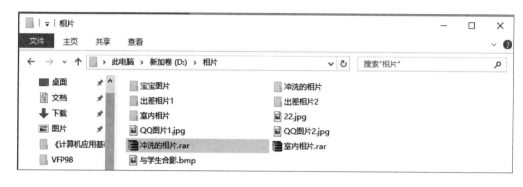

图 7-7　创建的压缩文件

2．解压缩文件或文件夹

方法如下：

（1）选择好要解压缩的文件或文件夹，按鼠标右键，出现如图 7-8 所示对话框。

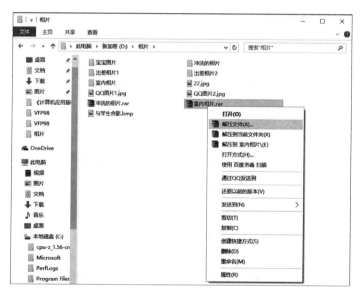

图 7-8　文件或文件夹解压缩

（2）选择"解压缩文件…"，出现"解压缩路径和选项"对话框，如图 7-9 所示。在对话框中选好更新方式和解压缩文件的路径，例如解压缩文件选在 D：\，选择"确定"按钮，经解压缩后就会在选定的目录路径下出现被解压缩的文件或文件夹。

3．自解压缩文件或文件夹

有时要把压缩文件或文件夹复制到一台新的计算机上，如果这台新计算机没有安装压缩软件，那么就无法进行解压缩。WinRAR 能很好地解决这一问题。具体操作方法是：

（1）选择好要压缩的文件或文件夹，单击鼠标右键，出现如图 7-10 所示。

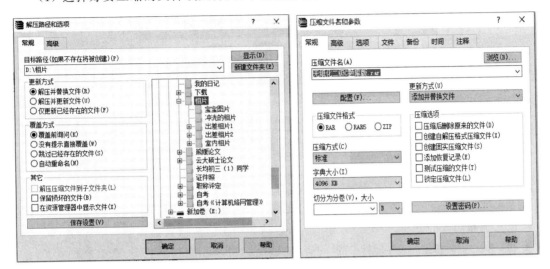

图 7-9　选择解压缩文件目录　　　　　　　图 7-10　创建自解压缩文件或文件夹

（2）选定"添加到压缩文件（A）…"，单击后会出现一个"压缩文件名和参数"对话框，在对话框中选定压缩文件格式，点击"RAR"，选择"创建自解压格式压缩文件（X）"，如图 7-11 所示。

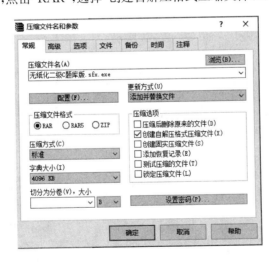

图 7-11　创建自解压缩文件"无纸化二级 C 题库版"

（3）选择"确定"按钮，在原文件目录中出现扩展名为.exe 的原文件或文件夹名，如图 7-12 所示（无纸化二级 C 题库版.exe）。

（4）把做成的.exe 自解压缩文件或文件夹复制到计算机中进行还原。还原的方法与解压缩文件或文件夹的方法完全相同，这里不再重复。

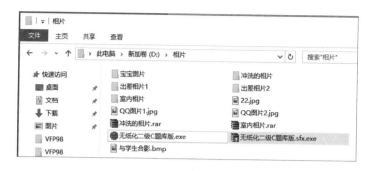

图 7-12 自解压缩文件.exe 文件

7.5 图像处理软件

7.5.1 看图工具软件 ACDSee

ACDSee 是目前最流行的数字图像处理软件，它能广泛应用于图片的获取、管理、浏览、优化甚至和他人的分享。使用 ACDSee，可以从数码相机和扫描仪高效获取图片，并进行便捷的查找、组织和预览，再配以内置的音频播放器，可以用它播放精彩幻灯片。ACDSee 还能处理如 MPEG 之类常用的视频文件。此外 ACDSee 是还有图片编辑工具，能轻松处理数码影像，拥有去除红眼、剪切图像、锐化、浮雕特效、曝光调整、旋转、镜像等功能，还能对图片进行批量处理。本节介绍 ACDSee 9.0 中文版的主要功能。

1. 看图软件 ACDSee 9.0 浏览界面

双击桌面上 ACDSee 9.0 的快捷图标，或单击"开始"→"所有应用"→ACDSee 9.0，则会弹出 ACDSee 9.0 的浏览界面，如图 7-13 所示。

图 7-13 ACDSee 9.0 浏览界面

ACDSee 浏览界面包括标题栏、菜单栏、常用工具栏、工作区、任务栏几部分。标题最左边是控制按钮，随后是该软件名称及显示图片的文件夹名；菜单栏和常用工具栏是操作该界面的工具；工作区一般由文件树形结构目录、图片预览区、指定文件夹区三部分组成。界面的左上角是目录窗口，左下角是图形预览窗口，右边是文件列表窗口，该窗口上边的下拉文本框中显示的是用户所访问的路径。任务栏中会显示出图片名称、图片文件容量和图片尺寸等参数。

浏览窗口的主界面是由视图菜单中的预览方式决定的，用户可自行设置，如图 7-14 所示。

图 7-14　选择工作区域分布

2. ACDSee 的主要功能

（1）看图功能

启动 ACDSee 9.0 后，要进行浏览图片可进行以下操作。

① 单击"文件"→"打开"，如图 7-15 所示，找到需要查看的文件，打开即可。也可以在左上目录窗口中，将路径切换到要显示的图形文件所在的路径上。在右侧文件列表窗口中将光标移到要显示的图形文件图标上，程序便会自动在左下角预览窗口中显示该图形文件的内容。

② 用鼠标双击图形文件图标，或单击右侧的"查看"按钮，或用光标移动键将光标移到需要显示的图形文件名上，按回车键，程序自动切换到图形显示窗口，并提供图形文件显示功能，如图 7-16 所示。可以单击"上一个""下一个"等操作来帮助看图。

（2）转换图形格式功能

ACDSee 提供了将所支持的图形文件转换为 BMP、JPG、PCX、TGA、TIFF 格式图形的功能，具体操作方法如下。

图 7-15　利用"文件"菜单打开要浏览的图片文件夹

图 7-16　图像显示窗口

① 在程序的系统文件列表窗口中选择需要转换格式的目标文件,然后单击"工具"→"批量"→"转换文件格式",程序出现如图 7-17 所示的"批量转换文件格式"设置对话框。

② 在对话框中选择要转换的输出格式,单击"确定"按钮,图像文件便自动生成相应格式的同名文件。

另外,如果转换生成的图形文件的格式是 JPG、TGA、TIFF、PNG、PSD,程序在对话框中还提供了一个"格式设置"按钮,其中提供了相关的转换设置:主要是指在转换时对像素进行压缩的设置,压缩越大,文件越小,一般使用程序的默认设置就可以。

以上介绍的是对某一个图像文件进行格式转换,ACDSee 9.0 还可以对多个图像文件进行批量转换格式,具本操作与单个图像文件格式转换相同,只是在打开"工具"→"批量"→"转换文件格式"之前,需要选中需要批量转换格式的所有图像。

（3）文件操作功能

ACDSee 提供了功能强大的文件管理功能,可以利用工具栏上的按钮或右击快捷菜单进行操作。

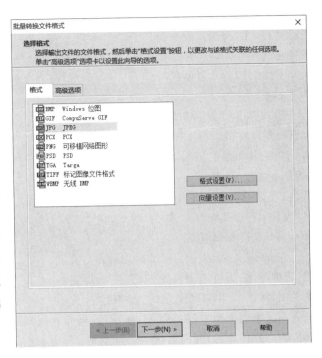

图 7-17 文件格式转换窗口

① 文件的复制或移动。先选定一个图片文件后,单击"编辑"→"复制到文件夹"或"移动到文件夹"命令(也可以通过选定一个图片后,打开快捷菜单,在弹出的快捷菜单中单击"复制到文

图 7-18　图像"复制到文件夹"工具

件夹"或"移动到文件夹"),如图 7-18 所示。打开"复制到文件夹"。在"目标位置"对话框中输入目标路径,在"覆盖重复文件"可选择"询问/重命名/替换/忽略",然后单击"确定"按钮即可。文件的移动与复制的操作是一样的,如图 7-19 所示。

② 文件的删除。如果要删除图形文件,先选择图片文件,再单击"Del"键或单击"编辑"菜单栏中"删除"按钮即可。

③ 修改文件名。如果要为图形文件换名,可先选择该文件,然后单击"重新命名"按钮,便可以修改文件名。

(4)文件编辑功能

ACDSee 功能强大,不仅可以浏览、组织、管理图像,还可以编辑图像,先选择要编辑的图片,然后单击右上角的"编辑"按钮,

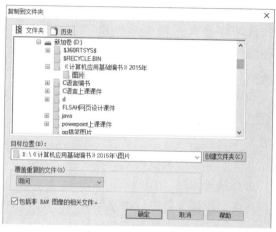

图 7-19　图像"复制到文件夹"窗口

进入图像编辑界面中,如图 7-20 所示,该界面有两大部分组成,左侧是编辑菜单,菜单提供"选择范围/修复/添加/几何形状/曝光(光线)/颜色/细节"七大功能菜单操作,如需要对图像进行某一编辑操作时,可以在左侧菜单选择相应的功能菜单;右侧是待编辑的图像。

图 7-20　图像编辑界面

随着 ACDSee 版本的更新,它已经不是单纯的图像浏览软件,而是目前最流行的数字图像处理软件,它能广泛应用于图片的获取、管理、浏览、优化,甚至和他人的分享。本节仅介绍了 ACDSee 常用功能,ACDSee 9.0 还有很多其他功能,例如播放幻灯片、图像篮子等功能,具体细节就不赘述了,大家自己去摸索一定会发现很多乐趣。

7.5.2 抓图软件 HyperSnap-DX

HyperSnap-DX 是一款运行于 Microsoft Windows 平台下的抓屏软件。利用它我们可以很方便地将屏幕上的任何一个部分,包括活动客户区域、活动窗口、客户区域、桌面等抓取下来,还能抓取 DirectX,3Dfx Glide 游戏和视频或 DVD 屏幕图,并且采用新的去背景功能将抓取后的图形去除不必要的背景。HyperSnap-DX 可以储存并读取超过 20 种影像格式(包括 BMP、GIF、JPEG、TIFF、PCX 等)。可以用热键或自动计时器从屏幕上抓图,功能还包括显示捕捉画面中的光标、切割工具、色盘和分辨率的设定,还能选择从 TWAIN 装置中(扫描仪和数码相机)抓图。本节以 HyperSnap-DX7.0 为例介绍其主要功能.

1. 抓图软件 HyperSnap-DX 的主界面

在 Windows 下安装好 HyperSnap-DX 后,单击"开始"→"所有应用"→"HyperSnap-DX"图标或双击桌面上的快捷图标,将会出现如图 7-21 所示主界面。

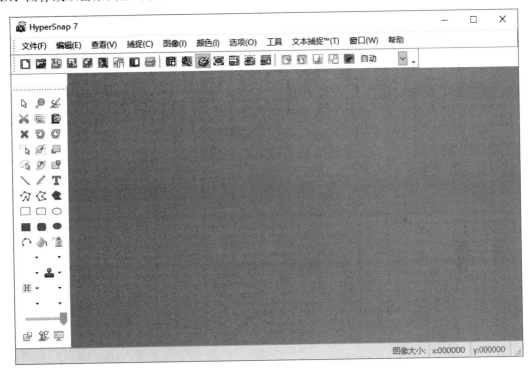

图 7-21　抓图软件 HyperSnap-DX 主界面

HyperSnap-DX 主界面有标题栏、菜单栏、常用工具栏、工作区和说明栏五部分组成。HyperSnap-DX 是一款抓图功能强大的软件,但本节主要要求学会它的抓图功能及其保存方法,其他功能可自行学习。

2. 抓图软件 HyperSnap-DX 的抓图功能

(1) 设置抓图软件的主界面

单击"查看"菜单,在其下拉菜单中的"工具栏""状态栏""绘图工具栏"旁单击后,就会出现图 7-21 所示主界面。也可以单击"查看"菜单下的"自定义"来定义自己喜欢的主界面。

(2) 捕捉图像的保存

捕捉到的图像,需要保存,方法是单击"文件"→"另存为",会出现"另存为"对话框,如图 7-22

所示。在此对话框中，设置好参数，可以保证存放图像的质量。

① 选择保存路径和命名文件名。

② "保存类型"用以选择图像格式，单击该框右边的下拉箭头，可以选择 20 多种不同的图像保存格式。

③ 有些文件格式还含有子格式，可以在"子格式"选项中选取合适的子类型。

④ 还有一些文件格式允许设定"质量因数"值，数值越高，画质越好，但同时文件占用的磁盘空间也越大。用户需要在二者之间选取一个比较好的结合点。

⑤ 有些文件格式(如.GIF 格式)可选择其他参数：位/像素的倍数是用来确定图像的色彩深度。如果选中"选择最佳"，则 HyperSnap-DX 将自动选取一个合适的色彩方案；反之，用户可以自

图 7-22 "另存为"对话框

己选择色彩深度，如果所选择的像素值小于或等于 8，用户还可以选择：使用优化的 Windows 调色板还是使用标准的调色板。在对话框的右侧还有三个任选项，分别是"添加""交错""透明色"，它们会根据所选定的文件格式而被禁止或激活。

(3) 图像的捕捉

图像的捕捉是我们学习的重点，方法是单击"捕捉菜单"，如图 7-23 所示。

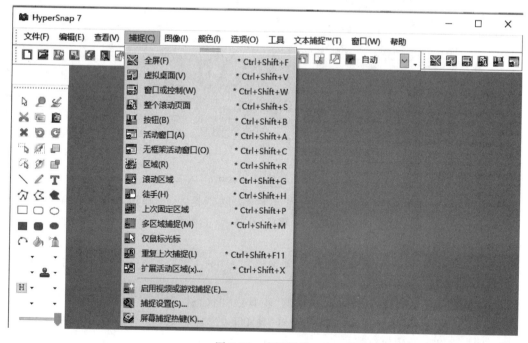

图 7-23 捕捉菜单

选择好要捕捉的图像,启动 HyperSnap-DX,选择单击"捕捉"下拉菜单中的项目,就可抓到适合自己需要的图像。下面介绍以下几种主要捕捉方法。

① 全屏幕:所抓的图是整个屏幕,如图 7-24 所示。

图 7-24 抓取的全屏幕图

② 窗口或控制:HyperSnap-DX 将窗口划分为若干个区域,包括菜单栏、工具栏、工作区和整个窗口等,这些区域称为"预定义区域"。这样就可以根据自己的需要抓取窗口不同区域中的内容。当使用窗口方式抓图时,HyperSnap-DX 会在被抓取区域的周围显示一个闪烁的黑色方框,通过移动鼠标来选择要抓取的区域,选定区域后,单击,完成抓取,如图 7-25 所示。

图 7-25 抓取的一个窗口图

③ 按钮:抓下的图像是一个按钮,如某一快捷工具按钮,这对写书或写文章很有用。

④ 活动窗口:选择该命令,直接抓取整个当前活动窗口,操作非常方便。

⑤ 区域:使用这种方式可以抓取屏幕上任意矩形范围内的图像。选择该命令时,鼠标指针将变成一个很大的"+"字形,单击,确定区域的起点,然后移动鼠标,使矩形范围覆盖需要剪切的区域,再次单击,确定矩形范围的终点,这样起点和终点之间的矩

形区域就是要抓取的区域。如图 7-26 所示。

在具体操作时,有时 HyperSnap-DX 会显示一个提示框,能较精确地来确定矩形的大小和位置。

⑥ 重复上一次的捕捉:选择该命令并不是一种新的抓图方式,它只是简单地重复上一次的抓取动作。当用户需要连续抓取某一变化的区域时,这项功能非常方便和实用。

（4）抓取动画的方法

如何自动连续抓取正在播放的视频或游戏中的动画,这在该软件中很容易做到,方法如下。

① 单击"捕捉"→"启用视频或游戏捕捉",出现图 7-27 所示的对话框。

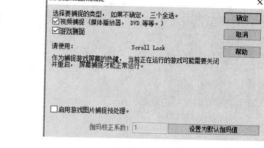

图 7-26　抓取有 6 个图标的区域图　　　　图 7-27　特殊捕捉对话框

② 单击"捕捉"→"捕捉设置",选择"捕捉"选项卡,出现图 7-28 所示的对话框。在该对话框中选好参数和相关时间。

③ 选择"快速保存"选项卡,出现"快速保存"选项卡对话框,如图 7-29 所示。

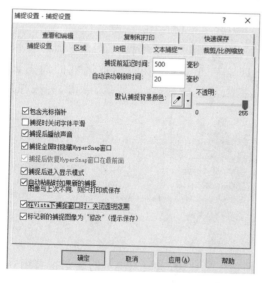

图 7-28　"捕捉设置"选项卡　　　　图 7-29　"快速保存"选项卡对话框

在该对话框中,选择"自动将每次捕捉的图像保存到文件中",然后写入保存文件的盘符、文件夹和文件名,填入文件名开始的序号,停止保存的序号(定义保存多少幅图),再填入捕捉一幅图的时间间隔,最后单击"应用"和"确定"按钮,在播放的视频或游戏上可按要求抓取图像。

7.6 多媒体播放软件

在计算机领域中,多媒体被认为是一种传播、承载信息的资源,如音频、视频和网络等,它已被广泛地应用于个人计算机,使个人计算机变成了可以进行音乐欣赏、电影观摩、多媒体游戏、信息检索等多项活动的多功能系统。下面介绍目前在日常生活中常用的几种多媒体播放软件。

7.6.1 豪杰超级解霸

豪杰超级解霸 3500 是由豪杰公司开发的一款功能强大的解压 VCD/DVD 播放器,支持 RM/RMVB/MOV/SWF/MP3/WMA 等目前 Windows 流行的音视频格式文件的播放。且支持 RM/AVI/ASF/WMV/MOV 等格式亮度、色度调整。同时具有 JMV 视频加密技术,实现视频文件的密码加密,预览等多种应用功能。让用户享受家庭影院般的感觉,使用户赏心悦目的体验视频播放的旅程。

启动豪杰超级解霸 3500,主界面如图 7-30 所示,图 7-31 所示是豪杰超级解霸 3500 播放音频信号图。播放视频文件方法和播放音频文件操作方法相同,具有自动识别功能和强大的记忆播放功能,还可以实现网上在线视频播放。

7.6.2 PPTV 网络电视播放器

PPTV 网络电视是 PPLive 旗下媒体,一款全球安装量最大的网络电视,支持对海量高清影视内容的"直播+点播"功能。可在线观看电影、电视剧、动漫、综艺、体育直播、游戏竞技、财经资讯等丰富视频娱乐节目,并且完全免费观看,是广受网友推崇的装机必备软件。

图 7-30 豪杰超级解霸 3500 主界面　　　　图 7-31 豪杰超级解霸 3500 播放音频界面

安装好 PPTV 网络电视播放器后,启动此播放器,其主界面如图 7-32 所示。PPTV 网络电视有着丰富的影视资源,例如有电视剧、电影、动画、综艺、热点、体育、明星等丰富视频资源尽收眼底。播放视频时具有以下特性:清爽明了、简单易用;丰富的节目源,支持节目搜索功能;频道悬停显示当前节目截图及节目预告;自动检测系统连接数限制;对不同的网络类型和上网方式实行不同的连接策略,能更好地利用网络资源;能自动设置 Windows 的网络连接防火墙等。

图 7-32　PPTV 网络电视的主界面

7.6.3　百度音乐(原千千静听)播放器

　　百度音乐(原千千静听)是百度针对千千静听重新打包整合的一个全新音乐类客户端产品,是一款完全免费的音乐播放软件。它具有小巧精致、操作简捷、功能强大的特点,深受用户喜爱,是目前最受欢迎的一种音乐播放软件之一。它从播放工具升级成了互联网音乐产品。通过和环球、华纳、索尼、滚石等上百家国际和国内唱片公司的版权合作,百度音乐不仅开辟了正版音乐在线试听的新模式,而且借助百度领先的音乐技术储备,从内地到港台,从日韩到欧美,从流行到经典,广大用户不管喜欢哪种类型,都能瞬间找到最对味的歌曲。百度音乐具有首页、榜单、歌单、电台、歌手和分类等板块,可以通过互联网同步更新移动客户端的智能音效增强功能。百度音乐为您提供海量正版高品质音乐、最极致的音乐音效和音乐体验、最权威的音乐榜单、最快的独家首发歌曲、最优质的歌曲整合歌单推荐、最契合你的主题电台、最全的电台视频库、最人性化的歌曲搜索,让你更快地找到喜爱的音乐,为你还原音乐本色,带给你全新的音乐体验。

　　安装好并启动百度音乐 9.1 版本后,所图 7-33 所示是在线音乐主界面。

7.6.4　酷我音乐播放器

　　酷我音乐是中国数字音乐的交互服务品牌,是互联网领域的数字音乐服务平台,同时也是一款内容全、聆听快和界面炫的音乐聚合播放器,是国内的多种音乐资源聚合的播放软件。酷我是由前百度首席架构师雷鸣先生在 2005 年 8 月创立。酷我音乐的界面简洁大方,符合大多数用户的审美喜好。打开酷我音乐,上部菜单栏包括"歌词 MV""曲库""直播"下

图 7-33　百度音乐播放器的主界面

载"。酷我音乐盒是一款全球最大的个性化音乐服务平台,拥有非常庞大的歌音库和 MV 库,几乎收集了全球所有的歌曲,为用户提供实时更新的海量曲库、完美的音画质量和一流的 MV、更丰富的歌词,酷我音乐盒为用户提供最新最全的在线音乐,酷我音乐盒支持先进的 P2P 边下边听技术,也支持试听、下载服务、一点即播,而且非常流畅,让你真正体检到网络音乐的快感。安装好并启动酷我音乐 8.0 版本后,图 7-34 所示是歌词 MV 主界面。

图 7-34　酷我音乐播放器的主界面

本 章 小 结

（1）媒体是指用于传播和表示各种信息的载体和手段。多媒体是指文本、文字、声音、视频、图形和图像等这些可用来表达信息的载体。计算机处理的多媒体信息分为动态媒体和静态媒体。多媒体技术是指一种以计算机技术为核心，通过计算机设备的数字化采集、压缩/解压缩、编辑、存储等加工处理，将文本、文字、图形、图像、动画和视频等多种媒体信息，以单独或合成的形态表现出来的一体化技术。了解多媒体信息的类型及特点。

（2）多媒体计算机系统是指能综合处理多种媒体信息，能使多种信息之间建立逻辑联系，并具有交互性的计算机系统。一套功能完善的多媒体计算机系统应包括硬件系统和软件系统两大方面。

（3）图像在计算机中有两种表达方式，分别为矢量图和位图；描述一幅图像需要使用图像分辨率、像素深度、真/伪彩色、图像的表示法和种类等图像的属性。了解和掌握图像的表示方式和属性对于理解计算机图像是很有必要的。

（4）图像压缩是指减少表示数字图像时需要的数据量。图像压缩技术分为无损压缩和有损压缩两种。无损压缩是指图像数据中有许多重复的数据，使用数学方法来表示这些重复数据达到减少存储空间；有损压缩是指人眼对图像细节和颜色并非都能分辨出来，超过人眼辨认极限的图像细微之处可以去掉，从而达到压缩的目的。无损图像压缩方法有行程编码（RLE 编码）、哈夫曼编码、LZW 编码。有损压缩常用方法有预测编码、变换编码、分频带编码、量化与向量量化编码。掌握压缩软件 WinRAR 的使用方法，学会 WinRAR 对文件和文件夹的压缩、解压缩和自解压缩三种方法。

（5）掌握几种图像处理软件功能和使用方法，重点掌握 ACDSee 看图软件和抓图软件 HyperSnap，学会用 ACDSee 来浏览各种不同格式的图像文件，把不常用图像格式文件转换成常用的图像格式文件；学会抓图软件 HyperSnap 的捕捉菜单，抓取静态图像中全屏幕、窗口、当前活动窗口、不带边框的活动窗口等图像，同时把抓取的图像按需要的图像格式保存下来。

（6）掌握日常生活中常用的几种多媒体播放软件，学会超级解霸、PPTV 网络电视播放器、百度音乐（原千千静听）播放器和酷我音乐播放器等视频和音频播放软件的基本功能与使用方法。掌握这些实际常用的多媒体播放软件对我们的工作、学习和娱乐都将带来极大的方便。

第8章　信息安全与病毒防范

计算机信息网络技术的应用给当今社会带来了巨大变化,同时也带给人们日益突出的信息网络安全问题。由于计算机网络现在已经涉及各个行业,包括金融、科学探索、教育系统、商业系统、政府部门和军事系统等各个领域,其中大部分都是牵涉国家的利益。这些行业面临着各个方面的网络攻击,网络攻击的表现形式包括窃取数据、信息篡改等。信息安全问题已经成为一个重要的国际议题。

8.1　信 息 安 全

8.1.1　信息系统安全的定义

所谓信息安全就是关注信息本身的安全,而不管是否应用了计算机作为信息处理的手段。信息安全的任务是保护信息财产,以防止偶然的或未授权者对信息的恶意泄露、修改和破坏,从而导致信息的不可靠或无法处理等。这样可以使我们在最大限度利用信息的同时,不招致损失或使损失最小。

网络信息安全指的是通过对计算机网络系统中的硬件、数据以及程序等不会因为无意或者恶意的被破坏、篡改和泄露,防止非授权用户的访问或者使用,系统可以对服务保持持续和连续性,能够可靠地运行。

信息安全的基本属性主要表现在以下5个方面。信息安全的任务就是要实现信息五种安全属性。对于攻击者来说,就是要通过一切可能的方法和手段破坏信息的安全属性。

1. 完整性(Integrity)

完整性是指信息在存储或传输的过程中保持未经授权不能改变的特性,即对抗主动攻击,保证数据的一致性,防止数据被非法用户修改和破坏。对信息安全发动攻击的最终目的是破坏信息的完整性。

2. 保密性(Confidentiality)

保密性是指信息不被泄露给未经授权者的特性,即对抗被动攻击,以保证机密信息不会泄露给非法用户。

3. 可用性(Availability)

可用性是指信息可被授权者访问并按需求使用的特性,即保证合法用户对信息和资源的使用不会被不合理地拒绝。对可用性的攻击就是阻断信息的合理使用,如破坏系统的正常运行就属于这种类型的攻击。

4. 不可否认性(Non—repudiation)

不可否认性也称为不可抵赖性,即所有参与者都不可能否认或抵赖曾经完成的操作和承诺。发送方不能否认已发送的信息,接收方也不能否认已收到的信息。

5. 可控性(Controllability)

可控性是指对信息的传播及内容具有控制能力的特性。授权机构可以随时控制信息的机密性,能够对信息实施安全监控。

8.1.2 信息系统面临的威胁

所谓信息安全威胁就是指某个人、物、事件或概念对信息资源的保密性、完整性、可用性或合法使用所造成的危险。攻击就是对安全威胁的具体体现。虽然人为因素和非人为因素都可以对通信安全构成威胁,但是精心设计的人为攻击威胁最大。

对于信息系统来说,威胁可分为针对物理环境、通信链路、网络系统、操作系统、应用系统以及管理系统等方面。

1. 物理安全威胁

指对系统所用设备的威胁,物理安全是信息系统安全的最重要方面。物理安全的威胁主要有自然灾害(地震、水灾、火灾等)造成整个系统毁灭、电源故障造成设备断电以至操作系统引导失败或数据库信息丢失、设备被盗被毁造成数据丢失或信息泄露。通常,计算机里存储的数据价值远远超过计算机本身,必须采取很严格的防范措施以确保不会被入侵者偷阅。媒体废弃物威胁,如废弃磁盘或一些打印错误的文件都不能随便丢弃,媒体废弃物必须经过安全处理,对于废弃磁盘仅删除是不够的,必须销毁。电磁辐射可能造成数据信息被窃取或偷阅,等等。

2. 通信链路安全威胁

网络入侵者可能在传输线路上安装窃听装置,窃取网上传输的信号,再通过一些技术手段读出数据信息,造成信息泄露;或对通信链路进行干扰,破坏数据的完整性。

3. 操作系统安全威胁

操作系统是信息系统的工作平台,其功能和性能必须绝对可靠。由于系统的复杂性,不存在绝对安全的系统平台。对系统平台最危险的威胁是在系统软件或硬件芯片中的植入威胁,如"木马"和"陷阱门"。操作系统的安全漏洞通常是由操作系统开发者有意设置的,这样他们就能在用户失去了对系统的所有访问权时仍能进入系统。例如,一些 BIOS 有万能密码,维护人员用这个口令可以进入计算机。

应用系统安全威胁是指对于网络服务或用户业务系统安全的威胁。应用系统对应用安全的需求应有足够的保障能力。应用系统安全也受到"木马"和"陷阱门"的威胁。

4. 管理系统安全威胁

不管是什么样的网络系统都离不开人的管理,必须从人员管理上杜绝安全漏洞。再先进的安全技术也不可能完全防范由于人员不慎造成的信息泄露,管理安全是信息安全有效的前提。

5. 网络安全威胁

计算机网络的使用对数据造成了新的安全威胁,在网络上存在着电子窃听,分布式计算机的特征是各个分立的计算机通过一些媒介相互通信,局域网一般是广播式的,每个用户都可以收到发向任何用户的信息。当内部网络与因特网相接时,由于因特网的开放性、国际性与无安全管理性,对内部网络形成严重的安全威胁。如果系统内部局域网络与系统外部网络之间不采取一定的安全防护措施,内部网络容易受到来自外部网络入侵者的攻击,如攻击者可以通过网络监听等先进手段获得内部网络用户的口令等信息,进而假冒内部合法用户进行非法登录,窃取内部网重要信息。

网络攻击就是对网络安全威胁的具体体现。因特网作为全球信息基础设施的骨干网络,其本身所具有的开放性和共享性对信息的安全问题提出了严峻挑战。由于系统脆弱性的客观存在,操作系统、应用软件、硬件设备不可避免地存在一些安全漏洞,网络协议本身的设计也存在一些安全隐患,这些都为攻击者采用非正常手段入侵系统提供了可乘之机。典型的网络攻击的一般流程如图 8-1 所示。

攻击过程中的关键阶段是:弱点挖掘和获取权限。攻击成功的关键条件之一是:目标系统存在安全漏洞或弱点。网络攻击难点是:目标使用权的获得。能否成功攻击一个系统取决于多方面的因素。常见网络攻击工具有安全扫描工具、监听工具、口令破译工具等。

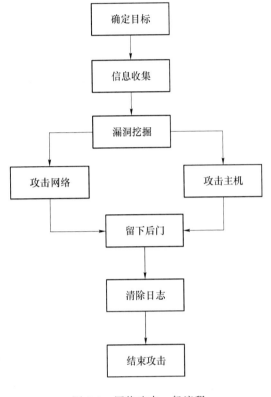

图 8-1　网络攻击一般流程

8.1.3　信息系统安全策略

信息安全策略(Information Security Policies)也叫信息安全方针,是组织对信息和信息处理设施进行管理,保护和分配的原则,它告诉组织成员在日常的工作中什么是可以做的,什么是必须做的,什么是不能做的,哪里是安全区,哪里是敏感区,就像交通规则之于车辆和行人,信息安全策略是有关信息安全的行为规范。

1. 信息安全策略分类

按照它们的关键思想把这些策略分为了 4 类:

第一类,通过改进信息系统开发过程中的系统安全部分,达到解决信息系统安全目的。

第二类,通过仔细观察组织中各项工作的职责后发现安全需求,以解决信息系统安全问题。

第三类,通过改进业务处理过程,尝试构建一个模型来描述业务过程模型中的安全约束以解决信息系统安全。

第四类,从数据模型的安全方面入手,通过扩展数据库安全领域的现有研究结果,达到解决信息系统安全目的。

2. 信息安全策略的内容

(1)物理安全策略

旨在保护计算机服务器、数据存储、系统终端、网络交换等硬件设备免受自然灾害、人为破坏，确保其安全可用。

制定物理安全策略，要重点关注存放计算机服务器、数据存储设备、核心网络交换设备的机房的安全防范。其选址与规划建设要遵循 GB 9361 计算机场地安全要求和 GB2887 计算机场地技术条件，保证恒温、恒湿，防雷、防水、防火、防鼠、防磁、防静电，加装防盗报警装置，提供良好的接地和供电环境，要为核心设备配置与其功耗相匹配的稳压及 UPS 不间断电源。

（2）网络安全策略

旨在防范和抵御网络资源可能受到的攻击，保证网络资源不被非法使用和访问，保护网内流转的数据安全。

访问控制是维护网络安全、保护网络资源的重要手段，是网络安全核心策略之一。访问控制包括入网访问控制、网络授权控制、目录级安全控制、属性安全控制、网络服务器安全控制、网络监测和锁定控制、网络端口和节点的安全控制以及防火墙控制。安全检查（身份认证）、内容检查也是保护网络安全的有效措施。网络加密手段包括链路加密、端点加密和节点加密，链路加密是保护网络节点之间的链路数据安全，端到端加密是对从源端用户到目的端用户之间传输的数据提供保护，节点加密是对源节点到目的节点之间的传输链路提供保护。

另外，数字认证在一定程度上保证了网上交易信息的安全。

（3）数字安全策略

旨在防止数据被偶然的或故意的非法泄露、变更、破坏，或是被非法识别和控制，以确保数据完整、保密、可用。数据安全包括数据的存储安全和传输安全两个方面。

数据的存储安全系指数据存放状态下的安全，包括是否会被非法调用等，可借助数据异地容灾备份、密文存储、设置访问权限、身份识别、局部隔离等策略提高安全防范水平。

（4）软件安全策略

旨在防止由于软件质量缺陷或安全漏洞使信息系统被非法控制，或使之性能下降、拒绝服务、停机。软件安全策略分为系统软件安全策略和应用软件安全策略两类。

对通用的应用软件，可参照前款做法，通过加强与软件提供商的沟通，及时发现、堵塞安全漏洞。

对量身定做的应用软件，可考虑优选通过质量控制体系认证、富有行业软件开发和市场推广经验的软件公司，加强软件开发质量控制，加强容错设计，安排较长时间的试运行等策略，以规避风险，提高安全防范水平。

（5）系统管理策略

旨在加强计算机信息系统运行管理，提高系统安全性、可靠性。

要确保系统稳健运行，减少恶意攻击、各类故障带来的负面效应，有必要建立行之有效的系统运行维护机制和相关制度。比如，建立健全中心机房管理制度、信息设备操作使用规程、信息系统维护制度、网络通信管理制度、应急响应制度，等等。

要根据分工，落实系统使用与运行维护工作责任制。

加强对相关人员的培训和安全教育，减少因为误操作给系统安全带来的冲击。要妥善保存系统运行、维护资料,做好相关记录,要定期组织应急演练,以备不时之需。

（6）灾难恢复策略

旨在趁着系统还在运行的时候,制订一个灾难恢复计划,将灾难带来的损失降低到最小,使系统安全得到保障的策略。

主要需根据本单位及信息系统的实际情况,研究系统遇到灾害后对业务的影响,设计灾后业务切换办法,如定期备份数据,根据灾难类型,制订灾难恢复流程,建立灾难预警、触发、响应机制,组织相关培训和练习,适时升级和维护灾难恢复计划等。

3. 信息系统安全策略制定原则

在建立和制定信息系统安全策略时,应遵循下列原则:

（1）目的性:信息系统安全策略是针对某一具体信息系统,为落实本单位的信息安全策略而制定的,应保证与本单位信息安全策略的符合性。

（2）完整性:信息系统安全策略应考虑该系统运行各环节的安全保护的完整性。

（3）适用性:信息系统安全策略应适应本单位的应用环境和应用水平,应根据单位业务的安全需求来确定策略的简繁。

（4）可行性:信息系统安全策略应切实可用,其目标应可以实现、策略的执行情况可检查和可审核。

（5）一致性:信息系统安全策略应与国家主管部门发布的信息安全政策要求、标准规范保持一致,与本单位的信息安全策略保持一致等。

8.2 信息安全技术

8.2.1 数据加密

加密技术可以有效保证数据信息的安全,可以防止信息被外界破坏、修改和浏览,是一种主动防范的信息安全技术。

数据加密技术的原理是:将公共认可的信息（明文）通过加密算法转换成不能够直接被读取的、不被认可的密文形式,这样数据在传输的过程中,以密文的形式进行,可以保证数据信息在被非法的用户截获后,由于数据的加密而无法有效地理解原文的内容,确保了网络信息的安全性。在数据信息到达指定的用户位置后,通过正确的解密算法将密文还原为明文,以供合法用户进行读取。对于加密和解密过程中使用到的参数,我们称之为密钥。

密钥加密技术的密码体制分为对称密钥体制和非对称密钥体制两种。相应地,对数据加密的技术分为两类,即对称加密（私人密钥加密）和非对称加密（公开密钥加密）。加密体制中的加密算法是公开的,可以被其他人分析。加密算法的真正安全性取决于密钥的安全性,即使攻击者知道加密算法,但不知道密钥,那么他不可能获得明文。所以加密系统的密钥管理是一个非常重要的问题。

1. 对称加密技术

对称加密采用了对称密码编码技术,它的特点是文件加密和解密使用相同的密钥（或者由其中的任意一个可以很容易地推导出另外一个）,即加密密钥也可以用做解密密钥,这种方法在密码学中叫作对称加密算法。典型的对称加密算法有数据加密标准（DES）和高级加密标准（AES）。对称密钥技术的加密解密过程如图 8-2 所示。

图 8-2 对称加密解密过程示意图

对称密码有一些很好的特性，如运行占用空间小，加、解密速度快，但它们在某些情况下也有明显的缺陷，这些缺点如下：

（1）如何进行密钥交换

在对称加密中同一密钥既用于加密明文，也用于解密密文。因此一旦密钥落入攻击者的手中将是非常危险的。一旦未经授权的人得知了密钥，就会危及基于该密钥所涉及的信息的安全性。在传送信息以前，信息的发送者和授权接收者必须共享秘密信息（密钥）。因此，在进行通信以前，密钥必须先在一条安全的单独通道上进行传输，这一附加的步骤，尽管在某些情况下是可行的，但在理论上是矛盾的，因为如果存在安全的通道就不需要加密了。

（2）密钥管理困难

例如，A 和 B 两人之间的密钥必须不同于 A 和 C 两人之间的密钥，否则 A 给 B 的消息就可能会被 C 看到。在有 1 000 个用户的团体中，A 需要保持至少 999 个密钥，这样这个团体一共需要有将近 50 万个不同的密钥。随着团体的不断增大，储存和管理这么大数量的密钥很快就会变得难以处理。

对称密码体制的优点是具有很高的保密强度，但它的密钥必须通过安全可靠的途径传递，密钥管理成为影响系统安全的关键性因素，使它难以满足系统的开放性要求。

2. 非对称加密技术

为了解决信息公开传送和密钥管理问题，人们提出一种新的密钥交换协议，允许在不安全的媒体上的通信双方交换信息，安全地达成一致的密钥，这就是"公开密钥系统"。相对于"对称加密技术"，这种方法也叫作"非对称加密技术"。

与对称加密技术不同，非对称加密技术需要两个密钥：公开密钥（Public Key）和私有密钥（Private Key）。公开密钥与私有密钥是一对，如果用公开密钥对数据进行加密，只有用对应的私有密钥才能解密；如果用私有密钥对数据进行加密，那么只有用对应的公开密钥才能解密。因为加密和解密使用的是两个不同的密钥（加密密钥和解密密钥不可能相互推导得出），所以这种算法叫作非对称加密算法。非对称加密技术加密解密过程如图 8-3 所示。

图 8-3 非对称加密解密过程示意图

例如,A要发送机密消息给B,首先他从公钥数据库中查询到B的公开密钥,然后利用B的公开密钥和算法对数据进行加密操作,把得到的密文信息传送给B;B在收到密文以后,用自己保存的私钥对信息进行解密运算,得到原始数据。

采用非对称密码体制的每个用户都有一对选定的密钥,其中一个是可以公开的,另一个由用户自己秘密保存。非对称加密算法的保密性比较好,它消除了最终用户交换密钥的需要,可以适应开放性的使用环境,密钥管理问题相对简单,可以方便、安全地实现数字签名和验证。但加密和解密花费时间长、速度慢,它不适合于对文件加密而只适用于对少量数据进行加密。

3. 电子信封技术

对称密码算法,加/解密速度快,但密钥分发问题严重;非对称密码算法,加/解密速度较慢,但密钥分发问题易于解决。为解决每次传送更换密钥的问题,结合对称加密技术和非对称密钥加密技术的优点,产生了电子信封技术,用来传输数据。

电子信封技术的原理如图8-4所示。用户A需要发送信息给用户B时,用户A首先生成一个对称密钥,用这个对称密钥加密要发送的信息,然后用用户B的公开密钥加密这个对称密钥,用户A将加密的信息连同用户B的公钥加密后的对称密钥一起传送给用户B。用户B首先使用自己的私钥解密被加密的对称密钥,再用该对称密钥解密出信息。电子信封技术在外层使用公开密钥技术,解决了密钥的管理和传送问题,由于内层的对称密钥长度通常较短,公开密钥加密的相对低效率被限制到最低限度,而且每次传送都可由发送方选定不同的对称密钥,更好地保证数据通信的安全性。

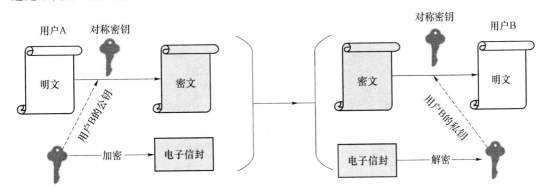

图 8-4 电子信封技术原理

8.2.2 数字签名

认证技术主要用于防止对手对系统进行的主动攻击,如伪装、窜扰等,这对于开放环境中各种信息系统的安全性尤为重要。认证的目的有两个方面:一是验证信息的发送者是合法的,而不是冒充的,即实体认证,包括信源、信宿的认证和识别;二是验证消息的完整性,验证数据在传输和存储过程中是否被篡改、重放或延迟等。

数字签名是在公钥密码体制下很容易获得的一种服务,它的机制与手写签名类似:单个实体在数据上签名,而其他的实体能够读取这个签名并能验证其正确性。数字签名从根本上说是依赖于公私密钥对的概念,可以把数字签名看作是在数据上进行的私钥加密操作。

验证这个签名的结果是否有效。

1. Hash 函数

由于要签名的数据大小是任意的,而使用私钥加密操作的速度较慢,因而希望进行私钥加密时能有固定大小的输入和输出,要解决这个问题,可以使用单向 Hash 函数。

Hash 函数也称为消息摘要(Message Digest),其输入为一个可变长度 x,返回一个固定长度串,该串被称为输入 x 的 Hash 值(消息摘要)。Hash 函数一般满足以下几个基本需求:

(1)输入 x 可以为任意长度;

(2)输出数据长度固定;

(3)容易计算,给定任何 x,容易计算出 x 的 Hash 值 H(x);

(4)单向函数,即给出一个 Hash 值,很难反向计算出原始输入;

(5)唯一性,即难以找到两个不同的输入会得到相同的 Hash 输出值(在计算上是不可行的)。

Hash 值的长度由算法的类型决定,与被 Hash 的消息大小无关,一般为 128 位或 160 位。即使两个消息的差别很小,如仅差别一两位,其 Hash 运算的结果也会截然不同,用同一个算法对某一消息进行 Hash 运算只能获得唯一确定的 Hash 值。常用的单向 Hash 算法有 MD5、SHA-1 等。

2. 数字签名的实现方法

使用 Hash 函数可以降低服务器资源的消耗,这时,数字签名就不是对原始数据进行签名,而只是对数据的 Hash 运算结果进行签名,数字签名的过程如图 8-5 所示。其过程为:

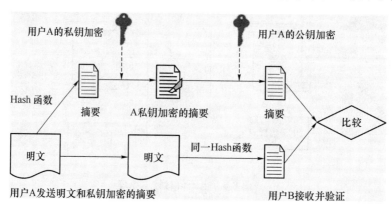

图 8-5　数字签名与验证过程示意图

(1)发送方产生文件的单向 Hash 值;

(2)发送方用他的私钥对 Hash 值加密,凭此表示对文件签名;

(3)发送方将文件和 Hash 签名送给接收方;

(4)接收方用发送方发送的文件产生文件的单向 Hash 值,同时用发送方的公钥对签名的 Hash 值解密,如果签名的 Hash 值与自己产生的 Hash 值匹配,签名就是有效的。

使用公钥算法进行数字签名的最大方便是没有密钥分配问题,因为公开密钥加密使用两个不同的密钥,其中有一个是公开的,另一个是保密的。有几种公钥算法能用做数字签名。在一些算法中(如 RSA),公钥或者私钥都可用做加密。如用私钥直接加密文件,实际上就对这个文件拥有安全的数字签名。在其他情况下(DSA),算法只能用于数字签名而不能用于加密。

数据完整性保护用于防止非法篡改,利用密码理论的完整性保护能够很好地对付非法篡改。完整性的另一用途是提供不可抵赖服务,当信息源的完整性可以被验证却无法模仿时,收到信息的一方可以认定信息的发送者,数字签名就可以提供这种手段。

8.2.3 数字证书

数字证书是证明实体所声明的身份和其公钥绑定关系的一种电子文档,是将公钥和确定属于它的某些信息(比如该密钥对持有者的姓名、电子邮件或者密钥对的有效期等信息)相绑定的数字申明。

目前,通用的办法是采用建立在公钥基础设施(Public Key Infrastructure,PKI)基础之上的数字证书,通过把要传输的数字信息进行加密和签名,保证信息传输的机密性、真实性、完整性和不可否认性,从而保证信息的安全传输。

PKI 是一个采用非对称密码算法原理和技术来实现并提供安全服务的、具有通用性的安全基础设施,PKI 技术采用证书管理公钥,通过第三方的可信任机构——认证中心(Certificate Authority,CA),把用户的公钥和用户的其他标识信息(如名称、E—mail、身份证号等)捆绑在一起,在因特网上验证用户的身份(其中认证机构 CA 是 PKI 系统的核心部分),提供安全可靠的信息处理。PKI 所提供的安全服务以一种对用户完全透明的方式完成所有与安全相关的工作,极大地简化了终端用户使用设备和应用程序的方式,而且简化了设备和应用程序的管理工作,保证了他们遵循同样的安全策略。PKI 技术可以让人们随时随地方便地同任何人秘密通信。PKI 技术是开放、快速变化的社会信息交换的必然要求,是电子商务、电子政务及远程教育正常开展的基础。

PKI 技术是公开密钥密码学完整的、标准化的、成熟的工程框架。它基于并且不断吸收公开密钥密码学丰硕的研究成果,按照软件工程的方法,采用成熟的各种算法和协议,遵循国际标准和 RFC 文档,如 PKCS、SSI、X.509、LDAP,完整地提供网络和信息系统安全的解决方案。

8.3 计算机病毒与防范

8.3.1 计算机病毒概述

计算机病毒的产生是一个历史问题,是计算机科学技术高度发展与计算机文明迟迟得不到完善这样一种不平衡发展的结果,它充分暴露了计算机信息系统本身的脆弱性和安全管理方面存在的问题。如何防范计算机病毒的侵袭已成为国际重大课题。

计算机病毒对计算机系统所产生的破坏效应,使人们清醒地认识到其所带来的危害性。现在,每年的新病毒数量都是以指数级在增长,而且由于近几年传输媒质的改变和因特网的大面积普及,导致计算机病毒感染的对象开始由工作站(终端)向网络部件(代理、防护和服务器设置等)转变,病毒类型也由文件型向网络蠕虫型改变。现今,世界上很多国家的科研机构都在深入地对病毒的实现和防护进行研究。

8.3.2 计算机病毒的定义、特点及分类

1. 计算机病毒的定义

计算机病毒是一种人为编写的隐藏在计算机系统中，能危害计算机正常工作的程序。计算机病毒按照种类不同，对计算机系统的危害也不同。有些病毒只是占用系统的资源，干扰用户的工作；有些病毒却破坏系统的资源，造成用户文件的损失或丢失，甚至使计算机系统瘫痪。

2. 计算机病毒的特点

一般说来，计算机病毒有以下特点：

（1）破坏性

对于计算机病毒的破坏性而言，这要取决于病毒的设计者。如果病毒设计者的目的在于彻底破坏计算机系统的正常运行，那么这种病毒对系统进行攻击所造成的后果是难以想象的。不过也不是所有的病毒都对计算机系统产生极大的破坏作用，但是所有的计算机病毒都存在着一个共同的特点即降低计算机系统的工作效率。

（2）传染性

计算机病毒的传染性是指计算机病毒的再生机制，病毒程序一旦进入系统并与系统中的程序接在一起，就会在运行这一被传染的程序之后开始传染其他程序。

（3）潜伏性

计算机病毒的潜伏性是指病毒具有依附于其他媒体而寄生的能力，一个编制巧妙的计算机病毒程序，可在几周或者几个月甚至几年内隐藏在合法的文件中，对其他系统进行传染而不被人所发现。

（4）可触发性

计算机病毒都有一个触发条件，一旦在某点上激活了，计算机病毒就会对系统发起攻击。例如，CIH 病毒，发作时间是每年的 4 月 26 日。

（5）隐藏性

病毒程序在发作以前不容易被用户发现，它们有的隐藏在计算机操作系统的引导扇区中，有的隐藏在硬盘分区表中，有的隐藏在可执行文件或用户的数据文件中以及其他介质中。

3. 计算机病毒的分类

（1）按入侵途径分类

① 源码型病毒：这种病毒比较罕见。这种病毒并不感染可执行的文件，而是感染源代码，使源代码在被高级编译语言编译后具有一定的破坏、传播的能力。

② 操作系统型病毒：操作系统型病毒将自己附加到操作系统中或者替代部分操作系统进行工作，有很强的复制和破坏能力。而且由于感染了操作系统，这种病毒在运行时，会用自己的程序片断取代操作系统的合法程序模块。根据病毒自身的特点和被替代的操作系统中合法程序模块在操作系统中运行的地位与作用，以及病毒取代操作系统的取代方式等，对操作系统进行破坏。同时，这种病毒对系统中文件的感染性也很强。

③ 外壳型病毒：计算机外壳型病毒是将其自己包围在主程序的四周，对原来的程序不做修改，在文件执行时先行执行此病毒程序，从而不断地复制，等病毒执行完毕后，转回到原

文件入口运行。外壳型病毒易于编写,也较为常见,但杀毒却较为麻烦。

④ 入侵型病毒:入侵型病毒可用自身代替正常程序中的部分模块或堆栈区。因此这类病毒只攻击某些特定程序,针对性强。一般情况下也难以被发现,清除起来也较困难。

(2) 按感染对象分类

根据感染对象的不同,病毒可分为三类,即引导型病毒、文件型病毒和混合型病毒。

① 引导型病毒的感染对象是计算机存储介质的引导区。病毒将自身的全部或部分逻辑取代正常的引导记录,而将正常的引导记录隐藏在介质的其他存储空间。由于引导区是计算机系统正常启动的先决条件,所以此类病毒可在计算机运行前获得控制权,其传染性较强,如 Bupt、Monkey、CMOS dethroneR 等。

② 文件型病毒感染对象是计算机系统中独立存在的文件。病毒将在文件运行或被调用时驻留内存、传染、破坏,如 DIR II、Honking、宏病毒 CIH 等。

③ 混合型病毒感染对象是引导区或文件,该病毒具有复杂的算法,采用非常规办法侵入系统,同时使用加密和变形算法,如 One half、V3787 等。

(3) 按照计算机病毒的破坏情况分类

① 良性病毒。良性病毒是指其不包含有立即对计算机系统产生直接破坏作用的代码。这类病毒不会对磁盘信息和用户数据产生破坏,只是对屏幕产生干扰,或使计算机的运行速度大大降低,如"毛毛虫""欢乐时光"等。

② 恶性病毒。恶性病毒就是指在其代码中包含有损伤和破坏计算机系统的操作,在其传染或发作时会对系统产生直接的破坏作用,有极大的危害性,如 CIH 病毒等。

8.3.3　计算机病毒的预防、检测与清除

根据计算机病毒的特点,人们找到了许多检测计算机病毒的方法。但是由于计算机病毒与反病毒是互相对抗发展的,任何一种检测方法都不可能是万能的,综合运用这些检测方法并且在此基础上根据病毒的最新特点不断改进或发现新的方法才能更准确地发现病毒。

1. 计算机病毒的预防

如何知道计算机是否感染了病毒呢? 当发生以下迹象,应该想到计算机有可能感染了病毒:

(1) 常发生死机现象。

(2) 系统运行速度明显变慢。

(3) 磁盘空间发生改变,有变小的迹象。

(4) 程序运行发生异常。

(5) 数据或文件发生丢失。

如果在使用过程中,出现以上迹象,应及时使用反病毒软件进行检测,及时清除病毒,随着计算机病毒的不断发展,我们可以采取以下措施,有效地预防计算机感染病毒。

2. 反病毒技术

特征代码法是检测计算机病毒的基本方法,其将各种已知病毒的特征代码串组成病毒特征代码数据库。这样,可通过各种工具软件检查、搜索可疑计算机系统(可能是文件、磁盘、内存等)时,用特征代码数据库中的病毒特征代码逐一比较,就可确定被检计算机系统感染了何种病毒。

很多著名的病毒检测工具中广泛使用特征代码法。国外专家认为特征代码法是检测已知病毒的最简单、开销最小的方法。

一种病毒可能感染很多文件或计算机系统的多个地方,而且在每个被感染的文件中,病毒程序所在的位置也不尽相同,但是计算机病毒程序一般都具有明显的特征代码,这些特征代码,可能是病毒的感染标记特征代码,不一定是连续的,也可以用一些"通配符"或"模糊"代码来表示任意代码。只要是同一种病毒,在任何一个被该病毒感染的文件或计算机中,总能找到这些特征代码。

目前反病毒的主流技术还是以传统的"特征码技术"为主,以新的反病毒技术为辅。因为新的反病毒技术还不成熟,在查杀病毒的准确率上,还与传统的反病毒技术有一段差距。特征码技术是传统的反病毒技术,但是"特征码技术"只能查杀已知病毒,对未知病毒则毫无办法。所以很多时候都是计算机已经感染了病毒并且对计算机或数据造成很大破坏后才去杀毒。基于这些原因,在反病毒技术上,最重要的就是"防杀结合,防范为主",而防范计算机病毒的基本方法有:

(1)不轻易上一些不正规的网站,在浏览网页的时候,很多人有猎奇心理,而一些病毒、木马制造者正是利用人们的猎奇心理,引诱大家浏览他的网页,甚至下载文件,殊不知这样很容易使计算机染上病毒。

(2)千万要提防电子邮件病毒的传播,能发送包含 ActiveX 控件的 HTML 格式邮件可以在浏览邮件内容时被激活,所以在收到陌生可疑邮件时尽量不要打开,特别是对于带有附件的电子邮件更要小心,很多病毒都是通过这种方式传播的,甚至有的是从自己的好友发送的邮件中感染计算机。

(3)对于渠道不明的光盘、移动硬盘、U 盘等便携存储器,使用之前应该查毒。对于从网络上下载的文件,通过 QQ 或 MSN 传输的文件同样如此。因此,计算机上应该装有杀毒软件,并且及时更新。

(4)经常关注一些网站、BBS 发布的病毒报告,这样可以在未感染病毒的时候做到预先防范。

(5)对于重要文件、数据做到定期备份。

(6)经常升级系统。给系统打补丁,减少因系统漏洞带来的安全隐患。

(7)不能因为担心病毒而不敢使用网络,那样网络就失去了意义。只要思想上高度重视,时刻具有防范意识,就不容易受到病毒侵扰。

通过技术手段防治病毒,主要是指安装杀毒软件。杀毒软件是一类专门针对计算机病毒开发的软件,它能通过各种内置的功能,帮助用户清除计算机中感染的计算机病毒。杀毒软件通常集成监控识别、病毒扫描和清除以及自动升级等功能,有的杀毒软件还带有数据恢复等功能。

8.4　网络安全工具

8.4.1　防火墙技术

网络防火墙是一种用来加强网络之间访问控制、防止黑客或间谍等外部网络用户以非法手段通过外部网络进入内部网络,访问内部网络资源,保护内部网络操作环境的特殊网络互连设备。它对两个或多个网络之间传输的数据包和链接方式按照一定的安全策略对其进行检查,来决定网络之间的通信是否被允许,并监视网络运行状态。它实际上是一个独立的进程或一组紧密联系的进程,运行于路由、网关或服务器上来控制经过防火墙的网络应用服务的通信流量。其中被保护的网络称为内部网络(或私有网络),另一方则称为外部网络(或公用网络)。网络防火墙如图 8-6 所示。

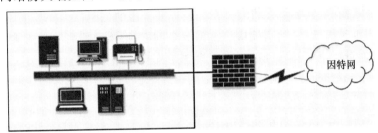

图 8-6　网络防火墙

1. 防火墙的作用

防火墙能有效地控制内部网络与外部网络之间的访问及数据传送,从而达到保护内部网络的信息不受外部非授权用户的访问,并过滤不良信息的目的。其主要功能有以下几种。

(1) 过滤进出网络的数据包:对进出网络的所有数据进行检测,对其中的有害信息进行过滤。包过滤可以分为协议包过滤和端口包过滤。协议包过滤是因为数据在传输过程中首先要封装,然后到达目的地时再解封装,不同协议的数据包所封装的内容是不同的。协议包过滤就是根据不同协议封装的包头内容不一样来实现对数据包的过滤。比如 ping 是 Windows 系列自带的一个可执行命令,利用它可以检查网络是否能够连通,应用格式为:ping IP(域名)地址。再如 ICMP 协议主要用于在主机与路由器之间传递控制信息,包括报告错误、交换受限控制和状态信息等。我们可以通过 ping 命令发送 ICMP 回应请求消息并记录收到 ICMP 回应回复消息,通过这些消息来对网络或主机的故障提供参考依据。

端口包过滤和协议包过滤类似,只不过它是根据数据包的源和目的端口来进行的包过滤。我们知道,一台拥有 IP 地址的主机可以提供许多服务,比如 Web 服务、FTP 服务、SMTP 服务等,主机实际上是通过"IP 地址＋端口号"来区分不同的服务的,比如访问一台 WWW 服务器时,WWW 服务器使用"80"端口提供服务。

(2) 保护端口信息:保护并隐藏计算机在因特网上的端口信息,黑客不能扫描到端口信息,便不能进入计算机系统,攻击也就无从谈起。

(3) 管理进出网络的访问行为:可以对进出网络的访问进行管理,限制或禁止某些访问行为。

(4) 过滤后门程序:防火墙可以把特洛伊木马和其他后门程序过滤掉。

(5) 保护个人资料:防火墙可以保护计算机中的个人资料不被泄露,不明程序在改动或复制计算机资料的时候,防火墙会向用户发出警告,并阻止这些不明程序的运行。

(6) 对攻击行为进行检测和报警:检测是否有攻击行为的发生,有则发出报警,并给出攻击的详细信息,如攻击类型、攻击者的 IP 等。

典型的防火墙具有以下三个方面的基本特性:

(1) 内部网络和外部网络之间的所有网络数据流都必须经过防火墙,否则就失去了防火墙的主要意义了；

（2）只有符合安全策略的数据流才能通过防火墙，这也是防火墙的主要功能——审计和过滤数据；

（3）防火墙自身应具有非常强的抗攻击免疫力，如果防火墙自身都不安全，就更不可能保护内部网络的安全了。

一般来说，防火墙由四大要素组成。

（1）安全策略：是一个防火墙能否充分发挥其作用的关键。哪些数据不能通过防火墙，哪些数据可以通过防火墙；防火墙应该如何具备部署；应该采取哪些方式来处理紧急的安全事件；以及如何进行审计和取证的工作等都属于安全策略的范畴。防火墙不仅是软件和硬件，而且包括安全策略，以及执行这些策略的管理员。

（2）内部网：需要受保护的网。

（3）外部网：需要防范的外部网络。

（4）技术手段：具体的实施技术。

2. 基于防火墙的 VPN 技术

虚拟专用网（Virtual Private Network，VPN）指的是在公用网络上建立专用网络的技术。其之所以称为虚拟网，主要是因为整个 VPN 网络的任意两个节点之间的连接并没有传统专网所需的端到端的物理链路，而是架构在公用网络服务商所提供的逻辑网络平台，用户数据在逻辑链路中传输。防火墙技术是砌墙、阻断作用，VPN 技术是挖沟，是在防火墙或已建立的一系列安全措施之上，从公网用户到内网服务器间挖一条沟出来，通过这条沟使公网用户能安全的访问内网服务器，如图 8-7 所示。基于防火墙的 VPN 是 VPN 最常见的一种实现方式，许多厂商都提供这种配置类型。

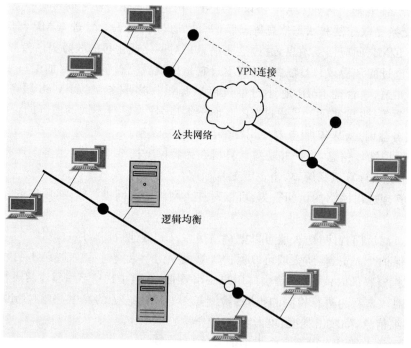

图 8-7　VPN 示意图

3. 常用防火墙

随着防火墙技术的不断成熟,国内外已推出系列实用化的产品,以解决当前的网络安全难题,比如 Cisco PIX 防火墙、微软 ISA Server、天网防火墙系统等。在一般情况下,用户可以通过 Windows 系统自带的防火墙对来自计算机网络的病毒或木马攻击进行防范。

8.4.2 安全卫士

360 安全卫士是一款由奇虎 360 公司推出的功能强、效果好、受用户欢迎的安全杀毒软件。360 安全卫士拥有查杀木马、清理插件、修复漏洞、电脑体检、电脑救援、保护隐私、电脑专家、清理垃圾、清理痕迹多种功能,并独创了"木马防火墙""360 密盘"等功能,依靠抢先侦测和云端鉴别,可全面、智能地拦截各类木马,保护用户的账号、隐私等重要信息。由于 360 安全卫士使用极其方便实用,用户口碑极佳。

1. 产品主要功能

(1) 电脑体检——对电脑进行详细的检查。

(2) 查杀修复——使用 360 云引擎、360 启发式引擎、小红伞本地引擎、QVM 四引擎杀毒。已与漏洞修复,常规修复合并。

(3) 电脑清理——清理插件、清理垃圾和清理痕迹并清理注册表。

(4) 优化加速——加快开机速度。(深度优化:硬盘智能加速 ＋ 整理磁盘碎片)

(5) 功能大全——提供几十种各式各样的功能。

(6) 软件管家——安全下载软件,小工具。

(7) 电脑门诊——解决计算机其他问题。(免费＋收费)

2. 360 云恢复

在使用计算机的过程中,随时可能出现死机、硬件损坏、系统崩溃需要重装等意外故障。这些意外会导致上网账号,系统设置,常用软件等重要资料丢失。轻则耽误时间重新设置,重新安装软件,重则丢失上网账号无法上网,丢失收藏的网站等。360 云恢复提供无限免费空间,为您可靠保存支持一键备份和恢复系统核心文件、IE 首页、IE 收藏夹、桌面壁纸、ADSL 账号、Host 设置、应用软件等重要数据。即便计算机遇到意外或者重装系统,也能快速将资料恢复,避免损失。

3. 丰富的安全辅助功能

使用安全辅助软件的目的,就是为了杀毒软件之外,给系统多加一层防护,因此,具备较强防护性能的安全辅助软件无疑对用户来讲是非常具有吸引力的。360 安全卫士在首页界面的右侧显示了实时防护模块的开启状态,用户可以直观地看到当前该软件提供木马防火墙、360 保镖等实时防护服务的开启状态。360 安全卫士内置的 360 木马防火墙依靠抢先侦测和云端鉴别,能够智能拦截各类木马,在木马盗取用户账号、隐私等重要信息之前将其"歼灭",有效解决传统安全软件查杀木马的滞后性缺陷。

360 安全卫士内置的 360 保镖,包括网购保镖、搜索保镖、下载保镖、看片保镖、U 盘保镖、邮件保镖和隐私保镖七大保镖,全面提升系统防护能力。360 安全卫士内置 360 网盾,能够全面防范用户上网过程中可能遇到的各种风险,有效拦截恶意网站,自动检测下载文件,及时清除病毒,还拥有浏览器锁定、主页锁定、一键修复浏览器等功能,使浏览器时刻保持最佳状态,保护用户的电脑不被恶意网站侵害。此外,360 安全卫士内置的涉及系统安全及个人隐私安全的防护工具还有很多,诸如系统防黑加固、360 隐私保镖、360 游戏保险箱、360 流量防火墙、360 隔离沙箱等,用户可以进入 360 安全卫士内置的功能大全模块中找到这些工具。

4. 清理优化

360 安全卫士内置"电脑清理"模块用于执行计算机垃圾清理服务,该模块内提供的服务包括清理垃圾、清理插件、清理痕迹、清理注册表等,此外还提供了一键清理服务,用户只需一键点击即可轻松执行上述所有清理任务。另外,还提供有所谓的"查找大文件"功能,可帮助用户轻松找到并删除占用磁盘空间较大的文件。360 安全卫士内置"优化加速"模块,提供一键优化、开机时间管理、启动项管理等服务,其中,"一键优化"服务可智能扫描用户的系统内存在的可优化项目,用户只需鼠标一点即可轻松执行优化操作。"启动项管理"服务可以帮助用户轻松管理系统开机自启动项,有效加快系统开机效率。

8.4.3　U盘病毒专杀工具

U 盘病毒顾名思义就是通过 U 盘传播的病毒。自从发现 U 盘的 autorun. inf 漏洞之后,U 盘病毒的数量与日俱增。

1. 攻击原理

病毒首先向 U 盘写入病毒程序,然后更改 autorun. inf 文件。autorun. inf 文件记录用户选择何种程序来打开 U 盘。如果 autorun. inf 文件指向了病毒程序,那么 Windows 就会运行这个程序,引发病毒。一般病毒还会检测插入的 U 盘,并对其实行上述操作,导致一个新的病毒 U 盘的诞生。

2. 隐藏方式

自然,病毒程序不可能明目张胆地出现,一般都是巧妙存在于 U 盘中。下面总结了一些方式,仅供参考:

(1) 作为系统文件隐藏。一般系统文件是看不见的,所以这样就达到了隐藏的效果。但这也是比较初级的。病毒一般不会采用这种方式。

(2) 伪装成其他文件。由于一般人们不会显示文件的后缀,或者是文件名太长看不到后缀,于是有些病毒程序将自身图标改为其他文件的图标,导致用户误打开。

(3) 藏于系统文件夹中。虽然感觉与第一种方式相同,但是不然。这里的系统文件夹往往都具有迷惑性,如文件夹名是回收站的名字。

(4) 运用 Windows 的漏洞。有些病毒所藏的文件夹的名字为 runauto…,这个文件夹打不开,系统提示不存在路径。其实这个文件夹的真正名字是 runauto…\。

3. 专杀工具介绍

(1) USBKiller

① 独创 SuperClean 高效强力杀毒引擎,查杀 auto. exe、AV 终结者、rising 等上百种顽固 U 盘病毒,保证 95% 以上查杀率;

② 国内首创对计算机实行主动防御,自动检测清除插入 U 盘内的病毒,杜绝病毒通过 U 盘感染计算机;

③ 免疫功能可以让用户制作自己的防毒 U 盘;

④ 防止他人使用 U 盘、移动硬盘盗取计算机重要资料;

⑤ 解除 U 盘锁定状态,解决拔出时无法停止设备的问题;

⑥ 进程管理让用户迅速辨别并终止系统中的可疑程序;

⑦ 完美解决双击无法打开磁盘的问题;

⑧ 兼容其他杀毒软件,可配合使用。

（2）USBCleaner

U 盘病毒又称 Autorun 病毒,是通过 Autorun.inf 文件使对方所有的硬盘完全共享或中木马的病毒。

随着 U 盘、移动硬盘、存储卡等移动存储设备的普及,U 盘病毒也随之泛滥起来。

国家计算机病毒处理中心发布公告称 U 盘已成为病毒和恶意木马程序传播的主要途径。

面对这一需要,U 盘病毒专杀工具—USB Cleaner 应运而生。

USBCleaner 是一种纯绿色的辅助杀毒工具,支持简体与繁体语言系统,独有的分类查杀引擎具有检测查杀 470 余种 U 盘病毒、U 盘病毒广谱扫描、U 盘病毒免疫、修复显示隐藏文件及系统文件、安全卸载移动盘盘符等功能,全方位一体化修复杀除 U 盘病毒。同时 USB Cleaner 能迅速对新出现的 U 盘病毒进行处理。

（3）金山工具

前面所列出的专杀工具已经不能清除最新出现的 U 盘病毒,金山安全实验室分析了众多 U 盘病毒的规律,开发出新版 U 盘病毒专杀工具,可以智能分析,启发判断,通杀未知 U 盘病毒。同时,可以提供病毒免疫功能,阻止新 U 盘病毒的再次感染。对主要通过 U 盘传播的 conficker 病毒有很好的清除能力。

本 章 小 结

（1）介绍了信息安全的基本概念和策略以及常用信息加密与认证技术。

（2）掌握计算机病毒的特征,并能利用相关杀毒软件对病毒进行查杀,同时具备日常防范计算机病毒的能力。

（3）了解网络通信的基本原理,了解常见的网络攻击方式,并能利用防火墙技术抵挡网络攻击。

（4）掌握一款安全卫士软件的使用技巧。能熟练利用软件对计算机进行日常维护和防毒监控。

主要参考文献

〔1〕 俞俊甫. 计算机应用基础机房教学教程. 北京:北京邮电大学出版社,2007.

〔2〕 张炘. 计算机应用基础教程. 2版. 北京:北京邮电大学出版社,2012.

〔3〕 教育部考试中心. (2015年版)全国计算机等级考试二级教程:MS Office高级应用. 北京:高等教育出版社,2014.

〔4〕 王秀平. 计算机应用基础教程(Windows 7+Office 2010). 北京:中国铁道出版社,2015.

〔5〕 甘岚. 计算机科学技术导论习题与实验指导. 北京:北京邮电大学出版社,2008.

〔6〕 安世虎. 计算机应用基础教程(Windows 7+Office 2010). 北京:清华大学出版社,2015.

〔7〕 赵吉兴. 计算机应用基础项目化教程(Windows 7+Office 2010+Photoshop CS5). 山东:中国石油大学出版社,2013.

〔8〕 姚灵,等. 计算机应用基础教程(Windows 7+Office 2010). 北京:电子工业出版社,2014.

〔9〕 谢希仁. 计算机网络简明教程. 2版. 北京:电子工业出版社,2011.